从美的理念到美的实践

——汝信美学文选

汝 信 著

山东文艺出版社

图书在版编目（CIP）数据

从美的理念到美的实践：汝信美学文选 / 汝信著. —济南：山东文艺出版社，2020.1
ISBN 978-7-5329-5971-6

Ⅰ. ①从… Ⅱ. ①汝… Ⅲ. ①美学—文集 Ⅳ. ①B83-53

中国版本图书馆CIP数据核字（2019）第237335号

从美的理念到美的实践
——汝信美学文选

汝 信 著

主管单位	山东出版传媒股份有限公司
出版发行	山东文艺出版社
社　　址	山东省济南市英雄山路189号
邮　　编	250002
网　　址	www.sdwypress.com
读者服务	0531-82098776（总编室）
	0531-82098775（市场营销部）
电子邮箱	sdwy@sdpress.com.cn
印　　刷	山东临沂新华印刷物流集团有限责任公司
开　　本	890毫米×1240毫米　1/32
印　　张	9
字　　数	216千
版　　次	2020年1月第1版
印　　次	2020年1月第1次印刷
书　　号	ISBN 978-7-5329-5971-6
定　　价	69.00元

版权专有，侵权必究。如有图书质量问题，请与出版社联系调换。

出版说明

"中国现代美学大家文库"共收入王国维、蔡元培、朱光潜、宗白华、蔡仪、李泽厚、汝信、蒋孔阳、刘纲纪、胡经之、周来祥、叶秀山、杨春时、朱立元、曾繁仁等15位美学大家的著作。这些大家分别为中国现代美学开创奠基时期、建设发展时期与当代反思超越时期的代表性学者。所选文章均为他们的代表性作品,且有部分是未发表的新作。作为现代著名美学家主要成果的汇集,本文库旨在对一百多年中国美学辉煌而曲折的发展历程进行梳理与回顾,全面立体地展示现代美学大家的主要学术成果,给美学研究者与普通读者提供经典、全面、权威的美学文本,从而推动新时代中国美学研究向纵深发展。

在编选过程中,对于王国维、蔡元培、朱光潜、宗白华、蔡仪等开创奠基时期美学大家的作品,为了保存历史的真实,依据其原始版本,除对文字明显讹误进行订正外,其余不做较大修改。对于其他美学大家的作品也尽量保持初次发表时的原貌。其中疏漏,尚祈读者指正。

山东文艺出版社
2019年12月

总序

中国百年美学辉煌而曲折的创新之路

尽管审美作为一种艺术的生存方式在中国五千多年悠久文化中有着极为丰富的呈现，中国自有独具特色的东方形态的美学，但现代美学学科却由西方创立并于20世纪初传入中国，迄今已有一百多年的历史。一百多年来，美学领域一代又一代学人在中国传统文化的基础上，历经艰难曲折，辛勤耕耘，不断创新，出现众多著名学者，涌现一批又一批丰硕成果。本丛书作为现代著名美学家主要成果的汇集，旨在回顾这一百多年中国美学辉煌而曲折的发展历程。同时，今年正值新中国成立70周年，中国美学发展的一百多年占据主要时间域的是党所领导的新中国成立后的70年，特别是改革开放40年。因此，本丛书从某种意义上来说，也是新中国成立70年的一份献礼。回顾历史是为了在新时代推动中国美学走向更加辉煌的未来。

众所周知，"美学"一词由德国学者鲍姆加登于1735年首次提出，其原文实为"感性学"之意，日本学人中江肇民用汉语"美学"一词翻译,传入中国后王国维使"美学"成为定译并被中国学人普遍接受。尽管"美学"一词来自外国,美学学科也是近代以来才出现的,但审美作为一种艺术的生存方式却早就存在于中国悠久的历史之中,美学也随着中国五千年的文明史而存在。现代以来伴随着中华民族坎坷曲折的发展历史,美学也在中国不断地发展,而且呈现空前兴盛的状态,这在世界美学史上是罕见的。美学为现代以来中国的人文教育贡献了自己的力量,也在诸多学人的努力与中西古今的冲撞影响中逐步形成现代中国特有的美学精神,值得我们为之书写与发扬。为此,山东文艺出版社特地出版本丛书,共收入15位现代美学家的文选。现代中国美学面临中与西、古与今、革命与学术三种发展境遇。首先是中西之间的关系,这是一种矛盾共存、吸收融合的关系。中西之间一直存在体用之争,长期以来中国美学走的是"以西释中"之路,但历史证明审美既然作为人的一种艺术的生存方式,那么中西之间就不存在先进与落后之别,而只有类型之不同。因此中国美学必须走出一条立足本土、吸收西方有益经验的美学建设之路。本丛书中的美学家的学术之路进一步证明了这一点,充分说明百年中国美学就是一条奋力探索中国美学话语之路,并取得显著成就,给我们以激励与启示,需要我们一代又一代美学工作者承前启后,继续前进,以创新性发展与创造性转化向中国和世界提供愈来愈有价值的美学理论。而马克思主义是放之四海而皆准的真理,马克思主义特别是中国化的马克思主义,对于现代中国美学的指导作用已经被历史事实充分证明。其次是古今关系问题,现代以来中国美学发展面临的主题是中国古代美学资源的现代转化问题。因为中国古代美学资源虽有着与现代美学相异的面貌，但有着巨大的价值，无论从民族立场还是从美学自身建设来说，都需要利用这一宝贵的资源，以便建设具有中国气派与中国面貌的现代美学形态。百年来中国美学界同仁为此付出艰辛努力，本丛书15位美学家的奋斗史也呈现了这种为中国美学民族资源现代转换而奋斗的现实状况。中国现代美学发展还面临着学术与革命的二重变奏，此前被认为是启蒙与救亡的二重变奏，有"救亡压倒启蒙"之说。但笔者倒认为，无论是启蒙与救亡，或者是学术与革命，都是历史的宿命，可以说不是美学工作者自己所能选择的，而且两者之间不仅是一种矛盾，也呈现一种互补。正是在民族救亡的抗日战争硝烟烽火之中，才出现了中国现代"为人民"与"为人生"的美学，才涌现了充满民族情怀的文艺作品，成为中华民族史的辉煌篇章。新中国成立后发生在中国的两次美学大讨论，面临着美学自身学术的发展与批判唯心论革命任务的二重变奏，使得唯物与唯心成为衡量正误的标准，这当然有限制学术发展的局限，但也促使美学界同仁钻研马克思主义，特别是马克思的《1844年经济学哲学手稿》，使得我国现代美学的马克思主义水平有了明显提高，这也是一种重要的学术收获。

　　本丛书收入的15位美学家其历史跨越幅度较大，基本上可分为中国现代美学开创奠基时期、建设发展时期与当代反思超越时期等三个时期。我们分别按照不同时期对于15位美学家做一个基本介绍。

首先是从20世纪初期开始直至新中国建立前的开创奠基时期，众所周知，包括美学在内的诸多人文学科的现代开创奠基之功首先归于王国维与蔡元培，现代形态的美学与美育就是他们率先引进并加以初步构建的。前已说到"美学"一词就是由王国维认可而从日本引进的。王国维还在1903年《论教育之宗旨》一文中首倡"美育"，并将之界定为"心育"，并提出了美育的"无用之用"的重要作用。当然，王国维还在著名的《人间词话》中提出了"审美的境界"论，继承古代"意境"之说，吸收西方理念之论，成为20世纪中西交融美学之重要成果。

蔡元培也是中国现代美学的重要奠基者之一，他以中西交融的学术修养和崇高的政治学术地位对现代美学，特别是美育的发展与传播做出了杰出的贡献。首先是以其担任教育总长与北大校长的便利，将美育首次纳入教育方针，并力倡"以美育代宗教"之说，强调了美育的科学与民主精神。蔡氏还在美学与美育的学科建设与课程建设上进行了开创性的探索。

朱光潜、宗白华与蔡仪则是继他们之后中国现代美学的开创者与奠基者。朱光潜在20世纪20年代后期即开始在中国倡导美学，并在美学基本知识、文艺心理学、悲剧美学、西方美学与中西比较美学等诸多方面最早进行研究介绍，出版《谈美》《悲剧心理学》《文艺心理学》《诗论》等论著，产生了重大影响，成为现代中国美学史上用力最多最专、影响最广的美学家之一。朱光潜对我国西方美学研究领域有开拓之功，他在新中国成立前的两本心理学论著就是以西方文献为主,并于1948年出版《克罗齐哲学述评》,其中对克罗齐直觉论美学的评述,使其成为我国研究西方美学的领跑者。特别是1963年出版的《西方美学史》,奠定了我国西方美学学科的发展基础,成为该领域的经典。朱光潜倾其毕生精力于西方美学论著的翻译,译介了柏拉图《文艺对话集》、黑格尔《美学》与维科《新科学》等名著,为我们提供了集信、达、雅于一体的西方美学经典译本,惠及一代又一代学人。朱光潜也是我国主客观统一的"创造论美学"的奠基者。在1957年开始的那场美学大讨论之中,朱光潜作为被批判者一方面努力学习马克思主义论著,一方面积极应对论争。他根据马克思主义基本观点明确表示不同意当时占据话语统治地位的"认识论"美学,因为"依照马克思主义把文艺作为生产实践来看,美学就不能只是一种认识论了,就要包括艺术创造过程的研究了"。朱光潜认为艺术创造是以主客观统一为前提的,他的创造论美学是我国美学大讨论的重要理论收获之一。朱光潜还是我国中西美学比较研究的开创者之一,他早期写作的《诗论》,应用文艺心理学原理,采用中西比较方法,对中国传统诗学与美学进行了认真的梳理,是我国现代中西比较美学研究的重要成果。朱光潜晚年潜心钻研马克思主义基本理论,特别是《1844年经济学哲学手稿》,写作了《谈美书简》和《美学拾穗集》,力图以马克思主义为指导研究美与美感、形象思维、现实主义与浪漫主义等基本问题,成为马克思主义美学中国化的可贵探索。朱光潜为我国美学事业奋斗了一生,被称为"美学老人",其作品和思想在国内外具有广泛深远的影响。

宗白华是我国古代美学研究的重要开创者与奠基者。宗白华有深厚的西方学术功底,曾经留学欧洲,翻译了多种西方美学经典,特别是他所翻译的康德《判断力批判》上卷,表现了对于康德美学的深刻理解,成为该论著的翻译经典,至今仍有重要价值。但宗白华却将自己的研究视角聚焦于中国古代美学,在中西结合的广阔视域中提出"气本论生命美学",为立足本土创建具有中国特色的美学理论奠定了基础,做出了示范。宗白华于20世纪80年代出版的《美学散步》与《艺境》,成为现代中国美学研究的经典读本和当代研究古代美学的必备之书,被广泛地引用与研究。宗白华于1928年前后写作《形上学——中西哲学之比较》,又于1979年发表《中国美学史中重要问题的初步探索》等文,为中国古代美学研究奠定了哲学的基础。在前文之中,宗白华明确将西方哲学(包括美学)基础表述为抽象时空之几何哲学,中国乃"四时自成岁之历律哲学",划分了西方美学之科学主义与中国美学之天人合一人文主义之区别。后文乃第一次将《周易》作为我国最重要的古代美学经典之一,指出"《易经》是儒家经典,包含了宝贵的美学思想。如《易经》有六个字:'刚健、笃实、辉光',就代表了我们民族一种很健全的美学思想"。这就为后人的中国美学研究奠定了扎实的理论基础。宗白华首次提出中国古代美学研究应以传统艺术与艺术创作为中心,由此开辟了中国传统美学独特的研究路径。他说,"在西方,美学是大哲学家思想体系的一部分,属于哲学史的内容……在中国,美学思想却更是总结了艺术实践,回过头来又影响艺术的发展";因此,他主张"研究中国美学史的人应当打破过去的一些成见,而从中国极为丰富的艺术成就和艺人的思想里,去考察中国美学思想的特点"。他本人正是这样实践的,总结了绘画、戏剧、建筑、音乐、诗歌之中的美学思想,别开生面,使人耳目一新。宗白华还以中西比较的视野建构了中国传统美学研究的特殊内涵。首先是他对中国传统美学"意境"的理论进行了全新的研究与阐释,将意境阐释为"有节奏的生命"或"生命的节奏";同时,宗白华还深入研究了中国传统美学之中的时间与空间关系,提出中国传统美学化空间于时间的重要艺术论题,对中国传统美学的虚实相生进行了独特的研究。宗白华还阐发了中国传统美学的其他有关范畴,例如国画的"气韵生动"、书法的"筋血骨肉"、建筑的"飞动之美"、戏曲的"以动代静"、舞蹈的"生命玄冥的肉身化之美"、音乐的"声情并茂的胜妙之美"和诗歌的"情景交融的意境之美"等等。可以说,宗白华的成果尽管字数不多,却是浓缩的精华,可谓字字千金。

蔡仪是中国现代唯物主义美学的开创者与积极推动者。他于20世纪40年代白色恐怖的历史语境下,排除重重障碍写作出版了著名的《新艺术论》和《新美学》两本专著,以大无畏的理论勇气力批当时盛行的唯心主义哲学与美学理论,系统而有力地创立了富有理论特色的唯物主义美学与艺术思想体系。他在《新美学》开头第一句话就指出：旧美学已完全暴露了它的矛盾，而他的新美学是以新的方法建立新的体系。他在这两本著作之中明确提出"美在客观事物"与"美在典型"等崭新的美学理论观点，被称为"中国现代第一个依据自己的思考去表述自己的有系统的美学思想的学者"。新中国成立后，蔡仪继续以其对马克思主义的信仰与对真理的追求，带领他的团队为创立中国特色的马克思主义的唯物论美学而奋斗，进行了科研、学生培养与文献译介等一系列富有成效的学术工作。特别是以其坚持真理、矢志不渝的精神投入第一、二次美学大讨论之中，树起了"客观派"的美学大旗，深入阐释了他所坚持的马克思主义唯物主义美学原理，积极参与学术论辩，建构具有鲜明特色的中国式的马克思主义唯物主义美学体系。该体系包括"美在客观存在""美的认识""美是典型"等紧密相关的美学范畴。蔡仪旗帜鲜明地提出："美的本质是什么呢？我们认为美是客观，不是主观。"他又说："美的事物就是典型的事物，就是种类的普遍性、必然性的显现者。"后来蔡仪又引入了马克思《1844年经济学哲学手稿》中有关"美的规律"的论述，认为美的客观性与典型性表现为按照美的规律来造形。蔡仪还提出了"自然美""社会美""具象概念"与"美的观念"等美学范畴，具有创造性的学术价值。他所主编的《文学概论》教材为推动我国高校美学与文艺学教学起到重大作用。

我国美学发展的第二个时期是新中国成立之后，在马克思主义与毛泽东思想的指导下美学有了新的发展，具有显著的中国特色。这一时期最重要的美学学术事件就是两次美学大讨论，使得美学出现了从未有过的兴盛，尤其改革开放后的第二次美学大讨论更是兴起了一股美学热，为世界美学史所罕见。新中国成立后的美学发展交织着革命与学术的二重变奏，所谓"革命"是指第一次美学大讨论起源于对唯心主义美学观之批判，目的是进一步普及马克思主义的唯物论，政治的指向性非常明显，大讨论中的政治色彩也非常浓厚；所谓"学术"是指这次美学大讨论是以"百家争鸣，百花齐放"的方式展开的，也就是说大讨论的过程中对于所谓唯心主义观点一般当作"学术问题"处理，而其结果也的确在一定程度上起到了普及马克思主义唯物论的作用，产生了以李泽厚为代表的"实践论"美学，其具有科学性与理论的自洽性，极大地影响到中国很长一段时期内美学学科的发展及其面貌。本丛书涉及的李泽厚、汝信、蒋孔阳、刘纲纪、胡经之、周来祥与叶秀山就是这一时期的代表人物。

　　李泽厚是新中国成立后我国美学研究领域的标志性人物，是社会论实践美学的创立者与两次美学大讨论的重要推动者，也是少有的具有重要国际影响的中国现代美学家。他是巴黎国际哲学院院士、美国科罗拉多学院荣誉人文学博士，其《美学四讲》入选著名的《诺顿文学理论与批评选集》。李泽厚在哲学基本理论、中国思想史、美学与伦理学领域均有重要建树。在美学领域，他成为第一次美学大讨论社会学派的领军人物，在这次美学大讨论中起到实际的主导作用。在20世纪80年代的第二次美学大讨论中他力倡的"主体性"理论成为改革开放后思想解放运动的代表性思潮。他更加明确地提出"实践论美学",以马克思关于物质生产实践是人类一切活动之基础的理论为指导,提出"人化自然""实践本体""情本体"与"积淀说"等一系列具有独创性的美学观点。他出版了《批判哲学的批判》《美的历程》《华夏美学》与《美学四讲》等经典美学论著。晚年,李泽厚深入研究中国传统文化,探索"以儒学代宗教"的"天地境界论",提出"中国审美主义的感情以深植历史性为'本体'"的"以美育代宗教"之说。李泽厚强调的"美是合规律性与合目的性的统一""救亡压倒启蒙"与"中国文化的儒道互补"等观念对中国现代美学的发展产生了重要影响。

汝信是这一时期西方美学学科的重要开拓者,他早在20世纪50年代就开始了西方哲学与美学的研究,并于1958年在《哲学研究》上发表《论车尔尼雪夫斯基对黑格尔美学的批判》。1963年又出版了《西方美学史论丛》,是国内第一本以西方美学为主题的综合研究著作,与同年出版的朱光潜的《西方美学史》一起,标志着在我国西方美学已经成为一门独立的学科。1983年汝信又出版了《西方美学史论丛续编》。汝信坚持马克思主义指导西方美学研究,特别坚持马克思主义唯物史观的指导。他从宇宙观、认识论、伦理观与政治思想等方面全面地、认真地研究柏拉图的美学思想,对新柏拉图主义的重要代表普罗提诺进行了深入剖析,填补了这一方面的研究空白。他的《黑格尔的悲剧论》深刻剖析了黑格尔悲剧论广阔的历史感与社会文化视野，成为西方美学研究的范本。汝信还对俄国别林斯基、车尔尼雪夫斯基与普列汉诺夫等人的美学思想进行了深入的研究，均有开拓的价值。汝信用具有说服力的材料批驳了当时苏联哲学界流行的将德国古典哲学说成是德国贵族对于法国大革命的一种反动的错误判断，论证了青年黑格尔是当时德国新兴资产阶级的思想代表，黑格尔的辩证法反映了资产阶级上升时期的愿望和要求。汝信对黑格尔的劳动和异化理论的开拓性研究填补了国内研究的空白。此外，他在现代西方美学研究方面有许多新的拓展。20世纪80年代，汝信到美国哈佛大学访学之时即逐步将美学研究的注意力转向黑格尔以后发展起来的另一条相反的思想线索，即以个人为特征的由克尔凯郭尔和尼采所代表的社会思潮。此时汝信逐步转向现代西方哲学与美学研究，他率先并引领学生发表了有关文章，出版了专著，在国内学术界开风气之先，影响深远。汝信不仅在西方美学理论研究方面辛勤耕耘，还直接从西方艺术作品与古迹中去找寻美，并于1992年出版了《美的找寻》一书，成为西方美学审美意识研究的重要范本。他担任主编，历时九年写作出版了四卷本《西方美学史》，以其资料的原初性与理论创新性为特点，成为进入西方美学研究的"钥匙"。1998年，汝信担任中华美学学会第三任会长，以其谦虚、开放与睿智的人格与扎实学风富有成效地引领中国美学学科由20世纪进入21世纪。

　　蒋孔阳是我国现代美学建设发展时期最重要的代表人物之一，他的美学贡献是多方面的。首先，他是我国现代西方美学研究的奠基者之一，1980年《德国古典美学》出版，该书是蒋孔阳的代表作，也是我国第一部断代的西方美学专著，在国内外均产生了重大影响。该书以整体研究的方法，坚持唯物史观的指导，对德国古典美学的产生、发展与内涵进行了深入的研究与阐发，具有独到的见解。蒋孔阳还与朱立元一起主编了七卷本《西方美学通史》，是迄今为止我国最全的一部西方美学通史，对西方美学研究起到了重要推动作用。蒋孔阳是中国古代音乐美学研究的奠基者之一，他于1986年出版的《先秦音乐美学思想论稿》一书，引起广泛影响，至今仍然是音乐美学领域的经典论著之一。蒋孔阳首先确定了中国古代音乐美学的重要地位，认为公元前2世纪的《乐记》完全可以与古希腊亚里士多德的《诗学》相媲美。他以唯物史观为指导，从经济社会的广阔背景上研究了先秦音乐产生的社会文化根源。蒋孔阳以扎实稳妥的文献考订为基础，探索了中国先秦时期音乐思想的特殊范畴及丰富内涵。他还采取整体研究方法，将先秦时期诸多学派的音乐思想作为一个整体来审视。蒋孔阳是我国美学大讨论的主将，也是实践派美学的重要参与者与创新者之一。特别是1993年出版的《美学新论》，是他一生美学研究的总结，也是新时期我国美学研究的重要成果与收获。他突破了实践美学"美先于美感"的基本判断，提出美与美感同生同在的观点。美与美感到底谁先谁后呢？他说，"从生活和历史的实践来说，我们很难确定先有那么一个形而上学的、与人的主体无关的美的存在，然后再由人去感受和欣赏它，再由美产生出美感来",事实上,美与美感,像"火与光一样,同时诞生,同时存在"。这实际上是对实践美学的重大突破,并从实践美学的人生本体走向审美关系论美学,因此蒋孔阳的"新美学"可以概括为"审美关系论美学"。他提出了审美关系的四重属性:感性基础、自由属性、整体属性与情感属性。蒋孔阳突破了实践美学将实践局限于物质生产的理论界定,而是将精神生产甚至是审美活动也看作一种实践。蒋孔阳还在《美学新论》中突出了审美的"创造性"特色,提出独树一帜的"多层累的突创说"。总之,蒋孔阳的审美关系论美学是新中国成立以来直至20世纪90年代我国美学研究的一个总结。

刘纲纪是我国美学建设发展时期的重要推动者,他在美学基本理论、中国古代美学与书画美学方面取得一系列具有突破性的重要成就。刘纲纪是我国两次美学大讨论的重要参与者,也是实践美学的重要开创者之一。他在20世纪80年代出版的《艺术哲学》已经成为实践美学的经典论著之一。刘纲纪从研究马克思《1844年经济学哲学手稿》出发,提出"社会实践本体论"的重要观点,认为马克思的本体论在本质上是实践本体论,并认为物质生产实践是艺术、美感与美的本源,认为劳动对美的创造还与人类生活实践创造紧密结合。刘纲纪构建了一个实践美学理论框架,这个框架以实践本体论为哲学基础,以创造为主体性活动,最后以自由为人的根本诉求,可概括为"实践—创造—自由"相统一的美学体系。刘纲纪继承宗白华美学传统并加以发展,成为中国美学领域的重要开拓者之一。20

世纪80年代，刘纲纪与李泽厚共同主编《中国美学史》，特别是由刘纲纪独立执笔撰写的第一、二卷被认为是中国美学史的开山之作。该著作提出了中国美学史的对象、任务、特征与分期等问题，以及儒、道、释、禅四大主干的重要观点和中国美学史的六大特征，为中国美学史的进一步发展奠定了基础。刘纲纪于20世纪90年代初出版的《周易美学》是对宗白华周易美学研究的拓展，成为中国周易美学研究的经典之作。刘纲纪准确地提出将《周易》作为中国古代美学研究的切入点，挖掘其生命论美学内涵，为中国古代美学进一步健康发展找到了一条较佳路线。刘纲纪结合中国美学特别是周易美学特点提出，中国美学常常在没有"美"字的地方包含着美的内涵，从而揭示了中国美学的特殊性所在。他还具体揭示了《周易》之"元亨利贞"与"阳刚阴柔"所包含的美学内涵。刘纲纪还从中西比较视野深入阐释了《周易》之生命论美学相异于西方的特殊价值意义，《周易美学》是中华美学走向世界与走向现代的有益尝试。刘纲纪还是著名书画家，在书画美学领域建树颇多。

　　胡经之教授是我国文艺美学学科的重要倡导者。1980年在昆明召开的全国首届美学会上，胡经之在发言中指出，高等学校的美学教学不能只停留在讲美学原理的层面，还应开拓和发展文艺美学。这实际上是在改革开放背景下贯彻"解放思想，实事求是"思想路线的结果，试图突破以政治代艺术的错误思潮，加强对文艺内部规律的研究。胡经之又于1982年1月在北京大学出版社出版的《美学向导》一书中发表《文艺美学及其他》一文，第一次从独立学科的角度论述了文艺美学。他还于1989年在北京大学出版社出版的《文艺美学》学术专著中，全面论述了文艺美学的对象、方法与内涵。胡经之教授还主编了与文艺美学有关的《中国古典美学丛编》《中国现代美学丛编》《西方文艺理论名著教程》等书，为中国文艺美学的进一步发展奠定了文献基础。正是在胡经之等学者的不懈努力下，文艺美学正式进入被教育部认可的学科体系，成为中国语言文学学科的二级学科文艺学的重要学科方向之一，进而培养了数量众多的研究人才。

周来祥是我国美学建设发展时期的重要参与者与积极推动者。他从事美学研究60多年，涉及领域广泛，在美学基本理论、文艺美学、中国古典美学、中西比较美学与审美文化史等方面均有特殊贡献，尤其是他倾其毕生精力创立并发展了"和谐美学学派"，影响深远。他于1984年就出版了《论美是和谐》，此后又出版了《再论美是和谐》《三论美是和谐》与《古代的美 近代的美 现代的美》等论著，全面阐释了"美是和谐"的基本命题。周来祥是中国两次美学大讨论的积极参与者和实践派美学的重要推动者。他以社会实践为哲学前提，而其学术指向则是"和谐"，即"人与自然、人与社会、人与自身的和谐"，和谐既是美学追求的最高目标，也是人生最高的审美境界。他以马克思主义为指导论述了古代素朴的和谐美、近代的崇高美以及社会主义的新型的辩证的和谐美，构建了自己的"文艺美学"体系，被称为"和谐论文艺美学"。周来祥还以"和谐美学"为指导对中西美学进行了深入的比较研究,撰写了《中西古典美理论比较研究》等专著,他认为中西美学都以古典和谐美为理想,既有共同规律又有各自特点。周来祥还以"和谐美学"为指导主编了大型的六卷本《中华审美文化通史》,在中国审美文化研究方面多有建树。

在我国美学的建设发展时期,还必须提到叶朗教授对于中国传统美学研究发展所做出的重要贡献,他的《中国小说美学》《中国美学史大纲》与《美在意象》成为我国新时期传统美学研究的代表性成果。

叶秀山是我国著名哲学家与美学家,中国社科院学部委员。他的主要成就在于西方哲学研究上的诸多创新,但叶秀山对于美学也有着浓厚的兴趣,并积极参与,著作甚多,影响深远。他曾经参与了王朝闻主编的《美学概论》的编写,历时四年,做出了自己的贡献。在美学理论上,他于1988年出版著名的《思·史·诗》,成为我国最重要的现象学哲学与美学论著之一。该书深入地论述了现象学领域中哲思、历史与诗歌的关系,以及后现代理论家对此的解构与超越,给我国当代美学建设诸多启发。他于1991年出版《美的哲学》一书,该书并没有局限于美学学科内部研究范式,探讨"美"的本质与现象,而是从哲学的高度进行高屋建瓴式的阐发。叶秀山通过剖析人与世界的关系和人的生存状态,将艺术视为一种基本的生活经验和基本的文化形式、一种历史的"见证",在独特的哲学视角下阐释了自己的美学观与艺术观,呼吁让生活充满美和诗意。叶秀山对京剧与书法有着特殊的兴趣并进行了深入的研究。20世纪60年代开始，他出版了《京剧流派欣赏》与《古中国的歌——京剧演唱艺术赏析》等书，深入阐发了作为世界三大戏剧流派之一的京剧载歌载舞的艺术特征。他酷爱中国书法，曾经在20世纪70年代特殊时期偷偷研究书法艺术并练字。1987年他出版《书法美学引论》，提出"西方文化重语言，重说；而中国文化重文字，重写"的观点，开启了从这一特殊视角进行中西对话的新领域；并在该书中提出，中国书法"是一种活动的线条的舞蹈，那么，很自然地就会以草书作为它的范本"，从美学的角度阐述了书法重节奏和韵律的美学特点，深化了我国书法美学研究。

20世纪90年代以来，中国改革开放进一步深化，工业化的弊端逐步显露。加上西方后现代文化的影响，中国文化领域逐步步入具有后现代色彩的反思与超越阶段。在美学领域，表现为对于两次美学大讨论，特别是对于"实践美学"的反思与超越，反思其固有的认识论理论根基、主客二分的思维模式与"人化自然"的理论局限，于是出现"后实践美学"。

首先是杨春时在1993年北京美学年会上提出了"超越实践美学，建立超越美学"的新见解，成为新时期当代中国美学的新气象。由此，出现"实践美学"与"后实践美学"的争论，这实际上是对实践美学的反思与超越，对于推进和活跃中国美学研究具有重要意义。杨春时也在批判以认识论为基础的实践美学的基础上建立了自己的生存论美学体系，用

"审美是自由的生存方式与超越解释方式"取代"美是人的本质力量的对象化"的定义，树立起自己的后实践美学的大旗。"生存"是其超越美学的逻辑起点，他认为，"生存"既不是"物的存在"，也不是"动物的存在"，而是"人的存在"，是一种"自我的存在""有意义的存在"。"生存"与"实践"的区别在于它有超越性的本质，以理想超越现实，以感性超越理性，以精神超越物质，以个性超越社会性。2002年之后，他从生存论走向存在论，从主体性走向主体间性，逐步建立起自己的以"存在"为本体的"主体间性"超越美学的理论体系。由此说明，中国美学发展终于开始与世界美学的发展相同步。

1900年，胡塞尔即提出"现象学"方法，"悬搁"工具理性时代流行的主客二分对立，后来又发展到"相互主体性"，即"主体间性"，欧陆现象学以及由之产生的存在论哲学与美学逐步成为哲学与美学的主潮。与之相应，英美分析哲学与美学日渐发展，以"分析"解构了各种理性主义的本质主义。中国新时期的"后实践美学"就是试图以这种现象学与分析哲学的武器，突破传统美学，建设当代新的美学形态，朱立元就是从实践美学阵营中脱颖而出的当代美学家。他是继朱光潜、汝信与蒋孔阳之后我国西方美学研究方面的代表人物。他先是协助蒋孔阳主编了七卷本的《西方美学通史》，本人也著有多本西方美学论著，具有广泛的影响。朱立元长期继承发展蒋孔阳的实践美学思想，并持此观点参加当代学术界有关实践美学的讨论。但从20世纪90年代中期以后，朱立元开始反思实践美学认识本体论的局限。他从哲学范畴"本体"即"存在"的视角思考突破实践美学认识本体论的理论框架，逐步形成自己的"实践存在论美学"理论。2004年，朱立元发表论文正式提出自己的美学思想"以实践论与存在论的结合为哲学基础"。2008年，朱立元主编的《实践存在论美学丛书》五卷本出版，将实践存在论美学以较为完整的理论形态呈现于学术界。朱立元的"实践存在论美学"的基本特点是将马克思的"实践"概念赋予"实践存在论"的崭新含义，实际上是对传统实践美学的突破与发展。他指出，马克思在《1844年经济学哲学手稿》中多次提到"存在论的"（ontologisch）一词，"有力地证明了马克思存在论思想和维度的客观存在"。他以马克思的"实践存在论"为出发点，突破传统的"美的本质"的美学研究逻辑起点，认为"审美活动是美学问题的起点"，因为审美活动是人的实践存在方式之一，而审美活动正是审美关系的具体展开。为此，朱立元突破传统的"美、美感与艺术"的三元美学研究逻辑框架，提出"审美活动—审美形态—审美经验—艺术审美—审美教育"的美学研究逻辑框架。朱立元的探索是对传统实践论美学的突破，也是对马克思美学思想的新理解与新阐释，具有重要的学术意义。

　　承蒙山东文艺出版社的抬爱，将笔者作品也收入本丛书。笔者是从20世纪80年代初期由于教学工作的需要参与美学研究的，主要在西方美学、审美教育与生态美学方面用力较多。西方美学方面出版《西方美学简论》《西方美学论纲》与《西方美学范畴研究》等论著，审美教育方面曾出版《美育十讲》与《美育十五讲》等论著。收入本丛书的是生态美学方面的论文。生态美学是20世纪90年代中期在反思与超越的基础上产生的一种美学形态，笔者第一篇生态美学文章《生态美学：后现代语境下崭新的生态存在论美学观》发表于2002年，此后出版《生态存在论美学论稿》《生态美学导论》《生态美学基本问题研究》与《中西对话中的生态美学》等论著。生态美学产生于反思我国严重的环境污染、人类中心论的蔓延与美学领域实践美学的"人本体""工具本体"与"自然人化"等美学观点，在哲学基础上由传统认识论过渡到实践存在论，并由人类中心论过渡到生态整体论；在美学研究对象上突破"美学是艺术哲学"的观点，而将人与自然的审美关系包含在审美对象之中；在哲学方法上，突破传统美学主客二分的认识论方法，运用生态现象学方法；在自然审美上突破传统的"人化自然"的观点，认为没有实体性的自然美，自然美是审美对象的审美属性与人的审美能力交互产生的人与自然的审美关系；在审美属性上，否定静观美学，倡导"参与美学"；在美学范式上突破传统的以如画为主的形式美学，倡导一种生态存在论美学，将诗意的栖居、家园意识与场所意识等引入生态美学；在传统文化上，认为中国传统社会以农为本的特点决定了中国传统美学本身就是一种生态的美学与艺术，是一种生生美学，应当发扬光大。生态美学是一种正在建设发展中的美学形态，需要更好地结合生活与文化的现实，在中西比较对话中加以完善，有望成为与欧陆现象学生态美学、英美分析哲学环境美学鼎足而立的中国特色生态美学。

回顾历史是为了更好地推动中国美学发展，当前我国进入中国特色社会主义建设的新时代,在"两个一百年"奋斗目标中,国家将"美丽中国"建设写到社会主义宏伟蓝图之上,为我国美学学科的未来发展开辟了更加广阔的天地。相信更多的青年学者会在美学学科中大展宏图,书写更加辉煌的美学篇章。

注:本文写作过程中参阅了科学出版社出版的《20世纪中国知名科学家学术成就概览》(哲学卷)等文献。

曾繁仁2018年9月29日写,2019年3月21日改定

目录

前言 / 001

黑格尔的悲剧论 / 001
普罗提诺论美
　　——新柏拉图派美学初探 / 046
关于西方美学理论中的无意识问题的历史考察 / 072
尼采的美学和文艺思想 / 092
美的找寻 / 110
人的重新发现
　　——在意大利看米开朗琪罗 / 115
在莎士比亚故乡看《麦克白斯》
　　——关于悲剧的一些思考 / 132
对印象派绘画的一些印象
　　——多尔赛博物馆观后感 / 149

《吃土豆的人》的启示

　　——参观凡·高博物馆有感 / 180

《天鹅湖》的悲剧结尾和莎乐美的爱

　　——看维也纳国家歌剧院演出有感 / 191

一颗寂寞的心

　　——克列绘画展览观后 / 204

20世纪艺术之谜的初步探索

　　——参观毕加索博物馆后的思考 / 224

附录　汝信美学作品年表 / 253

前言

美的找寻：从美的理念到美的实践

山东文艺出版社计划在其"中国现代美学大家文库"中收录汝信先生的美学论著，汝信先生全权委托我完成此事。作为先生的学生，能借编书的机会回顾先生在美学领域取得的成就，自然是一件乐事。

汝信先生曾不止一次地自谦说，他不是"专门研究美学的专家，只能算是一个业余爱好者"。或许这个自我评价的背后潜存着一个标准，即美学家当有自己的理论体系。如果按此标准，先生的确没有创建美学体系。但先生在其治学生涯中，凭借对美的执着追求，走出了一条从美的理念到美的实践的美的找寻之路。

汝信先生对美学的兴趣源自对西方哲学史的兴趣。20世纪50年代初，先生在抗美援朝战场上开始阅读俄文版车尔尼雪夫斯基著作，那时开始接触美学。转业到中国科学院工作后，师从贺麟先生攻读黑格尔哲学，其间先生发表的第一篇论文就是《论车尔尼雪夫斯基对黑格尔美学的批判》。从20世纪60年代至80年代，先生在从事西方哲学史研究的基础上，撰写了一系列西方美学史的论文，这些论文先后以《西方美学史论丛》和《西方美学史论丛续编》为题结集出版。通览汝信先生的美学史研究，不难看出如下三个显著的特征：一是视野开阔。从古希腊柏拉图、亚里士多德美学到中世纪的普罗提诺，从德法启蒙运动时期的莱辛和狄德罗，到德国古典哲学时期的康德、黑格尔、谢林，西方美学史上关键时期和重点人物的思想都先后成为先生的研究对象。改革开放后，先生接触了尼采，不仅研究其美学和文艺思想，还顺着西方非理性主义的线索，对现代美学中的无意识问题进行了探索，在一定程度上厘清了西方美学的古今发展线索。二是选点敏锐。早在20世纪60年代，先生就关注到了中世纪美学思想。那时不仅中国学术界，就连西方学术界也还把中世纪视为"黑暗时期"。但先生凭着高度的学术敏感，不相信长达一千年的中世纪会在思想上毫无建树。在当时资料奇缺的情况下，先生通过美学史资料当中收录的普罗提诺著作的英译本和其他零散资料，撰写了《普罗提诺论美——新柏拉图派美学初探》一文。在中世纪哲学和美学日益受到学界重视的今天反观这篇文章，更加凸显了先生的学术前瞻性。三是研究深入。先生专攻西方哲学，美学研究不是他的专业，但恰恰因为先生拥有深厚的西方哲学史的学养，他的美学史研究才具有了深度，美学即源出于哲学。

在从事美学史研究的20余年间，柏拉图对话《大希庇阿斯篇》结尾苏格拉底无奈中道出的"美是难的"的命题,以及歌德"理论是灰色的,而生命之树常青"的名言未曾离开过先生的心头。20余年的美学史研究使先生逐渐认识到,美学史研究要想深入,离不开哲学史研究,但更离不开艺术;美学研究应避免走从概念到概念、从理论到理论的道路,而应转向艺术王国,直接面对人类创造的艺术作品,结合个人鉴赏的体验进行美学的探索。20世纪80年代,先生利用出国学术访问和交流的机会,参观了欧洲的知名艺术馆、博物馆,听音乐会,看舞台剧,在为人类艺术精品陶醉和感动的同时,积极调动自己在哲学和美学领域的理论积累,对个体的艺术感受进行了理论提升。第一次在阿姆斯特丹看到凡·高《吃土豆的人》的画作时,先生的传统美学观受到了极大的冲击。在这幅画作前,先生感到的不是令人愉快的美,而是"一种看了使人直想流泪的美,令人难以忍受的美,叫人简直喘不过气来的美"。先生不仅用优美流畅的语言及时记录了这些直接性的感受,还对艺术与现实的关系、个体在现代社会的异化等问题进行了哲理反思。叶秀山先生曾告诉我,《〈吃土豆的人〉的启示——参观凡·高博物馆有感》这篇文章,交到当时由社科院哲学所西方哲学史研究室负责编辑的《外国美学》编辑部时,大家争相传阅,激动不已。悲剧一直是汝信先生美学研究的关注点,亚里士多德的《诗学》、黑格尔的悲剧观、尼采的《悲剧的诞生》都曾成为先生的研究对象。因此《在莎士比亚故乡看〈麦克白斯〉——关于悲剧的一些思考》一文中,先生很自然地对美学史上的悲剧理论进行了回顾，对欣赏悲剧时个体的灵魂净化和升华有了切身的感受，并感叹现实生活的丰富多彩和抽象理论的局限性。在《〈天鹅湖〉的悲剧结尾和莎乐美的爱——看维也纳国家歌剧院演出有感》中，先生延伸了对悲剧艺术的思考，在此基础上还对"爱与死"这样的人生大事进行了思考，指出要真正了解人，不可能撇开"爱与死"的问题，马克思主义要想真正进入人心也不能回避此问题。熟悉汝信先生著作的人不难意识到，这个结论与先生1985年发表在《人民日报》上的《人道主义就是修正主义吗？》的长文是相呼应的。比之于纯粹的理论反思，这种在艺术作品的震撼力催动下的反思更真切，也更能激起共鸣。这个曾在20世纪80年代理论界引起反响的结论在今人眼中或许显得平淡无奇。但是，在那个人道主义尚未从修正主义的"帽子"下解放出来的时代，先生以哲思和审美体验的双重利剑推动了思想解放和人的解放，其意义不容小觑。先生常感叹自己的作品有很深的时代印记。但在我看来，既然无人能脱离自己生活时代的影响，那么时代的印记就不是缺憾，而是一代学人对时代的反思的真实记录；站在未来的立场上，这些印记本身也就构成了历史。

　　汝信先生对美的找寻的过程包括了对美的理念的探索和对美的实践的探索，这是本书的编选原则，同时也顺理成章地形成了本书的书名——《从美的理念到美的实践》。

王 齐

2018年8月28日于夕照寺

黑格尔的悲剧论

"我们承认有过错,因为我们受痛苦。"

——黑格尔:《精神现象学》①

一

有一个著名的现代西方学者曾经说过,自从亚里士多德论述悲剧以来,以同样的独创性和探索精神来研究悲剧问题的唯一哲学家,就是黑格尔。②把黑格尔和古希腊的天才哲学家亚里士多德相比拟,这个评价不为过高。的确,在西方美学史和戏剧理论史上,研究悲剧问题的虽大有人在,但真正能和亚里士多德并列而无愧色的竟只有黑格尔一人。在悲剧理论上,如同在整个美学领域内一样,黑格尔学说也代表着资产阶级时代理论思维所不能逾越的顶峰。即

---

① 《黑格尔全集》第2卷,德文版,1951年,第361页。这句话是黑格尔对索福克勒斯的悲剧《安提戈涅》中的一句话(第926行)的改作。

② 参阅布雷德莱:《牛津诗学讲义》,伦敦版,1955年,第69页。布雷德莱(1851—1935),英国牛津大学教授,著名的文学批评家和莎士比亚戏剧研究者,以《牛津诗学讲义》和《莎士比亚的悲剧》二书闻名。

使在我们今天，批判地研究黑格尔的悲剧理论也仍然是有益处的。

黑格尔在许多著作中涉及悲剧问题，除了在《美学》中有专门的章节探讨悲剧外，在早期著作《论自然法》和耶拿时期的巨著《精神现象学》中都谈过悲剧。其他如在《哲学史讲演录》和《历史哲学》中关于苏格拉底之死的段落，《宗教哲学》中有关希腊宗教的部分以及《法哲学原理》等著作中，也都散布着一些对悲剧的看法。

大家知道，黑格尔美学是一个包罗万象的庞大体系。在这个体系中，悲剧理论所占的比重虽不算大，但却十分重要。甚至有人认为，"如果谈论黑格尔的艺术哲学而不去考察他关于悲剧的本质的概念，那就几乎等于演《哈姆雷特》这出戏缺了丹麦王子的角色"[①]。

为什么悲剧理论在黑格尔美学中这样重要呢？要回答这个问题，就必须弄清楚悲剧这种艺术形式在黑格尔的体系中占着怎样的地位。

在黑格尔看来，艺术作为绝对精神发展中的一个环节，它本身也有自己的发展史。象征艺术、古典艺术和浪漫艺术便是艺术发展中依次相继的三个主要阶段或类型，而与之相适应的艺术形式或种类则是建筑（象征艺术）、雕刻（古典艺术）、绘画、音乐（浪漫艺术）和诗。诗适合一切艺术类型，它是最高的艺术，但在诗之中又以剧诗（主要是悲剧）为最高形式。黑格尔写道："因为戏剧在自己的内容方面，像在自己的形式方面一样，构成最完满的整体，所以它必须被看作诗以及一般艺术的最高阶段。事实上，和其他的感性材料——石、木、颜料、声音——相比，只有语言才是配得上表现精神的要素。而在语言艺术的各特殊种类中，正是剧诗把史诗

[①] 诺克斯：《康德、黑格尔和叔本华的美学理论》，伦敦版，1958年，第103页。

的客观性和抒情诗的主观原则结合于一身。"①诗以语言作为表现的手段，它在最大限度内摆脱了物质性的材料，成为观念性最强的艺术。而根据黑格尔在《精神现象学》一书里的说法，悲剧则是"较高级的语言"②。因此，黑格尔把悲剧置于一切艺术之上，把它看作艺术的桂冠和全部艺术发展的总结。

应该指出，把悲剧看作艺术的最高形式，这并不是黑格尔的创见，而是亚里士多德以后西方美学的传统看法。然而在黑格尔那里，这种看法是以他的唯心主义体系作为基础的。黑格尔是个发展论者，他把各种艺术形式安排在一个统一的发展序列之中。在他看来，艺术是理念在感性直观形式下的表现，因此艺术总是脱离不了感性材料的。但是，某一种艺术保留的感性物质材料越多，那它在艺术发展序列中所占的地位也就越低；相反地，某一种艺术越能摆脱物质材料而富于精神性，那它也就越高级。黑格尔把诗置于首位，主要就是从这一点着眼的。同时，黑格尔又是力主主客观同一说的。他认为，在诗之中，史诗偏于客观性，抒情诗偏于主观性，唯有剧诗才把主客观统一起来，所以剧诗理应被看作诗以及一般艺术的最高峰。从这里我们可以看得很清楚，黑格尔的论证方法是完全符合于他的唯心主义哲学精神的。

黑格尔在他的艺术发展公式中，以唯心主义的歪曲形式猜测到了各种艺术形式的发展的历史性（即某一种艺术在一定历史时期内特别繁荣）。但从根本上说他的公式是完全错误的，真实的艺术发展史被他牵强附会地曲解为理念企图寻求感性直观形式来显现自己而最后终于超越这种形式的过程。由此他得出了荒谬的结论，说什么

---

① 黑格尔：《美学》，德文版，1955年，第1038页。
② 《黑格尔全集》第2卷，德文版，1951年，第558页。

艺术发展到最高阶段以后，绝对精神就不再满足于艺术，而要向新的阶段——宗教过渡，因此"艺术到了最高的阶段是与宗教直接相联系的"①。显然，在这里黑格尔的观点完全受他的保守的体系所支配，这不能不对他的悲剧论发生有害的影响。

但是，黑格尔所以推崇悲剧，并不完全是由于他的唯心主义体系的影响。作为一个辩证论者，他无疑把悲剧看作一切艺术形式中最适合于表现辩证法规律的艺术。实际上，他的悲剧理论的全部精华也正在于此。而我们所以特别重视黑格尔的悲剧论，主要也是因为在他的美学学说的这一部分中，辩证法得到了充分的体现。

我们在研究黑格尔的悲剧论时，必须注意到黑格尔哲学的基本矛盾——保守的唯心主义体系和本质上是革命的辩证方法之间的矛盾同样贯串在他的悲剧理论之中。把握住黑格尔哲学的这个基本矛盾，也是理解他的悲剧理论的关键所在。

二

要理解黑格尔的悲剧理论，首先必须了解他的矛盾学说。矛盾是悲剧的基础，悲剧冲突就是矛盾在悲剧中的具体表现。

在马克思主义以前的哲学史上，黑格尔对最重要的辩证法规律——对立面的统一和斗争，达到了最深刻的认识。黑格尔坚决主张，矛盾是普遍存在的，任何事物都包含着矛盾，"天地间绝没有任何事物，我们不能或不必在它里面指出矛盾或相反的特性"②。因此，没有矛盾就没有万物，就没有世界。不仅如此，在他看来，矛

---

① 黑格尔：《美学》第1卷，人民文学出版社，1958年，第101页。
② 黑格尔：《小逻辑》，三联书店，1957年，第210页。

盾还是发展的动力,它是"一切运动和生命力的根源;事物只因为在本身之中包含着矛盾,所以它才能运动,才具有趋向和活动"①。用他的话来说,也就是"矛盾引导前进"。

　　黑格尔对矛盾的这种理解,也贯彻在他的《美学》中,他这样写道:"谁如果要求一切事物都不带有对立面的统一那种矛盾,谁就是要求一切有生命的东西都不应存在。因为生命的力量,尤其是心灵的威力,就在于它本身设立矛盾,忍受矛盾,克服矛盾。"②正因为发展是通过矛盾和斗争而进行的,所以这不是平坦笔直的道路,而是崎岖曲折的道路。在这条道路上,既有前进、胜利和欢乐,也有暂时的后退、失败和痛苦。因此,悲剧性的因素是内在于世界发展进程的,精神发展本身就具有悲剧性的矛盾:"内在的精神性的东西也只有作为积极的运动和发展才能存在,而发展却离不开片面性和分裂对立。完整的精神在分化为它的个别性之中,就须离开它的静穆,违反它自己而进入紊乱世界的矛盾对立,而且在这分裂过程中也不免遭受有限事物的不幸和灾祸。"③不仅一般人类生活是"一种冲突、斗争和烦恼的生活",而且连人们所崇拜的神也不是生活在永恒的静穆和平的境界里。奥林匹斯山上的众神也带着互相冲突的情欲,结党互相斗争;耶稣基督被钉上十字架的时候,也难免受到无法形容的肉体上和灵魂上的痛苦,以及如此等等。

　　但是,在黑格尔看来,由于矛盾和冲突所造成的破坏并不仅仅具有否定的意义,它对精神来说是一个最大的考验和锻炼。悲剧性的矛盾本身当然包含着否定,但这不是单纯的否定,而是作为发展

---

① 黑格尔:《逻辑学》,引自《列宁全集》第38卷,人民出版社,1958年,第145页。
② 黑格尔:《美学》第1卷,人民文学出版社,1958年,第151页。
③ 同上,第221页。

的一个环节的否定,也就是通过否定而达到肯定。黑格尔说:"凡是始终都只是肯定的东西,就会始终都没有生命。生命是向否定以及否定的痛苦前进的,只有通过消除对立和矛盾,生命才变成对它本身是肯定的。如果它停留在单纯的矛盾上面,不解决那矛盾,它就会在这矛盾上遭到毁灭。"①

黑格尔认为,通过否定而达到肯定,也就是矛盾的"和解"。冲突是以一种破坏作为基础的,但这种破坏不能始终是破坏,它本身也要被否定掉。理想的美在于它的统一性、静穆和自身完满,可是冲突破坏了这种和谐,使理想产生了不协调和矛盾,而艺术的任务就在于通过冲突而达到和谐,以现出美的完满的本质。在这里,黑格尔企图调和矛盾的妥协倾向是十分明显的。他虽然承认对立面斗争的普遍性,但是为了迎合他的保守的体系的要求,往往把矛盾人为地调和起来。因为根据他的体系,精神发展的目的即在于扬弃矛盾、恢复自身的统一而达到"绝对"。

可以说,黑格尔的悲剧论就是他关于对立面的统一和斗争、肯定和否定的辩证法思想在美学中的具体应用。在他看来,戏剧的特性就是描写矛盾冲突,其他艺术形式都不能像戏剧那样充分表现出"可以显示伟大精神力量的分裂与和解的那种动作"。例如绘画,尽管它的范围很广阔,但也只能表现出这种动作过程中的某一顷刻,而戏剧则能表现出矛盾展开的整个过程。"因为冲突一般都需要解决,作为两对立面斗争的结果,所以充满冲突的情境特别适宜于用作剧艺的对象,剧艺本是可以把美的最完满最深刻的发展表现出来的。"②

---

① 黑格尔:《美学》第1卷,人民文学出版社,1958年,第120页。
② 同上,第253页。

黑格尔在《美学》中曾经详细地探讨了冲突的概念。他把冲突看作最高的情境，因为只有这种情境才是真正动作的出发点，只有通过矛盾对立，行为和动作才能见出严肃性。在他看来，冲突基本上可以分为三种，这三种冲突都可能导致悲剧的产生。

第一种是由物理的或自然的情况所产生的冲突。例如由于自然原因而带来的疾病、罪孽和灾害，它们破坏了原来生活的和谐，而造成矛盾对立。索福克勒斯的悲剧《斐罗克特提斯》[①]就是以这种冲突作为基础的。黑格尔认为，这种冲突只能作为单纯的原因而发生作用，它本身没有什么意义，艺术之所以采用它作为题材，只是因为自然灾害可以发展出精神性的分裂。艺术对于自然灾祸，不是把它只作为偶然事件来表现，而是把它作为一种具有必然性的阻碍和不幸事件来表现。显然，黑格尔把这种冲突看得较低。

第二种是由自然条件产生的精神冲突。凡是以自然的家庭出身为基础的冲突以及由天生性情造成的主观情欲所引起的冲突，都属于这一类。黑格尔对这一类冲突作了细致的分析，他又把它们分成三种：（1）和自然密切联系的权利，如亲属关系、继承权之类所引起的冲突，这方面最主要的例子是争夺王位继承权的斗争。索福克勒斯的《七将攻打忒拜》[②]和莎士比亚的《麦克白斯》[③]都描述这一

[①] 这部悲剧叙述斐罗克特提斯随希腊军远征特洛伊城途中，因脚被毒蛇咬伤而被弃于荒岛，忍受九年痛苦，因此他拒绝把赫克理斯的箭交出。而根据预言，只有这支箭落在攻城军手里，特洛伊城才能被攻克。到第十年，他才被说服用箭射杀特洛伊王子巴里斯，攻下该城。

[②] 《七将攻打忒拜》叙述忒拜王俄狄浦斯生前没有指定继承人。死后，他的两个儿子厄忒俄克勒斯和波吕涅刻斯约定轮流为王。后因厄忒俄克勒斯毁约，波吕涅刻斯借岳父的兵马进攻忒拜，兄弟两人自相残杀，同日战死。

[③] 麦克白斯是一个能征惯战的勇将，他和他的妻子密谋，杀害了国王邓肯，篡夺了王位。不久邓肯的儿子举兵复仇，麦克白斯因众叛亲离，陷于绝望而战死。

种冲突。（2）出身的差别由于习俗和法律的影响变成了不可克服的界限，似乎已成为一种习惯成自然的不公平的事，因而引起冲突。例如奴隶地位、农奴地位、等级区别等矛盾都属于这一种。"这种冲突在于按照人的概念，人有人应有的权利、关系、欲望、目的和要求，而由于上述的出身差别中某一种关系，它们仿佛受到一种自然力量的阻碍和危害。"①（对这种冲突黑格尔没有举例，我们想大概席勒的《阴谋与爱情》就包含着这种冲突。）（3）由天生性情所造成的主观情欲如妒忌、野心、贪婪、爱情等等而引起的冲突，最显著的例子便是莎士比亚的《奥赛罗》。这些情欲所以会造成真正的冲突，只是由于它们使人违反真正的道德以及人类生活中本身合理的原则，因而陷入一种更深的冲突。

在黑格尔看来，外在的自然力量在精神的矛盾中究竟不是本质的东西，它们只是一种基础或背景，使真正的冲突导致破坏和分裂。因此前两种冲突的作用只在于形成进一步冲突的枢纽，只是一种助因，使自在的和自为的精神的生命力量在它们的差异中互相对立和斗争。这样，他就进而讨论第三种冲突，也就是他所谓的更深的真正的冲突。

第三种冲突是"由精神的差异而产生的分裂"。据黑格尔说，这才是真正重要的矛盾，因为它的根源在于"精神的力量以及它们之中的差异对立"。黑格尔认为，精神性的东西只有通过精神才能实现，所以精神方面的差异必须从人的行动中得到实现。因此这种冲突的根源不在外部自然，而在人的行动之中。这一类冲突也可分为三种：（1）冲突起于行动发生时的意识与意图同后来对这行动本身的性质的认识之间的矛盾。例如索福克勒斯笔下的俄狄浦斯在无意

---

① 黑格尔：《美学》第1卷，人民文学出版社，1958年，第258页。

之中犯下了杀父娶母的罪，后来发现真相，才认识到他的意图和结果相矛盾，破坏了本应受到尊重的道德力量，因而陷入内心冲突。①显然，这种冲突还没有和由自然力量产生的冲突断绝联系，因为导致这种冲突的是人的无意识的行动。（2）比较适合的精神冲突应起于有意识的行动，虽然它的出发点还可以是情欲、暴力等等。例如阿伽门农的王后克吕泰墨斯特拉因她的丈夫曾把她亲爱的女儿当牺牲品来祭猎神，就串通情夫有意识地谋杀了阿伽门农，而他们的儿子俄瑞斯忒斯蓄意为父复仇，又杀了他的母亲。②（3）行动本身并不引起冲突，但由于它所由发生的那些跟它对立矛盾的而且是意识到的关系和情境，它就变成一种引起冲突的行动。罗密欧和朱丽叶的恋爱本身并不破坏什么，但他们意识到双方的家庭由于世仇不会允许他们结婚，因而就陷入冲突。

应该承认，黑格尔关于悲剧冲突的思想是深刻的。在西方美学史上，谁也没有像他那样强调矛盾冲突在悲剧中的作用，谁也没有像他对悲剧冲突作过这样细致的具体分析。即使在今天看来，黑格尔的思想对反对"无冲突论"仍然具有很大的意义。他的某些具体见解也颇有可取之处，例如他把由于自然的原因所造成的冲突看得较低，只把它看作引起进一步冲突的基础，这种看法是很有道理的。自然的灾祸，虽然常常造成大规模的破坏，如火山的爆发使整

---

① 俄狄浦斯是忒拜城国王拉伊俄斯和王后伊俄卡斯忒的儿子。根据预言，他长大后会杀死父亲，因此他出生后即被抛弃，后被科任托斯王抚养成人。有一次阿波罗神告诉他说，他将杀父娶母。为了免犯此罪，他就离开科任托斯出走。在偶然的冲突中他杀了拉伊俄斯，又因为他为忒拜除害，被拥立为王，娶了前王的寡妻。最后真相大白，俄狄浦斯刺瞎双目出外流浪以赎罪。

② 这是埃斯库罗斯的悲剧三部曲《俄瑞斯忒亚》(即《阿伽门农》《奠酒人》《复仇女神》)的故事。

个庞贝城遭到毁灭,席卷全欧的鼠疫曾经葬送了千百万条生命,但在人们看来,这些都只是人力所难以抗拒的可怕的偶然事件,纯粹是由盲目的外力所造成的灾难。这种人和自然的冲突,虽然也可以作为艺术的描绘对象,却很难成为一部悲剧的主题。在悲剧里,自然灾祸往往只是引起人和人之间的矛盾冲突的契机,它本身并不能形成深刻的悲剧冲突。只有承认这一点之后,我们才能真正理解为什么悲剧的真正对象不是人和自然的冲突,而是人和人之间的冲突、社会冲突。

黑格尔把精神冲突看作悲剧所描绘的真正重要的矛盾,这种观点含有一定的合理因素。可是在黑格尔那里,精神冲突的领域被过分扩大了,甚至包括由阶级区别所造成的矛盾冲突,因为他并不把后者理解为阶级斗争、不同的阶级力量之间的冲突,而仅仅把它理解为个别的人为了摆脱自己的阶级出身而作的斗争。而作为普鲁士政府的官方哲学家,他晚年的观点是保守的。据他说,阶级的分别、统治者和被统治者的分别是"重要的而且合理的",因为"这些分别根源在于全部国家生活所必有的分工组织"①。他承认,如果一个人按照他的精神方面的能力和活动本有资格属于某一阶级,但他的出身却使他不能属于那个阶级,那这在本质上就是一种"冤屈"。但是,他又强调指出,如果出身地位的分别通过正规法律变成一种"固定的冤屈",成为一种"不可克服的必然状态",那么,"有理性的人在这种必然状态面前既然没有办法克服它,就只得向它屈服,他就不应该反抗,就应该安安静静地忍受这种不可避免的局面;他就应该放弃这种界限所不容许的旨趣和要求,用无抵抗的忍耐的勇气去忍受这种无可奈何的情境。在斗争不发生效用的地方,合理的

---

① 黑格尔:《美学》第1卷,人民文学出版社,1958年,第258页。

办法就在于放弃斗争，这样至少还可以恢复主体自由的形式的独立自足性"①。

在这里，德国资产阶级的懦弱性和妥协性真是暴露无遗。一般说来，黑格尔辩证法的革命性主要表现在抽象的思辨的领域内。当问题一涉及社会矛盾和阶级冲突，他就成为庸俗的阶级调和论者，鼓吹什么"无抵抗的忍耐的勇气"，什么"内心的自由"，以及诸如此类的妥协思想。正由于黑格尔受到这种阶级立场的限制，所以他不可能深刻地揭示出悲剧冲突的社会的、阶级的内容。他关于悲剧冲突的见解的根本缺陷即在于此。

三

前面已经说过，黑格尔认为只有由于精神方面的差异而产生的矛盾对立才是真正的冲突，所以在他看来，并不是任何一种矛盾冲突都能构成悲剧的真正本质，理想的悲剧只能建立在一种特定的矛盾冲突的基础上。

黑格尔在《美学》中说道，悲剧动作的真实内容是由"人类意志中的实体性的、自身合理的力量"所提供的，属于这种力量的如：夫妇、父母、儿女、兄弟姊妹之间的家庭亲情，政治生活，公民的爱国主义，统治者的意志，以及教会的生活，等等。在他看来，这种"实体性的力量"也就是"神圣的"、伦理的力量。他这样写道："一般地我们可以说，最初的悲剧的真正主题是神圣的东西（das Göttliche），但是，这不是指构成宗教意识本身的那种神圣的东西，而是指进入世界、进入个人活动的那种神圣的东

---

① 黑格尔：《美学》第1卷，人民文学出版社，1958年，第261页。

西，然而在这种现实中它既不丧失自己的实体性，也不转化为自己的对立面。在这种形式下，意志和实行的精神实体就是伦理（das Sittliche）。"①

根据黑格尔的唯心主义观点，如果我们以直接的纯粹的形式去了解伦理，而不仅仅从主观反思的观点把它看作形式的道德（das formell Moralische）的话，那么伦理也就是在世界中实现的神圣的东西、实体性的东西。任何进入现实世界的事物都得遵循特殊化的原则，因此伦理力量之间，就它们的内容和它们的个别表现而言，是有区别的。在剧诗里，这些特殊化的力量体现为人类激情的特定目的并转化为行动，它们互相排斥，各自处于片面的孤立状态，于是和谐就消失了，产生了不可避免的矛盾冲突。由此黑格尔作出了一个重要的结论："原始的悲剧正在于：在这样一种冲突里，对立的双方就它们自身而言都是合理的。然而从另一方面来说，它们只能把自己的目的和性格的肯定的内容，作为对其他同样合理的力量的一种否定和损害而实现出来。因此，就它们的伦理意义而言和通过这种伦理意义来看，它们又是有罪过的。"②

在这里，黑格尔的语言相当晦涩，但他的基本思想还是很明显的。在他看来，悲剧幕后的原动力是各种伦理力量，这些力量是具有普遍性的，因而也是神圣的。它们在宗教里作为神而出现，但在悲剧行动的世界里，它们就离开了奥林匹斯山上的那种静穆状态，进入了人类的意志，化为各种特殊化的孤立的力量。它们各自提出自己片面性的、极端的要求，悲剧人物就是这些特殊化要求的体现者，所谓悲剧性格的本质即在于它完完全全服务于一种伦理目的，

---

① 黑格尔：《美学》，德文版，1955年，第1070页。
② 同上，第1071页。

彻底执行它的命令。例如，悲剧中的一个主人公忠实履行他的爱国主义的公民义务，就往往忽视他理应担负的家庭责任，于是爱国主义和家庭责任这两种伦理力量就发生矛盾，它们各自指令自己的代表者履行它们的片面性的要求，结果就形成悲剧性的冲突。就它们本身来说，它们都是合理的，但因为它们在实现自己的要求时，丝毫不顾及对方的要求，所以就侵害了对方的同样合理的权利。为此，它们就有过错，就应当受到惩罚，于是代表它们的片面性的悲剧人物就遭到毁灭。

上述思想在黑格尔的《精神现象学》里已经有所发挥，在那里他详细地分析了伦理的自我分裂和由此产生的内部矛盾和斗争。他指出，"伦理的本质自身分裂为两种法律，而意识对法律采取不可分割的完整的态度，却只被指定遵守一种法律"①。黑格尔在这句话里所说的两种法律，指的是人的法律和神的法律。个别的人既然只遵守其中的一种法律，那么他就必不可免地以自己的行动破坏了另一种法律，正由于这一行动，他就造成了罪过。罪过并不是外在的、漠不相关的、可有可无的东西；相反地，在伦理行为本身之中就含有犯罪的因素。伦理的意识如果在事前就清楚地知道它所反对的那种法律，而自觉地犯下破坏那种法律的罪，那么这种伦理的意识就越是完美，它所犯的罪也就越是纯洁。②显然，黑格尔在这里也是把伦理实体的自我分裂看作悲剧的主要原因，所以他在谈到伦理行动时屡次以古希腊的悲剧作为自己的例证。

在《宗教哲学讲演录》一书中，我们也可以看到类似的思想。在那里黑格尔也强调指出，对精神来说，"较高级的、真正令

---

① 《黑格尔全集》第2卷，德文版，1951年，第358页。
② 参阅《黑格尔全集》第2卷，德文版，1951年，第358–360页。

人感兴趣的分裂"乃是伦理力量本身的分裂并进入冲突状态。而"这种冲突的解决即在于:这些伦理力量由于它们在冲突中自身所具有的片面性,就放弃了它们独立发生效力时的片面性,而这种片面性的放弃就表现为目的在于实现一种单独的伦理力量的个人遭到了毁灭"①。

因此,在黑格尔看来,悲剧人物的悲惨结局是必然的。悲剧人物代表着特定的伦理力量的片面性,他的伦理行为同时也就是破坏其他伦理力量的合法权利的片面行动,所以他就必然要受到报复。从这个意义上说,他的不幸完全是咎由自取,不能归罪于人。从而黑格尔提出了这样的论点:一切苦难和不幸原来都是由主人公本身的罪过演变出来的结果,都是对主人公的片面性的一种合理的惩罚。

但是,黑格尔的悲剧理论并不停留在这一点上,而且他的最重要的结论也不在于此。与其说黑格尔把悲剧的结局看作对主人公的罪过的惩罚,倒不如说他把它看作"永恒正义"的胜利。黑格尔的中心思想就在于他认为矛盾冲突通过悲剧人物的毁灭最后得到了"和解"(Versöhnung)。在他看来,悲剧的意义主要在于证明片面性的伦理要求并不是真理,只有克服这种片面性才能达到真正的伦理理念。

如所周知,亚里士多德认为悲剧的作用在于唤起人们的悲悯与畏惧之情,使这类情感得到"净化"②。黑格尔对亚里士多德的格言作了新的解释③,并且提出了一个重要的补充:"在单纯的畏惧和悲剧的同情之上还有和解的感觉,这种感觉是悲剧通过永恒正义的景

---

① 《黑格尔全集》第16卷,德文版,1959年,第133页。
② 亚里士多德:《诗学》,Ⅵ,1449b。《文艺理论译丛》1958年第2期,第7页。
③ 参阅黑格尔:《美学》,德文版,1955年,第1072—1073页。

象而提供的,永恒正义有绝对的权力来处理各种片面的目的和情欲的相对合理性,因为它不能容忍按自己的概念来说本来是和谐的伦理力量在真实的现实中胜利地继续不断发生矛盾冲突,并把这种情况保持下去。"①

黑格尔认为,悲剧的结局并不是单纯的否定,而是通过否定最后达到肯定。实际上,随着悲剧主人公受惩罚而遭到否定的,并不是他们所代表的伦理原则本身,而只是它们的片面性。通过对这些片面性的否定,真正的伦理实体就建立起来了,于是冲突就在矛盾的"和解"中消失,达到新的和谐。黑格尔这样写道:"悲剧纠纷的结果最后正是导向这样的收场:互相进行斗争的双方的权利固然得到保留,然而他们的主张的片面性却被取消了,于是无阻碍的内部的和谐又重新恢复了……真正的发展只在于作为对立面来看的对立面的扬弃,只在于各种活动力量的和解,而这些活动力量在它们的冲突中是互相力求否定对方的。只有在这种情况下,最后的结局才不是不幸和痛苦,而是精神的满足。因为只有在这样的结尾下,个人的遭遇的必然性才能作为绝对理性表现出来,而情感也就得到真正伦理的安慰。"②

悲剧性的冲突可以通过两种方式得到和解。一种方式是和平解决,在这种情况下悲剧的主人公就不必遭到毁灭的命运。这是由于互相进行斗争的双方或其中的一方在冲突过程中认识到自己的片面性,从而撤回了自己的要求,和对方取得和解。例如在埃斯库罗斯的《复仇女神》里,俄瑞斯忒斯为父亲阿伽门农报仇,杀了母亲克吕泰墨斯特拉,复仇女神代表母权判定俄瑞斯忒斯有罪,阿波罗代

---

① 黑格尔:《美学》,德文版,1955年,第1073页。
② 同上,第1087页。

表父权判他无罪，最后雅典娜决定赦免俄瑞斯忒斯，使斗争的双方和解。又如索福克勒斯的《俄狄浦斯王》，悲剧主人公最后发现自己犯下了杀父娶母的弥天大罪，就自己刺瞎双目以赎罪，于是他就通过这种自我的谴责而洗刷了自己的罪愆，达到了"主观的内部的和解"。但是，除了上述这种情况外，更经常的是悲剧中的斗争的双方互不相让，各走极端，于是往往只有以悲剧人物的死亡作为代价才能克服他们的片面性，从而达到和解。大多数悲剧的结局都是这样，在那些悲剧里，和谐是通过破坏才重新建立起来的。在这方面，索福克勒斯的《安提戈涅》是一个最鲜明的例证，关于这个悲剧，我们在下面还要谈到它。

人们通常认为，黑格尔的悲剧理论带有乐观主义的色彩，这种看法是有一定根据的。和悲观主义者相反，黑格尔在悲剧中所看到的不是真的、善的、美的东西的毁灭，而是理性、"永恒正义"的胜利。在《法哲学原理》一书第140节的一条注解中，我们可以读到以下这段话："最高的伦理性人物的悲惨下场之所以能使我们发生兴趣……使我们提高，并使我们与所发生的事调和，只是因为这些人物作为具有同等权利的各种不同伦理力量在彼此对立中出现，它们由于某种不幸而发生冲突；又因为其结果是这些人物由于跟伦理性的东西相对立而获有罪责。于是在这种情况下产生了双方的法与不法，从而真正的伦理理念，经过纯化并克服了这种片面性之后，就在我们心目中得到调和。所以所毁灭的不是在我们内部最高的东西。我们并不是在最好的东西的毁灭中，而是相反地在真的东西的胜利中得到提高的。正是这一点构成古代悲剧真实的、纯伦理的旨趣。"①

为了进一步说明黑格尔的悲剧概念，有必要来看一下他的悲剧

---

① 黑格尔：《法哲学原理》，商务印书馆，1961年，第157页。

理论的具体应用。我们打算在这里引证他经常谈到的两个著名的悲剧范例，一个是历史现实生活中的悲剧——苏格拉底之死，另一个是艺术中的悲剧——索福克勒斯的《安提戈涅》。

黑格尔认为，苏格拉底的命运是十分悲剧性的，"这正是那一般的伦理的悲剧性命运：有两种公正互相对立地出现，——并不是好像只有一个是公正的，另一个是不公正的，而是两个都是公正的，它们互相抵触，一个消灭在另一个上面；两个都归于失败，而两个也彼此为对方说明存在的理由"①。据黑格尔说，雅典已经发展到这样一个文化时期，当时个人的意识作为独立的意识，开始和普遍的精神分离开来了。苏格拉底是一个"英雄"，因为他首先有意识地认识了这个新出现的"精神的更高的原则"。但是苏格拉底在提出新原则的同时，也就破坏了当时仍然居于统治地位的旧秩序，伤害了当时雅典人的精神和伦理生活。所以雅典人为了保卫自己的习俗，就控告他犯了崇敬新神和不敬父母之罪，于是苏格拉底就由于这种破坏性的行为被处死了。可是在刑罚中消灭的只是苏格拉底个人，而不是他所代表的原则。最后雅典人终于认识到苏格拉底的原则已经深深进入了他们自己的精神，他们处罚苏格拉底实际上只是谴责了自己，于是他们对过去的判决感到后悔，承认苏格拉底个人的"伟大"。

黑格尔认为，在这个事件中，雅典人民和苏格拉底双方都是无罪的，同时又都是有罪的，并且因为自己的罪过而受到惩罚。苏格拉底的例子说明，甚至一个伟大的人也会是有罪的，因为"他担负起伟大的冲突"。这整个悲剧的实质在于："希腊世界的原则还不能忍受主观反思的原则；因此主观反思的原则是以敌意的、破坏的姿态出现的。因此雅典人民不但有权利而且有义务根据法律向它进行

---

① 黑格尔：《哲学史讲演录》第2卷，三联书店，1957年，第106页。

反击;他们把这个原则看作犯罪。这是整个世界史上英雄们的职责;通过这些英雄才涌现出新的世界。这个新的原则是与以往的原则矛盾的,是以破坏的姿态出现的;因此英雄们是以暴力强制的姿态出现,是损坏法律的。作为个人,他们都各自没落了;但是这个原则却贯彻了,虽然是以另一种方式贯彻的,它颠覆了现存的东西。"①

从这个观点来看,苏格拉底的悲剧命运是必然的。新的精神原则一定要胜利,而当它最初出现的时候却必然不能被人所理解,必然会被人看作破坏旧原则的犯罪行为,因此它的代表者必然要付出血的代价,遭到毁灭。但新的原则却正是在个人的毁灭中树立起来的,归根结底仍然是永恒正义取得了胜利,精神还是通过个人的牺牲和苦难而向前发展了。

现在我们再来谈黑格尔对《安提戈涅》所作的解释。在他看来,《安提戈涅》在所有的悲剧(不论古希腊的或近代的)中间,是"最卓越的、最令人满意的作品"②;而安提戈涅这个悲剧人物,则是"在地上出现过的最壮丽的形象"③。

作为一个悲剧,《安提戈涅》确实表现了尖锐的矛盾冲突。俄狄浦斯的两个儿子厄忒俄克勒斯和波吕涅刻斯争夺王位,两人自相残杀,同日战死,由他们的舅父克瑞翁继任了王位。因为波吕涅刻斯勾结外敌,进攻祖国,所以克瑞翁宣布他为叛国犯,下令禁止收葬他的尸体,违者处死。波吕涅刻斯的妹妹、克瑞翁的儿子的未婚妻安提戈涅不顾禁令,埋葬了她的哥哥。她这样做一方面是为了尽兄

---

① 黑格尔:《哲学史讲演录》第2卷,三联书店,1957年,第107页。
② 黑格尔:《美学》,德文版,1955年,第1089页。
③ 同①,第102页。

妹的情谊和义务，另一方面是遵守传统的"天条"①。于是克瑞翁把她判处死刑，以致她在囚室中自尽。但克瑞翁也受到了沉重的惩罚，落得家破人亡，他的儿子海蒙为了未婚妻的惨死而以身殉之，他的妻子也为了爱子的死而自己结束了生命。整个悲剧就是这样以"尸首上堆尸首"的大流血告终。

根据黑格尔的看法，克瑞翁作为国家的元首，下令严禁安葬叛国分子的尸体，这个禁令在本质上是有道理的，因为它的出发点是要照顾全国的幸福和安宁。在克瑞翁看来，波吕涅刻斯"是个流亡者，回国来，想要放火把他祖先的都城和本族的神殿烧个精光，想要喝他族人的血，使剩下的人成为奴隶"②。因此，黑格尔认为，克瑞翁的命令并不是个人专横的决定，而是有伦理根据的。"克瑞翁不是一个暴君，而实在是一种伦理的力量；克瑞翁并非不公正：他坚决主张国家的法律和政府的权威应该受到尊重，对违法的行为一定要处罚。"③

但是，安提戈涅也同样受到一种伦理力量的鼓舞，在她心目中骨肉至亲的爱是神圣的，当时希腊人所信奉的"天条"更是超越国法之上、绝对不可侵犯的。因此她不顾妹妹的劝告（"不量力是不聪明的"），毅然抗拒了克瑞翁的禁令。当她被捕后，她和克瑞翁进行了这样一段对话：

"克：你真敢违背法令吗？

安：我敢。因为向我宣布这法令的不是宙斯，那和下界

---

① 古希腊人相信，法律之上还有天条，必须埋葬死者便是天条之一。人死后不葬，他的阴魂便不能进入冥土；露尸不葬，还会冒犯神明，祸及城邦。
② 索福克勒斯：《悲剧二种》，人民文学出版社，1961年，第12页。
③ 《黑格尔全集》第16卷，德文版，1959年，第133页。

神祇同住的正义之神也没有为凡人制定这样的法令；我不认为一个凡人下一道命令就能废除天神制定的永恒不变的不成文律条……我不会因为害怕别人皱眉头而违背天条，以致在神面前受到惩罚。"①

这样看来，安提戈涅和克瑞翁双方本来都是正义的，但他们由于只顾坚持自己的伦理要求，而忽视同样是正义的对方的要求，所以他们又都具有片面性。"安提戈涅在克瑞翁的政权下生活，她本人是一个国王的女儿和海蒙的未婚妻，所以她应当服从国君的命令。可是克瑞翁作为一个父亲和丈夫，也应当尊重神圣的血亲关系，而不下违反骨肉情谊的命令。"②因此，两方面都同有罪责，都受到了惩罚。

黑格尔指出，《安提戈涅》这个悲剧的实质在于"两种最高的伦理力量的冲突"，即神圣的骨肉之爱（亦可称之为"神的法律"）和国家法律之间的冲突。这个悲剧中对立的双方，"各自仅仅体现一种伦理力量，并以这种伦理力量作为自己的内容，这就是片面性；而永恒正义的意义则表现在：正因为双方都是片面的，所以它们都是不正义的，虽然它们又同是正义的；双方在纯粹的伦理活动中都被认为是有价值的；在这里，双方都有自己的价值，但它们的价值又互相抵消了。正义所反对的仅仅是它们的片面性"③。两种伦理力量互相冲突，两败俱伤，结果又是"永恒正义"取得了胜利，扬弃了两者的片面性。然而在这场冲突里，无论亲属之爱或国家法律，本身都并

---

① 索福克勒斯：《悲剧二种》，人民文学出版社，1961年，第19页。
② 黑格尔：《美学》，德文版，1955年，第1089页。
③ 《黑格尔全集》第16卷，德文版，1959年，第134页。

未遭到否定，而是在消灭了片面性之后重新达到了"和谐"。因此，在黑格尔看来，即使像这样悲惨的结局也仍然是一种"和解"。

黑格尔的悲剧理论的基本思想和实际应用，简单说来就是如此。但是，除此以外我们还要着重指出以下几点。

首先，黑格尔认为，构成悲剧冲突的对立的力量在伦理意义上说是处于同等地位的，因此真正的悲剧不是善和恶之间的冲突，而是善和善之间的冲突。斗争的双方"是同样正义的，然而在行动所造成的它们的对立中却同样是不正义的"①。只有在对立的两种力量及其代表人物的毁灭中，双方才统一起来，达到真理。这种观点构成了黑格尔悲剧理论的基调，也可以说是他的一个独特的见解。一般说来，黑格尔认为作为反面力量的纯粹的恶是不适宜于理想的艺术表现的，因为纯粹反面的东西总是呆板枯燥的，使我们觉得空洞无味或是厌恶，所以不应当把它作为引起相反动作的基本根源。在他看来，"罪恶本身是乏味的、无意义的，因为它只能产生反面的东西，如破坏和灾祸之类，而真正的艺术却应该给我们一种本身和谐的印象"②。因此，"如果在悲剧中出现了暴君和无罪的人，那个戏就写得淡而无味了；——那是贫乏的、毫无道理的，因为这里面有的只是空洞的偶然性"③。

黑格尔否认悲剧是善和恶的冲突，这和他对恶的看法是有联系的。他反对把善和恶抽象地、绝对地对立起来，而认为两者是相互依存、相互转化的。他说："唯有人是善的，只因为他也可能是恶的。善与恶是不可分割的……恶也同善一样，都是导源于意志的，

---

① 《黑格尔全集》第2卷，德文版，1951年，第564页。
② 黑格尔：《美学》第1卷，人民文学出版社，1958年，第274页。
③ 黑格尔：《哲学史讲演录》第2卷，三联书店，1957年，第106页。

而意志在它的概念中既是善的又是恶的。"① 在悲剧里，绝对的善和绝对的恶都是不存在的，斗争的结果不是一方战胜另一方，而是双方都由于自己的片面性而受到惩罚。在他看来，正确和错误的对立也是不存在的，问题在于斗争的双方都是正确的，但在自己的正确中又都包含着错误。

其次，黑格尔虽然肯定悲剧中的必然性，但这种必然性和古希腊的"天命"观念毫无共同之处。作为一个理性主义者，黑格尔不承认宇宙间有超理性的、盲目的神秘力量在支配一切。在他看来，整个世界的发展都是理性的表现，是完全可以理解的合乎规律的过程，和所谓"天命"没有丝毫关系。在《宗教哲学讲演录》里，黑格尔对"天命"观念作了这样的批评："天命（das Fatum）是缺乏概念的东西，在那儿正义和非正义都在抽象中消失了；相反，在悲剧里，命运（das Schiksal）是处于伦理的正义性的一定范围内的。我们在索福克勒斯的悲剧里可以在最崇高的形式下看到这一点。在那里既涉及命运，也涉及必然性；个人的命运是作为某种不可理解的东西来描述的，但必然性并不是一种盲目的正义，而是被认作真实的正义。正因为如此，这些悲剧才成为伦理的理解和领悟的不朽的精神产品，成为伦理概念的永恒的典范。盲目的命运则是某种不能令人满意的东西。在这些悲剧里，正义是可以被人所理解的。"② 这些话清楚地表明，黑格尔在悲剧里所看到的必然性实际上就是理性法庭的裁决，它不可能是盲目的，而应该为理性所接受。

再次，黑格尔的悲剧理论是和他的历史观点紧密相连的。黑格尔认为，理性为了达到自己的目的，往往利用非理性的东西和特殊

---

① 黑格尔：《法哲学原理》，商务印书馆，1961年，第144-145页。
② 《黑格尔全集》第16卷，德文版，1959年，第133页。

的个人（有时甚至是杰出的英雄人物），作为完成伟大历史事件的工具。理性让人们遵照自己的意图、志向和情欲去追求自己的目的，但最后又把这些个人的特殊利益加以清算和扬弃，使普遍的原则得以实现。这就是他所谓的"理性的狡计"。在《历史哲学》里，黑格尔写道："特殊的东西同特殊的东西相互斗争，终于大家都有些损失。那个一般的理念并不卷入对峙和斗争，卷入是有危险的。它始终留在后方、在背后，不受骚扰，也不受侵犯。它驱使热情去为它工作，热情从这种推动里发展了它的存在，因而热情受了损失，遭到祸殃——这可以叫作理性的狡计。这样被理性所播弄的东西乃是现象，它的一部分是毫无价值的，还有一部分是肯定的、真实的。特殊的事物比起一般的事物来，多显得微乎其微，没有多大价值：个人是供牺牲的、被抛弃的。理念自己不受生灭无常的惩罚，而由个人的热情来受这种惩罚。"[①]黑格尔的这种观点和他的悲剧理论是完全一致的，在悲剧里也同样可以看到这种"理性的狡计"，代表特殊利益、因而带有片面性的悲剧人物历经苦难，遍尝艰辛，但到头来却在为他人作嫁衣裳，只是为永恒正义的胜利、更高精神原则的胜利准备条件，换句话说，也只不过是理性为了达到自己的目的而利用的工具而已。

最后，有一点十分重要。黑格尔的悲剧理论主要是以古希腊的悲剧为根据的，他认为他的悲剧观点只有对古代悲剧来说才完全适用，而对近代浪漫派的悲剧来说就不完全适用，必须加以某种修正。究竟黑格尔认为近代悲剧在何等程度上体现他的悲剧概念，这是值得研究的问题。但有一点是可以肯定的，那就是他把古代悲剧看作悲剧的典型形式，而近代悲剧则仅仅是对古代悲剧的修正或变形。

[①] 黑格尔：《历史哲学》，三联书店，1956年，第72页。

为什么黑格尔会有这种看法呢？这是因为：在他看来，近代悲剧的特征是主观性日益增加。近代悲剧里的主人公，除了少数例外（如浮士德、卡尔·摩尔、华伦斯坦），与其说是代表普遍的伦理力量，倒不如说是受他们个人的目的、志向和情欲所驱使。因此，各种伦理力量的冲突在近代悲剧里就变得不十分鲜明了。黑格尔指出："近代悲剧一开始就在自己本身的范围内接受了主观性的原则。因此它把性格的主观本性作为自己的真正对象和内容，而这种性格则不是伦理力量的单纯的古典式的个别体现。"①正因为如此，所以接着他又指出："一般说来，在近代悲剧里，个人不是为自己的目的的实体性内容而行动的，这种实体性内容也不是他们的热情的动力，而是他们的心灵和情感的主观性和他们性格的特殊性求得到满足。"②因此，近代悲剧里的人物性格也和古代悲剧不同。古代悲剧的主人公代表某一种伦理力量，他的性格完完全全体现这种力量，而和另一种伦理力量相对立，在那里，矛盾冲突是在人和人之间、不同的性格之间展开的。在近代悲剧里则不然，性格本身发生分裂，两种对立的意图和情欲在同一个性格之中进行斗争，因此矛盾冲突同时是在性格内部展开的。所有这一切区别也影响到"和解"的概念，在黑格尔看来，虽然近代悲剧的结局仍然是"和解"，但这种"和解"在内容上已经起了变化，只能算是"不幸之幸"（unglückselige Seligkeit）了。

黑格尔曾经特别以莎士比亚的《哈姆雷特》为例指出古代悲剧和近代悲剧的区别。《哈姆雷特》里的冲突与埃斯库罗斯的《奠酒人》和索福克勒斯的《厄勒克特拉》里的冲突基本上是相似的，都

---

① 黑格尔：《美学》，德文版，1955年，第1093页。
② 同上，第1095页。

是父王被谋杀,母后和凶犯成婚。但是,在古希腊诗人那里,谋杀阿伽门农是有伦理根据的;而在莎士比亚那里,谋杀国王却完全是万恶的犯罪行为。哈姆雷特的母亲并没有罪,哈姆雷特在为父复仇时只需反对篡位的叔父,而他的敌人是丝毫没有值得尊敬之处的。"因此,真正的冲突并不在于儿子在进行自己的伦理性复仇时必须损害伦理本身,而在于哈姆雷特的主观性格之中。哈姆雷特的高贵的灵魂并不是为了干这种刚毅的行动而创造的,他对世界和生活充满厌恶,在下决心、进行试验和准备实施之间辗转不安,终于由于自己的优柔寡断和外部环境的结合而遭到了毁灭。"①

黑格尔对近代悲剧的这种看法和他对浪漫艺术的总的看法是完全一致的。在他看来,浪漫艺术的对象是"自由的具体的精神生活",艺术要符合这种对象,就必须诉诸"内心世界""主观的内心生活"。"就是这种内心世界组成了浪漫艺术的内容,所以必须作为这种内心生活,而且通过这种内心生活的显现,才能得到表现。"② 据黑格尔说,正是由于浪漫艺术日益沉溺于主体的内心生活,才终于使艺术本身发生解体。因此,他尽管承认近代悲剧的艺术成就,特别是对莎士比亚评价很高,然而在他心目中典型的悲剧还是产生于古代,他的悲剧理论也主要以埃斯库罗斯和索福克勒斯的作品为依据。黑格尔是古希腊艺术的崇拜者,这一点在悲剧方面也并不例外。

四

像整个黑格尔美学一样,黑格尔的悲剧理论中既有精华,也有

---

① 黑格尔:《美学》,德文版,1955年,第1096页。
② 黑格尔:《美学》第1卷,人民文学出版社,1958年,第97页。

糟粕；既包含着深刻的真理，也掺杂着唯心主义的谬论。黑格尔学说的优点和弱点在他的悲剧理论中得到了充分的表现。

　　黑格尔用矛盾冲突的观点去解释悲剧，这是他的一个巨大的历史功绩，我们对这个功绩应当给予足够的估价。应该承认，在历史上是他首先运用对立面的统一和斗争这一辩证法规律去揭示悲剧的本质，因此在这个问题上他比前人大大地前进了一步。但同时也应该指出，他的辩证法是唯心主义的辩证法，并且处处受到保守的哲学体系的限制和压抑，而最后终于被窒杀了。这就不可避免地使他的悲剧理论带有保守的唯心主义的烙印。

　　黑格尔把悲剧的本质看作不同伦理力量之间的冲突，这个思想有着合理的一面。黑格尔不满足于仅仅把悲剧当作个人之间的矛盾冲突和个人的悲惨遭遇，而力图寻找这些个人背后的更深刻的带普遍性的力量。在黑格尔的体系中，伦理（Sittlichkeit）和道德（Moralität）是两个不同的概念，道德是主观的，而伦理则是客观的抽象的法和主观的道德的统一。①家庭、市民社会和国家，这就是伦理发展的三个阶段。因此，黑格尔所说的伦理力量实际上指的是社会道德观念，它们在本质上是一种社会性的存在，用他的话来说，它们都是具有"实体性"的。这样看来，所谓伦理力量之间的冲突其实也就是悲剧中的人物所代表的社会道德观念之间的冲突。悲剧冲突在本质上是一种社会性的冲突——黑格尔思想的合理意义即在于此。

　　可是，在唯心主义者黑格尔那里，一切都是头脚倒置的。我们所看到的是一个颠倒的世界：不是社会存在决定社会意识，而是

---

　　① 关于道德和伦理的区别，黑格尔在《法哲学原理》中曾有所说明。参阅该书，商务印书馆，1961年，第42–43页。

社会意识决定社会存在。伦理观念不被他看作决定于经济基础的社会上层建筑中的意识形态的一部分,而被当作精神的自己发展中的一个阶段。由于黑格尔认为精神占绝对第一性的地位,因此在他眼里伦理观念不仅不是特定的社会关系的产物,而相反地倒是社会关系的创造者。正因为这样,所以黑格尔不是用社会现实中的矛盾冲突去解释伦理力量之间的冲突,却反而用伦理冲突去解释社会冲突。但在实际上,伦理冲突以至于一般的精神冲突,都无非是客观社会生活中各种现实的物质力量之间的矛盾冲突在人们的意识中的反映。特别是在阶级社会里,它们往往是各个阶级的利益冲突的一种特殊表现。要科学地阐明伦理冲突的现象,就必须正确地揭示出它们的社会的、历史的和阶级的基础。黑格尔的根本错误就在于他坚持精神第一性的唯心主义原则,看不到社会现实中的矛盾冲突是产生伦理冲突的真正泉源,因而他就只能到伦理实体本身中去寻找造成冲突的原因。构成悲剧冲突的最深刻原因的社会冲突和阶级冲突,则常常处于他的视野之外,没有得到应有的重视。

在黑格尔那里,悲剧冲突虽然是社会性的冲突,但它始终是在观念的领域内进行的。前面已经说过,黑格尔认为只有精神性的冲突才是悲剧中的真正重要的矛盾。这种看法本来也有合理的因素,因为在悲剧里重要的社会矛盾一般是要通过精神性的冲突表现出来的。但是,如果把精神性的冲突仅仅看作精神本身的冲突,完全取消它的社会阶级内容和物质基础,那就必然会使人走向荒谬。

黑格尔认为,伦理实体具有自我分裂的趋向,由于这种自我分裂,就导致对立和冲突。这种思想也是以他的辩证法为基础的。伦理实体不是抽象的同一,而是自身包含着差别、对立和矛盾的具体的同一。对于这一点,我们是并不反对的。但是我们进一步要问:究竟是什么原因引起伦理的这种"自我分裂"?这种分裂的实质又是什么？对这些问题，黑格尔却根本给不出任何令人满意的答案。

黑格尔无法说明引起伦理的自我分裂的真正原因，而不得不陷于抽象的唯心主义的思辨，仿佛伦理实体就其内容来说本来是统一的，只因为它进入世界化为各种特殊的个别表现，所以才发生分裂和冲突。这当然是什么也说明不了的唯心主义谬论，因为这种先于自己的个别表现而存在的一般的伦理实体，完全是黑格尔所捏造出来的虚构。

其实，在阶级社会里，统一的"伦理实体"是根本不可能存在的。各个不同的阶级有着自己不同的伦理观念，适用于一切阶级的永恒不变的伦理观念是没有的，虽然在一定的历史时期内某个社会中的统治的伦理观念，总是在该社会中占统治地位的那个阶级的观念。因此，我们在任何社会里的确都能看到伦理的"分裂"，但这种"分裂"的原因正在于伦理本身的历史性和阶级性。恩格斯在《反杜林论》里写道："一切已往的道德论归根到底都是当时的社会经济状况的产物。而社会直到现在还是在阶级对立中运动的，所以道德总是阶级的道德；它或者是为支配阶级的统治和利益辩护，或者当被压迫阶级变得足够强大时，代表被压迫者对这个统治的反抗和他们的利益。"[①]正因为黑格尔不理解也不可能理解这一点，所以他不能对伦理的"分裂"作出正确的解释。

在我们看来，观念的进程是由物的进程所决定的，因此伦理观念的发展归根结底是由社会经济状况和阶级斗争的发展所决定的。在历史上，我们可以看到不同的社会阶级的统治的交替，新的阶级出现在历史舞台上，它们为取得统治地位而进行斗争，从而和旧的统治阶级发生冲突。与此相应，代表新兴阶级的利益的新的伦理观

[①] 恩格斯：《反杜林论》，人民出版社，1970年，第91—92页。

念也和代表旧的统治阶级利益的传统的伦理观念发生冲突，于是就在我们面前展开了一幅新旧力量、新旧观念之间的斗争的图景。所谓伦理的分裂，在很大程度上也就是这种新和旧的矛盾冲突。黑格尔在个别场合下虽然多少感觉到了这一点，可是他并没有予以足够的重视。在他那里伦理的分裂所形成的悲剧冲突，主要是不同的伦理力量（例如家庭和国家）之间的冲突。他没有注意到，除此以外还有一种更深刻的冲突，那就是各种伦理力量本身的分裂所造成的冲突，例如新的家庭观念和旧的家庭观念的冲突、新的国家观念和旧的国家观念的冲突。可是在历史上，后一种冲突却往往占有更重要的地位，社会矛盾和阶级斗争也正是在这一种冲突中表现得更为明显。

由于黑格尔看不到伦理冲突背后的社会冲突和阶级斗争，所以他对某些悲剧的具体解释常常不能使我们满意。就拿苏格拉底之死来说吧。黑格尔不把苏格拉底的悲剧看作他个人的可怕遭遇，而把它看作必然的历史事件，这种看法是很深刻的。但是他对这一事件的解释却是完全错误的。在他看来，苏格拉底的悲剧是两种精神原则发生冲突的结果，而且苏格拉底还代表着"精神的更高的原则"，也正是他的原则终于使希腊生活趋于没落。而实际上，苏格拉底的悲剧却是当时雅典社会的内部斗争，即奴隶主民主派和奴隶主贵族派的斗争的结果。苏格拉底并不代表"更高的原则"，他是一定的政治力量的思想代表者。当时雅典的奴隶主民主制虽然已经陷入危机，却还有足够的力量去惩治反对派。作为一个历史人物，苏格拉底虽然具有卓越的哲学智慧和富有魅力的个性，但他站在对立的立场反对民主制，这就必然要遭到悲剧性的毁灭。的确，雅典国家后来也终于瓦解了，但这并不是由于苏格拉底的原则的影响，而是由于社会内部斗争的加剧和对外战争的破坏。这样看来，正确地理解苏格拉底的悲剧的锁钥，应该到当时雅典的社会经济状况和政治斗争中去寻找，而不应该到什么"精神原则"中去寻找。

我们再来谈黑格尔对《安提戈涅》的解释。应该说，黑格尔指出这个悲剧的本质在于两种普遍的伦理观念（家庭和国家）之间的冲突，这一见解确实是精辟的。然而黑格尔却到此停步了，没有进一步去探索这种伦理冲突背后的更深刻的矛盾，有时他的议论则带有神秘色彩，例如说什么伦理实体自身分裂为神的法律和人的法律等等。实际上，这是两种法权的冲突，即宗族法权和国家法权的冲突。这两种法权的斗争在历史上，特别是在奴隶制国家形成时期内曾经起过重大的作用。如果黑格尔能够联系社会史去考察《安提戈涅》中的悲剧冲突，那么他的解释一定会更深刻得多，然而作为一个唯心主义者，他是不可能做到这一点的。

我们认为，黑格尔忽视悲剧冲突的社会阶级基础，这是他的悲剧理论的根本缺陷。可以说，他的其他一些错误看法都是和这个缺陷分不开的。

在黑格尔看来，悲剧冲突的双方都是正义的，但由于它们各自具有片面性，因此又都是不正义的，而对于这种片面性和不正义的合理惩罚，就是个人的悲剧性的毁灭。由此黑格尔认为，"在所有的悲剧冲突中，我们特别应该抛弃掉关于有罪或无罪的虚伪观念。悲剧人物既是有罪的，又是无罪的"①。我们觉得，黑格尔的这种看法本身就带有很大的片面性。

悲剧里的矛盾冲突的双方都自以为代表正义，这的确是很常见的情况。比如说，在许多宣扬爱情自由、反抗封建婚姻制度的悲剧里，作为封建势力的牺牲品的青年男女，固然认为正义是在自己这

---

① 黑格尔:《美学》，德文版，1955年，第1086页。

一方，但维护封建礼教的那些"卫道者"也未尝不以为自己是正义的化身。在某些人看来，婚姻自由是人的不可剥夺的权利；而在另一些人看来，则简直是"大逆不道"、破坏道德规范的行为。贾母包办宝玉的婚事，祝英台的父亲强加干涉女儿的爱情，老开普莱特强迫朱丽叶嫁给帕利斯，他们在葬送自己儿女的幸福时一本正经地以为这是"天经地义"，甚至还认为他们是在为儿女的利益着想。如果黑格尔的意思仅仅指的是阶级社会里伦理道德观念的相对性，那么他是有一定道理的。但是，他却由此得出了相对主义的结论，根本抹杀悲剧里的正义和非正义、有罪和无罪、善和恶的界限，这就是一个绝大的错误。

问题在于，自以为代表正义和实际上确实代表正义，这两者之间是有很大区别的。在阶级社会里，各个阶级都以自己的伦理观念作为行为根据，但这绝不是说，伦理道德没有客观的标准。我们认为，在一定的历史时期、一定的社会里，凡是有利于社会进步发展的就是正义的，反之就是非正义的。正义的就是善，非正义的就是恶。事实上，在绝大多数悲剧里，正义和非正义、善和恶的区别都是很明确的，而观众的同情也总是倾向于正义的一方。只有在少数悲剧里，正义和非正义、善和恶的区别比较模糊，但这并不是因为正义和非正义、善和恶完全只是相对的概念，而往往只是因为在同一个主人公身上就体现着正义和非正义、善和恶这两种力量的斗争。

由于黑格尔不承认悲剧中正义和非正义的区别，他当然就会认为关于有罪或无罪的概念是"虚伪"的了。在他看来，归根结底一切都是理性法庭的公正的裁决，既然悲剧主人公遭到了毁灭的命运，那么这似乎就证明他是有罪的。黑格尔所依据的真是一种十分奇怪的逻辑："我们承认有过错，因为我们受痛苦。"我们必须指出，黑格尔的这种看法不仅违反许多悲剧的事实，而且也和绝大多数观众的感情背道而驰，因此是完全经不起批判的。当然，在悲剧里有些人的毁灭是和他们的罪过分不开的，对这些人来说，是他们亲手埋下了使自己灭亡的种子。正如埃斯库罗斯的《奠酒人》里的克吕泰墨斯特拉和俄瑞斯忒斯的对话所表明的那样：

"克：喔！你要杀你的母亲么？我的儿子！
俄：不是我杀你，是你的罪恶毁了你。"①

但是，我们决不能把上述个别情况当作悲剧的一般通例，即使我们把悲剧中的"罪过"的概念加以更广泛的解释，也仍然有不少悲剧人物无论如何都不能被认为是有罪的。比如说，姑且我们承认奥赛罗在某种意义上是有过错的，但是纯洁无瑕的苔丝德蒙娜究竟犯了什么罪过呢？同样地，就算《阴谋与爱情》里的斐迪南少校犯了和奥赛罗相类似的过失，那么女主人公又有什么值得非议的缺陷呢？巴里斯诱拐海伦，可以说罪有应得，可是为什么特洛伊城的全体妇女要为他一人的罪而受到这样残酷的报复呢？只要我们不是无中生有、异想天开地把罪过硬加在无辜者的头上，那么我们就可以看到，原来悲剧的祭坛上早就涂满了无罪者的血。生活的逻辑并不像黑格尔所想象的那样美好，有许多人所以蒙受痛苦，并不是由于他们犯了什么罪过，而正是因为他们清白无辜。正如车尔尼雪夫斯基所说，认为每个死者都有罪过，这真是"残忍到使人愤恨的思想"。

不管黑格尔的主观意图如何，他的上述看法在客观上起了为丑恶的现实辩护的作用。在黑格尔看来，归根结底悲剧证明了一切都是合理的；而在我们看来，悲剧的重要意义之一却正在于它揭露了

---

① 埃斯库罗斯：《奠酒人》，牛津大学英文版，第191页。

社会的不合理的一面。既然每个悲剧人物的灭亡都是自食其果,咎由自取,那么责任也当然由他们自己负了。这样,黑格尔在无形之中就为真正负有罪责的社会制度洗刷了罪恶。

黑格尔着重探究的是悲剧人物性格本身的"片面性",在他看来,悲剧的可能性以至于必然性早就寓于这种性格的"片面性"之中了。因此,他主要只是从主观方面去探索悲剧的原因,而仅仅从这方面来说,他的确是很成功的。但事情的更重要的方面,即悲剧的客观社会原因却往往被他忽视了。

应该承认,悲剧人物的性格对悲剧的形成是起重要作用的,但它毕竟不是悲剧的最深刻的原因。问题在于,性格本身是在客观环境的强大影响下形成的,因此性格以及它的片面的发展都无非是悲剧环境的产物。奥赛罗、麦克白斯、哈姆雷特这些人的性格都不可能离开一定的社会历史条件而存在,要真正理解这些性格,就必须弄清楚对它们的形成起着决定作用的社会环境。甚至在一些著名的所谓"性格悲剧"里,也很难用性格来解释一切。因为性格仅仅构成悲剧的主观条件,它的活动范围是由悲剧的客观条件所提供的。黑格尔的缺陷就在于他过分夸大了主观条件的作用,而把客观条件放在次要的地位。

和黑格尔不同,马克思主义经典作家却总是把主要注意力集中于分析悲剧的客观条件。马克思关于拉萨尔的剧本《弗朗茨·封·西金根》写道:"西金根(而且胡腾多少和他一样)的灭亡,并不是由于他的狡诈。他的灭亡,是因为他作为一个骑士,作为一个垂死阶级的代表起而反对现存(制度),或者更确切些说,反对现存(制度)的新形式。"① 而恩格斯指出,在拉萨尔的这个剧本

---

① 《马克思恩格斯论艺术》第1卷,人民文学出版社,1960年,第31页。

里有着悲剧的矛盾：一方面是坚决反对解放农民的贵族，另一方面是农民，而西金根和胡腾就站在这两者之间，"这就构成了历史必然的要求与这个要求实际上不可能实现之间的悲剧冲突"①。在这里，马克思和恩格斯所着重探讨的显然不是西金根个人的性格如何，而是形成西金根的悲剧的社会历史条件。但是，唯心主义者黑格尔不可能做到这一点，因为如果要这样做，就必须坚定地站到唯物主义历史观的立场上来。

黑格尔悲剧理论中最不能令人满意的是他关于悲剧冲突的"和解"和"永恒正义"最后取得胜利的思想。我们认为，黑格尔学说的保守方面在这里得到了最明显的表现，辩证法的革命精神则为了迁就体系的要求而被完全取消了。

当然，黑格尔的悲剧论带有乐观主义和理性主义精神，因此比起形形色色的悲观主义和神秘主义悲剧理论来，毕竟还高出一筹。但是，由于黑格尔的理论建立在虚妄的唯心主义的沙滩上，所以他的乐观主义和理性主义观点并没有牢靠的基础，所谓"永恒正义"的胜利云云只不过是类似海市蜃楼的幻影而已。

在黑格尔看来，悲剧的结局是矛盾冲突的双方达成"和解"。这种看法是符合于他的整个矛盾学说的。大家知道，根据黑格尔的唯心主义的概念辩证法，事物的发展一般要经过正题—反题—合题的三段式。无论正题或反题都不是真理，真理在于两者的扬弃和融合，即合题，而在合题中两者的矛盾得到了调和。马克思曾经批判过黑格尔的这种调和矛盾的错误，他说："真正的极端之所以不能被中介所调和，就因为它们是真正的极端。同时它们也不需要任何中

---

① 《马克思恩格斯论艺术》第1卷，人民文学出版社，1960年，第41页。

介，因为它们在本质上是互相对立的。"① 在马克思主义者看来，对立面的统一是相对的，而对立面的斗争则是绝对的、不可调和的，斗争的结局不可能是矛盾双方的"和解"，而只能是矛盾的一方战胜另一方或矛盾双方的相互转化。

事实上，悲剧里的矛盾的双方（无论是两种观念或两种物质力量），只要它们是"真正的极端"，真正"在本质上是互相对立的"，那就绝不可能得到所谓"和解"。就以黑格尔作为"和解"的典型例子提出来的《复仇女神》来说吧。在埃斯库罗斯的这个悲剧里，互相冲突的双方是父权制和母权制。能否说在这里父权制和母权制最后取得"和解"了呢？显然绝不能这样说。两者怎么可能调和呢？要知道在历史上并不是这两种制度互相和解，而是父权制代替了母权制。同样地，正如恩格斯所指出的，在这个悲剧里也是"父权制战胜了母权制"②。一般说来，既然悲剧冲突具有正义和非正义、善和恶的斗争的性质，那就不可能达到任何的和解，有时即使斗争的双方都遭到毁灭（如《哈姆雷特》），也仍然不能给予我们以和解之感。有人说，《哈姆雷特》里的和解表现为芳丁布拉斯的胜利归来和秩序的恢复，可是这种所谓"和解"和黑格尔的原意没有丝毫共同之处。说真的，我们简直很难理解，芳丁布拉斯究竟和这个悲剧里的矛盾冲突有什么关系以及他怎样可能使这个冲突得到和解。

根据黑格尔的看法，"和解"的感觉是由于我们在最后看到了"永恒正义"的胜利而产生的。但是，我们在许多悲剧里所看到的却完全不是黑格尔所描绘的那种正义的辉煌胜利，我们的情感也经常得不到"伦理的安慰"。当我们看到无辜者受难而罪大恶极的坏蛋

---

① 《马克思恩格斯全集》第1卷，人民出版社，1956年，第355页。
② 《马克思恩格斯文选》第4卷，人民出版社，1972年，第7页。

却逍遥法外的时候,我们能相信这是"永恒正义"的胜利么?林黛玉死了,贾宝玉出家当了和尚,可是贾政之流却还是做他的官。爱米利·迦洛蒂在遭受凌辱后死了,可是那真正的凶手、专横的暴君却还是照样过着他的荒淫无耻的糜烂生活。安娜·卡列尼娜死了,可是那些上流社会的伪君子们,那些专门以散布流言蜚语为职业的女性寄生虫们,却仍然天天跳舞、喝酒、调情,而且还会对安娜进行他们所特别擅长的鞭尸戮墓的死后惩罚。试问,在这种悲剧世界里有什么公理、正义可言呢?我们完全有根据说,正因为没有公理和正义,所以才会产生这些悲剧,而要真正建立公理和正义的统治,就必须从根本上铲除产生悲剧的社会制度。因此,我们在目睹悲剧人物蒙受苦难之后,并不赞叹"永恒正义"的伟大,而是对受难者寄予深挚的同情,并且激起了我们为粉碎罪恶的现实而斗争的热情和决心。在我们看来,悲剧的巨大的社会作用,不在于给予人们以"伦理的安慰",却相反地在于它使人更深刻地认识到产生悲剧的社会根源,激发人们的斗争精神。①

我们认为,黑格尔用"理性的狡计"来解释悲剧也是经不起批判的。首先,他的说法无法摆脱目的论的神秘色彩,仿佛一切都已经事先安排好,个人只是傀儡而已。拆穿了讲,这种所谓"理性"实际上只可能是上帝的别名。其次,我们完全有权要问,为什么理性偏偏要使这样的而不是那样的"狡计"呢?黑格尔无法回答这一点。黑格尔是一个历史唯心主义者,他虽然承认历史的必然性和规律性不以个人的意志为转移,但是要对这种必然性和规律性作科学

---

① 我们并不认为,这是衡量悲剧的唯一标准,因为在文学史上有一些伟大的悲剧并未起这样的革命作用。但我们仍然要说,如果有一部悲剧起着这样的作用,并且具有卓越的艺术形式,那它就是一部理想的伟大悲剧作品。资产阶级美学家是根本否认这一点的,因为在他们看来,这是"功利的"而不是"审美的"态度。

的解释，究竟是他力所不逮的。①

我们还应该指出，黑格尔以古希腊的悲剧作为典型，这是他的理论的一个严重缺陷。不管古希腊悲剧曾经取得多么辉煌的成就，它们和近代悲剧相比，无论在主题内容的广泛社会意义上，表现矛盾冲突的深度上，或是塑造典型人物性格的艺术技巧上，毕竟都要逊色得多。古希腊悲剧毕竟只是人类悲剧文学史上的幼年时代。如果不把主要注意力集中于近代戏剧发展所提供的极其丰富的材料，而企图到古希腊悲剧中去寻找悲剧艺术的普遍规律，这种做法是违反历史发展要求的。

总起来说，黑格尔的悲剧论之所以具有这些根本缺陷和错误，是和他的资产阶级立场分不开的。当时德国资产阶级虽然日益成长，但力量还不够强大，政治上也还不够成熟。他们一方面向往法国资产阶级革命的成果，希望德国社会也发生有利于他们的变革；另一方面却不敢像法国资产阶级那样用革命手段去摧毁封建制度，而倾向于同封建容克地主制度妥协，企图在维护现存秩序的情况下乞求统治者作出些微的让步。正是德国资产阶级的这种两面性和懦弱性，使黑格尔一方面察觉到社会现实生活中存在着矛盾斗争，这种矛盾斗争甚至还往往达到悲剧性冲突的地步；但另一方面却又竭力把矛盾斗争限制在精神的领域内，不敢承认矛盾斗争的结果必然导致旧制度的死亡和新制度的产生，而力求同当时普鲁士的反动社会制度"和解"。黑格尔的悲剧论，在某种意义上可以说是他的"合理的就是现实的，现实的就是合理的"这一著名命题的具体例证。他的直接目的无非是想为现存制度辩护，证明它不管包含着多么深

---

① 关于这一点，普列汉诺夫曾在《黑格尔逝世六十周年》一文里作了透彻的分析。

刻的悲剧性矛盾，在本质上却仍然是合理的。因此，作为德国资产阶级的思想代表，黑格尔更倾向于保守的方面。但是，正如恩格斯所指出的，黑格尔的上述命题如果加以批判地理解，就会转化为自己的反面，"变为另一个命题：凡是现存的，都是应当灭亡的"①。用同样的革命精神去批判黑格尔的悲剧论，也会使它转化为自己的反面：含有悲剧性矛盾的现实，随着时间的推移，终究会变成完全不合理的东西，因而是应当灭亡的。

五

最后，我们还要顺便谈一下布雷德莱对黑格尔悲剧理论的解释。布雷德莱在现代西方学者中间是以鼓吹黑格尔悲剧理论著称的。他把黑格尔的观点广泛地应用于研究莎士比亚的悲剧，而获得了名噪一时的成功。

无可否认，在西方学术界关于莎士比亚戏剧的无数研究著作中，布雷德莱的《莎士比亚的悲剧》一书要算是比较出色的著作。由于他以黑格尔思想作为指南，所以他对莎士比亚的解释在某些地方往往比一般浅薄的西方学者高出一头。但是，我们在前面已经指出，黑格尔的理论并不完全适用于近代悲剧，因此布雷德莱企图对它作一番"重新解释"，使它更符合他自己的需要。在这里我们不可能全面地考察他所做的这种所谓"重新解释"，而只打算着重谈谈其中的一点。

在布雷德莱看来，黑格尔着重注意悲剧中的动作和冲突，这是正确的，但他的缺点是没有足够估计到苦难和不幸在悲剧中的作

---

① 《马克思恩格斯选集》第4卷，人民出版社，1972年，第212页。

用，特别是忽视了显然不是由于人的行动所造成的一种特殊的不幸，即所谓命运。据他说，无论在古希腊悲剧或莎士比亚的悲剧中，只能称之为命运的某些偶然的不幸事件都起着重要的作用。"如果奥赛罗的性格换个样子的话，那他就不会成为雅戈的牺牲品了。但是，我们仍然要说，使他在这个世界上同这样一个有足够的能力和勇气去陷害他的卑鄙小人一起共事，真是特别的天数。在《安提戈涅》里，在它的大灾难中，偶然事件也起着作用。我们很难说，克瑞翁答应挽救安提戈涅的生命可惜为时过晚这一点，是完全取决于他们的性格的。现在，我们可以正确地说，黑格尔对悲剧中的最高力量的解释，就是命运观念的理性化。可是他对命运的这个特殊方面的意见既不充分，也不能令人满意。"[1]于是，布雷德莱就打算对黑格尔的理论进行"修正"和"补充"。

　　布雷德莱竭力想把"命运"观念和黑格尔的"永恒正义"观念调和起来。据他说，悲剧中的最高力量是"命运"和"正义"这两者的总和，单靠其中之一就难以说明悲剧的实质。一方面悲剧所给予我们的是某种悲惨可怜的、可怕的、神秘的感觉，另一方面它又不使我们感到被压服、起反抗的念头或感到绝望。如果仅仅把悲剧世界里的最高力量描述成"正义"或"道德秩序"，那么悲剧在我们看来就不会那么可怕和神秘。但如果仅仅把这种最高力量解释为"命运"，那么悲剧就会使我们感到绝望或起反抗的念头了。因此，虽然"命运"和"正义"都在悲剧中占统治地位，可是仅仅强调两者之一就会陷于片面性。过于强调"正义"，悲剧就会变成道德秩序对个人的罪过的惩罚；过于强调"命运"，个人就会成为某种盲目的

---

[1] 布雷德莱：《黑格尔的悲剧理论》。《牛津诗学讲义》，伦敦版，1955年，第82页。

外在力量的牺牲品。①布雷德莱自己也承认，以上这两种观点是互相矛盾的，没有第三种观点可以把它们统一起来。但是，尽管如此，他还是千方百计地设法硬把它们结合在一起。

布雷德莱认为，"命运"可以有两种含义。一种是"空洞的必然性"，完全不顾人类幸福和善恶之间、正确错误之间的区别，这种命运出现在悲剧里必然会使人感到浅薄，应该予以否定。还有一种是"整个体系或秩序的神话式的表现，个人只组成这个体系或秩序的一个微不足道的软弱无力的部分"。为什么人在悲剧世界里是软弱无力的呢？《哈姆雷特》里扮演国王的伶人说："我们的思想是属于我们的，它们的结果却出乎我们意料。"悲剧里的行动是转化成现实的思想，但是悲剧人物行动的结果却完全不符合他们原来的意图，不管这种意图是好是坏。"没有人能比布鲁特斯的意图更好了，可是他却为他的国家制造了苦难，为他自己制造了死亡。没有人能比雅戈的意图更坏了，然而他同样陷入了他为别人所织的罗网……在悲剧世界里的一切地方，人的思想变成行动之后，总是转化为自己的对立面。"②此外，再加上一些偶然的不幸事件，如朱丽叶在坟墓里迟一刻苏醒，苔丝德蒙娜在关键性时刻失落了手帕，偶然的延误断送了考地利娅的生命等等，都使我们感到在宇宙间存在着一种我们所不能完全理解也不能加以控制的巨大力量，它似乎具有确定不移的本性，不顾人们的主观愿望而造成必然的后果。这就自然而然地给予我们以命运的观念，但它使我们把它看作一种道德秩序，把它的必然性看作道德的必然性。在布雷德莱看来，这样"正义"的概念就和"命运"联系起来了。

---

① 参阅布雷德莱：《莎士比亚的悲剧》，伦敦版，1952年，第26页。
② 布雷德莱：《莎士比亚的悲剧》，伦敦版，1952年，第27–28页。

从这一点来说，布雷德莱对黑格尔的悲剧理论的"重新解释"的目的，就是使它更加神秘化。我们知道，布雷德莱本人就毫不掩饰自己对悲剧的神秘主义观点。他曾经这样说道："在任何地方，从我们脚下的碎石到人的灵魂，我们到处都看到力量、智慧、生命和荣耀，它们使我们惊讶，似乎引起我们的崇敬。同时我们又到处看到它们灭亡，看到它们互相毁灭对方和消灭自己，往往蒙受可怕的痛苦，仿佛它们之所以存在就是为了这个目的似的。悲剧就是这种神秘不可思议的事情的典型形式。"① 他甚至认为："如果悲剧不是一件痛苦的神秘不可思议的事，那它就不成其为悲剧了。"② 在他看来，黑格尔完全诉诸理性、"永恒正义"，那当然就不够神秘。因此他就搬出了腐朽的"命运"观念作为武器，在黑格尔的唯心主义理论上再涂上一层神秘主义的色彩。

但是，布雷德莱除了一些陈词滥调外提不出任何新的论据来论证"命运"观念。实际上，他所说的主客观之间的矛盾、动机和效果之间的矛盾，即使在黑格尔那里也尽可以用"理性的狡计"来解释，大可不必把这归结为"命运"。布雷德莱自己也承认单凭这一点很难令人联想起命运，因为这终究还是使人感到他自己是使他毁灭的原因。因此，我们可以说，布雷德莱手里的唯一王牌，就是一连串似乎谁也不能解释、谁也不能控制的"偶然不幸事件"。

在神秘主义者看来，整个世界本来就是一个永远不可解的谜。通过他们的有色眼镜，似乎世界上一切事件都取决于人们根本无法理解的偶然因素。"奥赛罗为什么偏偏遇到了雅戈？""李尔王为什么偏偏有这样狠毒的女儿？""考地利娅为什么偏偏有这样狠毒的姊

---

① 布雷德莱：《莎士比亚的悲剧》，伦敦版，1952年，第23页。
② 同上，第38页。

姊？""克瑞翁为什么不早一点决定赦免安提戈涅？"——布雷德莱自以为他提出了一些发人深思的问题。其实他却不知道，提出这样的问题就像问"为什么这些人的父母把他们生了下来？"一样空洞、无聊。一个人只要饱食终日，百无聊赖，坐在安乐椅上充分运用他的想象力，那就可以毫不费力地想出可能使任何一个悲剧的进程发生根本变化的上百个偶然因素来。朱丽叶在坟墓里早几分钟醒来，不就可以免于酿成惨剧吗？的确如此。但是，要知道如果劳伦斯神父的信按时送到罗密欧手里，如果罗密欧从卖药人那里买到的是假药，如果罗密欧没有偶然遇到泰鲍尔特和穆克修的决斗，如果罗密欧晚几十年出生，如果朱丽叶生在日本，以及如此，等等，那也同样不会发生悲剧。只要你允许人们滥用"如果"这两个字，那么任何荒乎其唐的念头都会毫不费力地涌现出来。可是黑格尔却早就斥责过这种驰骛于"抽象的可能性"里的浅薄之见，他认为这种可能性十分空疏无聊，因为只要用抽象的形式去设想，把一个内容从它所有的许多关系中分离出来，那么无论什么荒谬的内容都是可能的了。①因此，布雷德莱利用这种抽象的、形式的可能性去论证悲剧中的"命运"观念，乃是违背黑格尔辩证法精神的一种最庸俗的唯心主义观点，而且实际上和他本人所指责的"空洞的必然性"毫无本质的区别。

布雷德莱虽然口头上叫人不要用"宗教的语言"去回答悲剧中的最高力量是什么的问题，但是按照逻辑的必然性，他的观点归根结底却只能把人引到上帝那里去，因为他所设想的那些偶然事件，除了把它们归之于上帝的安排外，根本不可能找到任何合理的解

---

① 关于黑格尔对"抽象的可能性"的批判，可参阅《小逻辑》（三联书店，1957年，第306页）和《逻辑学》（《黑格尔全集》第4卷，德文版，1958年，第687页）。

释。神秘主义和宗教是一对孪生儿，难道事情不是这样么？

其实，黑格尔也并未完全忽视偶然事件在悲剧里的作用，但他并不赋予它们以首要的地位，更没有由此引申出"命运"的观念。在他看来，偶然性的背后有着必然性，必然性总是通过偶然性而表现出来，在一定的条件下，偶然的东西就是必然的，而必然性本身就表现为偶然性。但是，在悲剧中贯彻始终的永远是铁的必然性，一切偶然事件只不过是使这种必然性得以表现出来的助因罢了。例如黑格尔指出，哈姆雷特之死从表面上看似乎是由于他和勒尔替斯决斗并且交换了剑而偶然造成的，但实际上在他的灵魂深处早已隐伏着死亡，他周围的极其可怕的环境使他万分苦闷，厌恶一切生活条件，因此在死亡从外面降临到他头上之前，内心的压抑就差不多已经把他折磨死了。罗密欧和朱丽叶的悲剧也同样是必然的，他们就像柔弱的玫瑰花种在不合适的土壤上，不可避免地在偶然世界的山谷里由于暴风雨的袭击而受到摧残。① 应该说，黑格尔对悲剧中的必然性和偶然性的相互关系的这种辩证的理解，显然要比布雷德莱深刻得多。

除此以外，我们还应当指出，布雷德莱的"重新解释"在许多地方歪曲了黑格尔的原意，往往把黑格尔的悲剧理论弄得面目全非。例如黑格尔认为悲剧的实质在于伦理力量的矛盾冲突，布雷德莱则完全抛弃了关于悲剧中的伦理力量和实体性目的的概念，把悲剧说成是"精神的自我分裂和自我消损"或"包含着冲突和消损的精神分裂"②。黑格尔认为，悲剧中互相斗争的双方都是公正的，

---

① 参阅黑格尔：《美学》，德文版，1955年，第1100—1101页。

② 布雷德莱：《黑格尔的悲剧理论》，《牛津诗学讲义》，伦敦版，1955年，第86页。

又都是不公正的，经过布雷德莱的"重新解释"，则变成双方都具有一定的"精神价值"（spiritual value）。又如黑格尔所说的"和解"，本来是指通过矛盾双方的片面性的扬弃而达到的"永恒正义"的胜利，而在布雷德莱那里，"和解"却往往取得了完全和黑格尔不同的意义，变成由于看到悲剧主人公的伟大的灵魂和崇高的死亡而油然产生的敬慕之情，感到悲剧主人公离开最高的精神力量"从来没有像它索取他的生命的时刻那样近"①。

不消说，布雷德莱的"重新解释"根本没有对黑格尔的基本观点的唯心主义错误作丝毫的批评。他对黑格尔的批评完全属于唯心主义阵营的内部意见分歧，而且由于他自己缺乏严密的逻辑，他的批评时常带有折中主义的不彻底性，而陷入自相矛盾的混乱状态。这里随便举一个例子。布雷德莱一方面指责黑格尔忽视了"恶"在悲剧中所占的地位，认为无论在古代或近代的伟大悲剧里，恶都直接或间接地起着显著的作用；另一方面却又接受黑格尔的看法，主张悲剧在本质上是善和善之间的斗争。这种思想混乱也表现在他对某些悲剧作品的解释中。例如他有时否认《麦克白斯》中有两种普遍性目的或伦理力量的冲突，有时却又承认有这种冲突。他既认为麦克白斯身上仍然有着某些"善"的因素或"精神价值"，同时却又不得不承认，作为这个悲剧中矛盾的一方的并不是麦克白斯的"善"的因素，而是他的谋叛的野心。这都说明布雷德莱的观点的含糊和动摇，往往不能自圆其说。

总而言之，在悲剧问题上，布雷德莱不仅没有在黑格尔理论的基础上继续前进，却反而比黑格尔倒退了一步。现代西方学者不可

---

① 布雷德莱：《黑格尔的悲剧理论》。《牛津诗学讲义》，伦敦版，1955年，第84页。

能也不愿意去认识黑格尔学说的真正的"合理内核",他们总是力图利用这块金字招牌,歪曲和篡改它的真实内容,阉割它的辩证法和理性主义精神,把黑格尔装扮成一个神秘主义者,并加深他的唯心主义错误。在19世纪末20世纪初的英国曾经泛滥一时的鼓吹黑格尔主义的运动中,这位可敬的牛津大学教授对黑格尔悲剧理论的重新解释,不过是一个小小的插曲而已。

(原载《哲学研究》1962年第5期,修订于1997年)

普罗提诺论美

——新柏拉图派美学初探

一

公元前146年,新兴的罗马征服了衰败的希腊。在此之前不久,希腊哲学传入了罗马①,并逐渐在罗马生根滋长,从此希腊哲学进入了它的最后发展时期,即所谓"希腊的罗马期"。古希腊的美学思想也大约同时踏上了罗马的土壤。

在罗马哲学思想的发展中,也同样贯串着柏拉图路线和德谟克利特路线的斗争。坚持德谟克利特路线的有卓越的唯物主义者卢克莱修,反对他的则有形形色色的唯心主义派别:西塞罗的折中主义、罗马斯多葛主义和怀疑论等等。而总的说来,唯心主义势力在当时是居于绝对统治地位的,特别是随着罗马奴隶制社会危机的不断加深和社会矛盾的日益尖锐化,统治阶级中间产生了深沉的悲观主义和绝望情绪,当时由东方传入的宗教神秘主义信仰就像鼠疫似

---

① 公元前155年,雅典人派遣三个代表不同学派的哲学家出使罗马,以后人们通常把这作为希腊哲学正式传入罗马的标志。

的迅速传播开来,并和希腊唯心主义哲学相结合而形成了一些新的宗教神秘主义哲学流派。新柏拉图主义就是其中最晚出而又影响最大的一个派别,它的出现不仅仅代表着古希腊罗马哲学的终结,而且也预告了哲学史上的黑暗时期(中世纪)的来临。①

普罗提诺(204—270)是新柏拉图主义的创始人和最重要的代表者,他建立了一整套神秘主义的哲学体系,而且在他的著作中较详细地阐发了自己的美学学说。大家知道,新柏拉图主义对中世纪基督教哲学的形成起过很大的作用,被后来的天主教会尊奉为"圣人"和"教会之父"的北非主教奥古斯丁,就曾经从普罗提诺那里剽窃了许多重要论点。下面这段话就可以说明普罗提诺在奥古斯丁心目中所占的地位:"柏拉图的言论(一切哲学中最纯洁、最光辉的言论),驱散谬误的乌云,在普罗提诺那里最明显地照耀出来了,普罗提诺和他的老师是这样相似,如果不是他们之间相隔的一段时期迫使我们说柏拉图在普罗提诺身上复活的话,人们一定会以为他们是同时代的人。"②奥古斯丁不仅继承了普罗提诺的哲学思想,而且他的美学观点和普罗提诺的美学理论也有密切的血缘关系。通过基督教神学家的宣传,普罗提诺深刻地影响了中世纪欧洲的美学思想和审美趣味,并对长时期内欧洲宗教艺术的发展起了支配作用。他在西方美学史上的重要地位主要就决定于此。

但是,普罗提诺的影响并不局限于基督教世界,例如在阿拉伯世界中,新柏拉图主义哲学始终占着一席地位,实力强大的"阿拉

---

① 某些哲学史研究者把新柏拉图主义列入早期中世纪哲学,如果考虑到新柏拉图主义和中世纪神学的关系,那么这种意见是有一定道理的。

② 《反对学院派》,Ⅲ,ⅩⅧ,41。尽管奥古斯丁口头上积极反对一切异教哲学,但实际上他却恰恰在异教哲学的基础上创建自己的哲学学说,从这一点也可以看出这位"圣人"的虚伪。

伯亚里士多德主义"派，主要是以新柏拉图主义的精神去解释亚里士多德学说的。而且，普罗提诺的影响也不局限于中世纪，在以后受到他的直接或间接的思想影响的美学思想家和文艺理论家也不乏其人。美学中的反理性的神秘主义流派的代表人物如谢林、叔本华和哈特曼，无疑从普罗提诺的著作中获得不少启示。在某些浪漫主义诗人如华兹华斯和柯勒里治的作品中，也可以找到普罗提诺思想的痕迹。甚至像席勒和歌德那样的德国启蒙运动时期的巨人，在某些时候也受到了普罗提诺的一些影响。至于美国的爱默生，那就更不用说了。因此，即使在近代，普罗提诺的影响也仍然是不可忽视的。

关于普罗提诺的生平，我们所知甚少。他的学生波菲利曾为他写过一篇传记，这篇《普罗提诺传》几乎是关于他的生平事迹的唯一材料来源。但是波菲利连他老师的父母祖先和诞生地都没有弄清[①]，而且这篇传记记载了一些难以置信的"奇迹"，因此它究竟可靠到什么程度是颇成问题的。根据波菲利的记载，普罗提诺于二十八岁开始热衷于哲学，在亚历山大里亚城拜安莫纽·萨卡斯为师，四十岁去罗马，创立了自己的哲学学派（人们称之为亚历山大里亚-罗马学派），他在罗马讲授哲学达二十六年，直至逝世为止。

普罗提诺留下了不少著作，其中大部分原来是对他的听众们所提出的问题的解答，波菲利把这些著作编纂成书，共编六集，每集包括九篇论文，故称《九章集》。其中专门探讨美学问题的论文有两篇，即第1集第6篇《论美》和第5集第8篇《论理智美》。但除了这两篇专门的美学论文外，他在其他某些论文中也曾涉及美学问题。

普罗提诺的著作是以晦涩艰深著称的，连黑格尔也承认，"叙述

---

① 根据希腊智者派哲学家欧那庇乌斯的说法，普罗提诺生于埃及的吕科波里。

普罗提诺是很困难的，其困难绝不下于作一个有系统的发挥"①。有一个研究普罗提诺哲学的资产阶级学者甚至这样写道："理解普罗提诺是困难的，而系统地阐明他的哲学则几乎是不可能的。"②在这里，我们不打算多谈他的哲学观点。但为了阐明他的美学思想，对它的哲学基础先作一个简略的叙述还是必要的。

柏拉图哲学是普罗提诺学说的最重要的来源，所谓新柏拉图主义，顾名思义，无非是柏拉图思想的新解释和新发挥。在普罗提诺哲学中占主导地位的是宗教神秘主义，这在柏拉图那里也是可以找到根源的。但是，普罗提诺不是简单地重复柏拉图的观点，他在许多方面进一步发展了柏拉图的某些思想，从而得出了彻头彻尾神秘主义的结论。③

柏拉图关于理念世界和感性世界的对立的思想，在普罗提诺哲学中是以更复杂、更神秘的形式表现出来的。普罗提诺的出发点仍然是肯定理想世界的存在，它不仅是感性世界的原型，而且也是唯一真正的实在。然而他的理想世界本身又分为三个等级。最高的是"太一"，它是一切存在的始源，但它又是超越一切存在的。"太一"是绝对无法言说的，完全不能用语言来形容它，甚至不能给它

---

① 《哲学史讲演录》第3卷，商务印书馆1959年版，第180页。
② 毕斯托里斯：《普罗提诺和新柏拉图主义》，1952年剑桥版，第1页。
③ 关于这一点，我们不能同意车尔尼雪夫斯基的意见。车尔尼雪夫斯基认为："新柏拉图派照埃及的思想方式来改造柏拉图哲学，但是他们的学说本质上是与柏拉图哲学完全不同的，只保存着与它表面相似的特点罢了。"（《美学论文选》，人民文学出版社1957年版，第148页）一般说来，他对普罗提诺的新柏拉图主义的评价是正确的，但我们觉得他对柏拉图哲学的本质有所误解，评价过高，因此得出了新柏拉图主义和柏拉图哲学在本质上完全不同的错误结论。至于黑格尔认为普罗提诺"和亚里士多德的类似之处，多于他和柏拉图的类似之处"（《哲学史讲演录》第3卷，商务印书馆1959年版，第204页），更是我们所不能同意的。

取一个名字。① 而且"太一"是驾凌人类理性之上的，依靠人的理智不可能把握住它，因此它是不可认识的，"我们既没有关乎它的知识，也不可能理解它"②。普罗提诺有时把"太一"叫作"善"，有时又径直地把它叫作"神"。占第二位的是"心智"（nous）③，它是"太一"的映象，只有通过它，我们才能知道"太一"。"心智"多少开始离开了"太一"的严格的单一性，而在它自身中出现二元性：它既是理智，又是理智的对象。"心智"开始思想，但思想的对象就是它自身，因此思想和思想的对象在"心智"中是同一的。"灵魂"在这个理想世界的系列中居于第三位，它是"心智"的映象，它联结着理想世界和感性世界，整个感性现象界就是直接通过它而被创造出来的。所以"灵魂"也可以称为生命的原理，人的灵魂是从宇宙灵魂中派生出来的，人正是通过灵魂和理想世界相通。根据普罗提诺的看法，理想世界的构成就是这样。和理想世界相对立的是感性世界或现象世界，它不是真正的实在，而只是神的影像的反映，因此它的创造和继续存在都完全依赖于神。感性世界处于理想世界和"物质"（matter）之间，它是理想世界对物质的作用或直观所造成的结果。物质是非存在，它是一切存在的否定，是一个"真正的虚妄"④。它没有任何属性，无法捉摸，因而只是一个逻辑的抽象。普罗提诺把物质看作绝对的恶，认为它是万恶之源，是神

---

① 参阅《九章集》，第5集，第3篇，第13节。本文中引自普罗提诺著作的引文均依据麦凯南的《九章集》英译本（1930年伦敦版），并参照哈尔德的德译本《普罗提诺文集》（1956年汉堡版）和特恩布尔编《普罗提诺文粹》（1948年英文版）。

② 《九章集》，第5集，第3篇，第14节。

③ 这个词是很难译的，麦凯南和毕斯托尔里斯把它译作Intellectual principle，Intellect，英格把它译作Spirit，哈尔德译作Geist，俄文一般译作Разум。我们觉得，根据英格和哈尔德的译法，也可以把这个词译作"精神"或"心灵"。

④ 参阅《九章集》，第2集，第5篇。

和善的对立面。

那么，理想世界和感性世界是怎样产生的呢？照普罗提诺说来，这是一个"流溢"的过程。原来一切事物的存在都从"太一"中派生出来，"太一"是完满的，又是充溢的，"流溢"出来的东西便形成了别的实体。心智、灵魂和感性世界就是依次从"太一"中流出的东西，在流溢的过程中最晚出的东西离它的起源就最远，也就最低级。"太一"就像一个发光的太阳，离它愈远，光线愈弱，那"至上的光"在照耀心智和灵魂以后就渐渐暗淡，终于在物质中熄灭。

普罗提诺认为，人的使命就在于改善自己的灵魂，摆脱掉肉体的羁绊，重新回到神那里去，和神融为一体。据他说，灵魂自然地对神有一种爱，尘世的爱只是欺骗，真正的爱的对象是在"更高的世界"里。只有通过神秘的灵魂解脱，进入出神状态，彻底脱离这个世界束缚我们的锁链，才能达到这种和神合一的理想境界。① 据波菲利在《普罗提诺传》中说，普罗提诺本人曾经在六年内四次取得这种神秘的经验。

我们从上面可以看出，普罗提诺哲学是反动的，它在浓厚的宗教神秘主义外衣下包藏着强烈的反理性主义和反唯物主义倾向。对于理性的不信任态度，宣传不可知论，对物质的鄙视，强调通过神秘的灵魂解脱和神合一等等，这些都是普罗提诺哲学的最显著的特征，也正是这些特征决定了它最后和宗教完全合流。普罗提诺哲学产生于公元三世纪，当然有着深刻的时代背景："这是这样一个时期，这时甚至在罗马和希腊，尤其是在小亚细亚、叙利亚和埃及，各族人民极愚蠢的迷信都被直截了当地、绝对不加批判地混淆起

---

① 参阅《九章集》，第6集，第9篇。

来,并且增加了虔诚的欺骗行为和直接的招摇撞骗"。①普罗提诺学说就是这个奴隶制社会瓦解时代的典型哲学现象。

普罗提诺的美学观点是以他的形而上学体系为基础的,他的哲学世界观的反动特征在美学理论中也得到了充分的反映。

二

美是什么?这是普罗提诺在《论美》中提出的最基本的问题。

美的事物是多种多样的。普罗提诺指出,美主要适应于视觉,但也有一种美为听觉而存在,而且除了感性领域内的美以外,还有精神领域中的美,例如生活的行为、举止、人的性格、理智的探求、道德等等,也各有其美。因此,他问道:有形事物和无形事物是否各有特殊的美,抑或一切事物的美都源自同一个原则?换句话说,也就是美究竟从何而来?

作为一个唯心主义者,普罗提诺绝对否认美属于事物本身。他写道:"同样的物体有时候是美的,有时候则不美;因此作为物体而存在和作为美而存在这两者之间是有区别的。"从这里,他又进一步提出了这样一个问题:"以某种物质形式显示自己的那种东西究竟是什么?"在他看来,这个问题就是他的研究的起点。②

在一定的条件下,美具有相对性,这是无可否认的事实。但是普罗提诺正是利用了这一点,从而根本否认美的客观物质基础,把美解释成某种神秘玄妙的东西在物质形式中的显现。研究普罗提诺

---

① 恩格斯:《论早期基督教的历史》,《马克思恩格斯全集》,俄文第1版,第16卷,第2部,第416页。

② 参阅《九章集》,第1集,第6篇,第1节。

哲学的"权威"、著名的英国资产阶级学者英格在《普罗提诺的哲学》一书中认为，黑格尔的美学思想在相当程度上受到普罗提诺的影响①，如果他指的是黑格尔的"美就是理念的感性显现"②这一定义的话，那么他的看法是有一些根据的。

为了宣扬自己的观点，普罗提诺用了相当的篇幅去反驳人们把美看作匀称的主张。把美和匀称联系在一起，这本来是古希腊传统的美学见解，连普罗提诺自己也承认，当时几乎每一个人都抱有这种看法。例如，古希腊最伟大的美学家亚里士多德就认为，美的主要形式是"秩序、匀称与明确"③。在《诗学》第七章里，他还指出，要一个东西美，就要把它的各部分安排好，并要使它有相当的广度，"因为美要倚靠广度与安排"④。普罗提诺当然不能同意以上这种观点，否则他就不得不承认美客观地存在于事物之中，从而和他的唯心主义美学观点背道而驰了。

普罗提诺反对把美看作匀称，他提出的理由如下：第一，如果美是匀称，那么就只有包含若干组成部分的复合体才是美的，因为本身单一的整体是谈不上匀称的。可是有不少事物并不由不同的组成部分所构成，却仍然是美的，如阳光、黄金、夜间的闪电、天空中的星辰等等，因此美是匀称的说法不能成立。第二，匀称只能适用于感性事物，不能适用于抽象事物，因此它不足以解释高尚的行为、卓越的法律、精神的探索以及抽象思维的美。特别是，在他看来，一些高级的美如心智、灵魂的美，都是和匀称毫无关系的。第三，匀称不能解释美的相对变动性。譬如说，某人的面孔长得是否

---

① 参阅《普罗提诺的哲学》第2卷，1918年伦敦版，第217页。
② 《美学》第1卷，人民文学出版社1958年版，第138页。
③ 《形而上学》，商务印书馆1960年版，第266页。
④ 《诗学》，VII，1450b。《文艺理论译丛》1958年第2期，第9页。

匀称，这是固定不变的事实，然而同一张匀称的面孔在某些场合下看来是美的，在另一些场合下却显得不美，这又是什么原因呢？由此普罗提诺得出结论说，美不是匀称，而是匀称以外的某种东西，匀称的美是通过另一个更高的原则而取得的。①

因此，普罗提诺便进而探究把美赋予物质事物的那个美的"原则"。在他看来，那个原则无疑是存在的，"它是最初一瞥就能感觉到的东西，它似乎是内在于灵魂的，灵魂同它打招呼，重新认识它，赞扬它，并且和它契合无间"。灵魂由于自己真实的本质，属于真正的实在世界，"当它看到任何和它同类的东西或者任何同类关系的痕迹，它就立刻因感到喜悦而战栗，并且联系到它自己，回想起它自己的本质和它的同类"。这样说来，美就是这样一种东西，它使灵魂把它认作同类，并唤醒灵魂通过它而看到自己的精神本性。相反地，当灵魂遇见丑的时候，它立刻就会退缩，表示拒绝，并且感到不快，就像碰到什么和自己格格不入的东西一样。②一句话，美就是和灵魂同类并使灵魂感到喜悦的东西，丑就是和灵魂异类并使灵魂感到不快的东西，美丑的标准全在于那个神秘的灵魂。

但是，美的来源是什么呢？普罗提诺回答说，美完全源自理想世界。据他说，尘世间的美和上界的美，即神圣世界的美确有相似之处，但人间事物之所以美，并不是由于它们自身是美的，而完全是由于它们分有了理念。任何没有形式的东西，尽管按其本性来说是可以具有形式的，但只要它仍然处于理性和理念之外，那么它就是丑的。假若一个东西还没有完全被形式，也就是被理性所征服，物质还没有在一切方面屈服于理念，那么它也还是丑的。只有当理

---

① 参阅《九章集》，第1集，第6篇，第1节。
② 同上，第2节。

念进入事物的时候，它才使原来一团混乱的东西结合成为和谐的整体，因为理念本身是整一的，所以由它所形成的东西也是整一的。于是美就降临到这样形成的统一体，使它作为一个整体和它的各个部分都得到美。归根结底，在普罗提诺看来，"物体之所以美，是由于它分有了来自神的理性"①。

所谓分有说，当然不是普罗提诺的首创，早在柏拉图就已经提出了分有说的基本思想。根据柏拉图的美学理论，"一个东西之所以是美的，乃是因为美本身出现于它之上或者为它所'分有'"②。但是，美本身（即美的理念）究竟如何为个别事物所"分有"或这种"分有"的方式如何，柏拉图却没有作进一步的解释。在这方面，普罗提诺的分有说似乎更完备些，然而也更荒谬、更神秘，因为他直言不讳地抬出了神，把神说成是美的最后原因。

现代资产阶级学者对普罗提诺的这种神秘主义美学观点是颇为赞赏的。例如英格就曾经这样为他吹嘘："普罗提诺否认匀称是美的本质，从而在美学理论中显著地前进了一步。把匀称看作美的本质，曾经是希腊艺术批评的错误之一……而普罗提诺则主张，美在本质上是理性或目的借助于美的外形在感觉中的直接表现。美的形式是宇宙灵魂的创造活动把自己的形相印在物质上的形式。"③

把匀称看作美的本质，这当然不能认为是令人满意的看法，因为它在相当程度上具有形而上学的局限性。但是在古希腊，这种看法却往往带有素朴的唯物主义倾向，因为它到事物本身中去寻找美的根源，并且承认美的客观存在。普罗提诺在反驳这种观点时，利

---

① 《九章集》，第1集，第6篇，第2节。"理性"有解作"创造力""思想"。
② 《斐多篇》，100b。《古希腊罗马哲学》，三联书店1957年版，第176页。
③ 《普罗提诺的哲学》第2卷，1918年伦敦版，第213页。

用了它的弱点，趁机鼓吹他自己的唯心主义理论，公然把神、宇宙灵魂之类纯粹是捏造出来的东西说成是美的真正创造主。这不是美学理论中的进步，相反地是一种倒退，只有普罗提诺的崇拜者如英格，才会颠倒黑白，胡说什么普罗提诺在美学方面"显著地前进了一步"。

在普罗提诺看来，感性事物的美始终是低级的美，它本身只是理想世界的美的不完全的反映。一个建筑家，当他看到一座建筑物符合于他内心关于建筑物的理想时，就认为它是美的。这是由于内在的观念在外在的物质材料上留下了自己的印记，从而在杂多性中表现出不可分割的整一性。颜色的美是由于作为"理性原则"和"理想形式"的无形的光战胜了物质所固有的黑暗的结果。我们所听到的和谐的声音是由我们听不见的和谐所创造的，感性音乐的乐调决定于支配物质的另一个更高的原则，如此等等。[①]总而言之，感性事物本身是无美可言的，美完全是由理想世界给予它们的。

和感性事物不同，精神事物之所以美，则是由于它们自身。行为、道德、灵魂等等的美，既不依赖于形象，也不依赖于颜色、声音等等感性的东西。它们被人们由衷地喜爱，这是容易理解的，但人们为什么把它们称为美的东西呢？普罗提诺回答说，原因就在于它们真正存在着，"任何一个见到它们的人都不得不承认它们具有存在的真实性，难道真实的存在不是真正美的么？"[②]，"存在之所以被人想望，就是因为它和美是同一的；而美之所以被人喜爱，就是因为它是存在"[③]。因此，在他看来，真和美是同义的概念，美又可

[①] 参阅《九章集》，第1集，第6篇，第3节。
[②]《九章集》，第1集，第6篇，第5节。
[③] 同上，第5集，第8篇，第9节。

称为"真正的存在",而丑就是和存在相反的原则。①

蔑视感性事物,抬高"灵魂"的地位,这本是柏拉图的观点。普罗提诺从柏拉图那里继承了这笔遗产,他对物质世界的鄙视甚至比柏拉图更有过之而无不及。据他说,灵魂的美就在于保持它的纯洁,一旦堕落到肉体之中,它就被物质所玷污,于是就变成丑。灵魂就像黄金一样,当黄金中混杂着其他杂质的时候,它就会贬值,只有清除这些杂质之后,它才是十足的美的。同样地,灵魂也要清除掉由于它和肉体的关系过于密切而产生的一切欲望,摆脱一切情欲,重新回到自身,独自洁身自好,一尘不染,才能排除来自外界的丑。所以,在他看来,保持灵魂的美的先决条件,就是必须远离物质世界,必须设法摆脱肉体的束缚。根据波菲利的记载,普罗提诺甚至以自己不得不"在肉体中"存在和生活而感到羞愧,可见他对物质的鄙视已经达到何等荒谬的地步!

在普罗提诺看来,灵魂不仅自身是美的,而且它也是其他事物的美的直接创造者。"较低级的事物(例如行为和举止)之所以美,是由于灵魂赋予它们以形式;灵魂还是感性世界的美的创造者。因为灵魂是一件神圣的东西,并且是'原初的美'的一个断片,它使它所把握和制造的一切东西尽可能成为美的。"②但是,我们应当注意,普罗提诺在这里所说的灵魂,指的是宇宙灵魂,即普遍的灵魂,而不是个别人的灵魂。普罗提诺曾经指出,不能把个别人的灵魂当作世界的创造者。同样地,个别人的灵魂也不能是美的事物的创造者,它只能欣赏和它自己同类的东西。当然,在他看来,宇宙灵魂和个别人的灵魂不是截然分开的,而是相通的。个别人的灵魂

---

① 参阅《九章集》,第1集,第6篇,第6节。
② 《九章集》,第1集,第6篇,第6节。

不能代替宇宙灵魂来创造美,可是因为它们是相通的,所以前者可以欣赏后者所创造的美。因此,就这一点而论,普罗提诺的美学观点带有客观唯心主义的色彩。

尽管灵魂在普罗提诺的美学学说中占有重要地位,但是它毕竟不是美的最后来源。原来灵魂之所美,是通过心智的,只有灵魂提高到心智,它才成为充分的美的,因为"理智和从理智中产生的一切就是灵魂的美"。而归根结底,灵魂之所以成为美的东西,还在于它成为类似神的东西,"因为存在着的一切美和一切善都来自神"①。

那么,神和美之间是什么样的关系呢?普罗提诺的神就是"太一",他还经常用其他一些名词来称呼"太一",例如"绝对者""第一者""无限者""善"等等,可是他并不称它为"美"。据他说来,"太一""并不希望自己成为美"②,它是"一切美的东西的精华""美上之美"③。看来他把美的地位放得略低于"太一"和"善"。他认为善是比美更原初的东西,因为只有当我们在清醒的时候去认识美,美才能被我们所感觉到和认识到;而善却是天生的,甚至当我们睡觉的时候它也仍然存在于我们面前。④但是,"太一""善"虽然不等于美,却是"原初的美",即美的最后根源。正是在这个意义上说,美和善是同一的。普罗提诺这样写道:"假如我们愿意在精神世界里指出差别的话,那么理念的领域构成精神世界的美,在这之上的是善,它是美的泉源和原理;或者说善和原初的美是处于同等地位的,因此在任何情况下,美总是

---

① 《九章集》,第1集,第6篇,第6节。
② 同上,第5集,第8篇,第10节。
③ 同上,第6集,第7篇,第8节。
④ 参阅《九章集》,第5集,第5篇,第12节。

属于彼岸世界。"①

美属于彼岸世界,这句话道破了普罗提诺美学思想的本质。既然在现实生活中找不到美,那就只有遁入另一个神秘世界中去求得满足,这样就直接走上了通向宗教的道路。普罗提诺事实上也正是这样做的,无怪乎中世纪的基督教神学家们喜欢引用他的言论来鼓吹自己的美学理论。例如奥古斯丁就曾经赞许地指出:"柏拉图主义者普罗提诺谈论神意,并且从花、叶之美来证明由那至上的上帝(上帝的美是看不见的、不可名状的)、神意甚至一直下达到人间的事物;他还主张,上帝的看不见的、永恒不变的美始终渗透在一切事物中,假如那些脆弱的、变灭无常的事物不是由上帝所造的话,那么它们就不可能有这样精巧纤细的美。"②奥古斯丁的这些话说得很露骨,但确实是符合于普罗提诺的精神的。

在普罗提诺那里,对于美的向往也就是对于神的向往,美学最后变成了神学的附庸。有个研究普罗提诺的资产阶级学者说:"普罗提诺总是回到神,不管他谈论的是伦理学和形而上学问题,还是生活或者美"。③这句话总算没有说错。

三

怎样才能认识美?这是普罗提诺着重讨论的又一个问题。

普罗提诺认为,识别美的能力是灵魂所固有的,当任何可爱的对象出现在它面前时,它就毫不犹疑地作出正确的判断。灵魂把理

---

① 《九章集》,第1集,第6篇,第9节。
② 《上帝之城》,X,14。
③ 毕斯托里斯:《普罗提诺和新柏拉图主义》,1952年剑桥版,第151页。

念作为鉴赏美的标准,只要它发现某一事物符合于它内在的理念,就认为它是美的。诚然,他也并不否认,欣赏感性事物的美,必须通过我们的感官,例如对于从来没有见过物质世界的各种美的形式的天生盲人来说,是不可能认识物质世界的美的。但是单凭感官毕竟不可能认识美,因为美不是感官所能感知的物质性的东西,它在本质上是精神性的,只能为灵魂所把握。

在普罗提诺看来,感性事物的美是低级的美,因此对于这种美的认识,也是一种低级的认识。但是,除了感性世界的美以外,还有更高尚的美,即精神世界的美,"在感性生活中,我们不能够认识它们,可是灵魂不靠感官的帮助,可以看到它们并且作出宣告。我们必须让感觉停留在它自己的低下的地位,而上升到对于这些更高尚的美的观照"①。因此,对于美的这种观照,不能借助于感官,而只能依赖于所谓"灵魂的视觉"。

我们可以看到,在普罗提诺那里,美的认识的两个阶段,即对美的感性认识和灵魂对美的观照这两者是互相割裂的。灵魂对美的观照完全不需要以感性知识为前提,并且和后者也没有什么必然的联系。就这一点而论,普罗提诺甚至比柏拉图还后退了一步。大家知道,柏拉图把美的认识看作一个循序渐进的过程,他在《会饮篇》里就曾经详细描写从爱美的形体开始到爱涵盖一切的"绝对美"的认识过程。虽然柏拉图关于美的认识过程的见解带有浓厚的神秘主义色彩,并且和他的唯心主义认识论——回忆说有着密切的联系,但是他把各个认识阶段看作一个统一的有机过程,这种看法是含有一些辩证因素的。普罗提诺抛弃了柏拉图把美的认识看作一个过程的思想,同时却完全接受了并且进一步发展了柏拉图的神秘

---

① 《九章集》,第1集,第6篇,第4节。

主义观点，在所谓美的观照这一点上大放厥词。

诚然，普罗提诺也说过看到感性事物使人们回忆起理想世界的原本那样的话①，可是这并不是说，灵魂对美的观照必须先经过欣赏感性世界的美这个阶段。相反地，这种美的观照必须和感性世界的美的事物离得越远越好，它完全是灵魂回到自身、深入自身的结果。

根据普罗提诺的说法，灵魂中本来就固有着趋向"善"的强烈愿望，而任何真正见到"善"的人都知道它是怎样的美。据说，灵魂带着一种热烈的爱恋慕着存在和生命之源，当灵魂还没有见到它的时候，就把它作为"善"来想望，而一旦见到它的庐山真面目以后，就把它作为"美"来崇拜而钦羡不止。只要谁进入了这等奇妙的境界，他就会立即从心底泛起无限欣喜，同时又会感到惊讶和恐惧，沉醉在无痛苦的神志昏迷恍惚的状态中；他就会以真正的爱和强烈的渴望去爱它，蔑视其他一切的爱，并且鄙弃过去似乎显得是美的一切东西。在普罗提诺看来，这是不言而喻的，一个人既然见得了使其他事物成为美的那个"最高的美"，并且在美的观照中和它融为一体，那么当他再见到物质形式所体现的美时当然不会像以前那样感到喜悦了。②

以上普罗提诺关于美的观照的说法和柏拉图的见解基本上没有多大的区别，但是在如何达到这种神秘境界的问题上，普罗提诺比柏拉图走得更远一步，他的解答是更富于宗教神秘主义精神的。

像柏拉图一样，普罗提诺也认为美的观照是生活的最高境界，要达到这种境界并不是轻而易举的，也不是一般人都能做到的。用他的话来说，最高的美是处于"神圣境界"的，对于这种美的观照

---

① 参阅《九章集》，第2集，第9篇，第16节。
② 同上，第1集，第6篇，第7节。

不可能通过其至"凡俗的庸众"都能采用的普通的途径。因此，美的观照只是少数有特殊修养的人的特权，普通人不得问津。普罗提诺所代表的奴隶主统治阶级蔑视群众的贵族主义观点，在这里是表现得很明显的。

那么，怎样才能达到美的观照呢？请听普罗提诺的说教："假若一个人有这样的能力，那么就让他起身并且回到自己的内心，抛弃肉眼所认识的一切，永远避开曾经一度使他愉快的物质的美。当他看见在物体中表现出来的美的形象时，让他不要去追求它们。"因为不能摆脱物质的美的人，始终只能和幻影打交道，他们甚至在低级的世界里也是盲目的。但是要彻底摆脱物质的美的束缚，就必须"让我们逃回亲爱的故乡"，而"这故乡就是我们从那里来的地方"。我们怎样才能返回故乡呢？"这不是一次徒步的旅行；双腿只能把我们从一地带到另一地；你也不必想靠马车和舟楫把你带走；你必须撇开这一类东西，连看都不要去看一眼；你必须闭上眼睛，在你的内心唤起另一种视觉，这种视觉虽说是一切人生而具有的，却只有很少的人去利用它。"①

因此，在普罗提诺看来，美的观照纯粹是灵魂内部的观照，和外界事物丝毫无涉。换句话说，要寻求美，首先应当撇开人的周围世界，而深入到人自己的内心中去，依靠灵魂的内部视觉。这种说法当然是绝顶神秘的，它不仅否认客观现实世界是一切美的真正泉源，而且把美的认识归结为灵魂的神秘的体验。

普罗提诺认为，灵魂要从事于美的观照，事先需要经过一番锻炼。按照他的说法，灵魂的内部视觉刚刚被唤醒的时候还太软弱，不能承受那至上的光辉。因此它必须受到这样的训练：首先它要养

---

① 《九章集》，第1集，第6篇，第8节。

成善于识别高尚行为的习惯，然后它要能识别由著名的善人的德行所产生的美，最后必须要追求那些形成这些美的形式的灵魂。①

实际上，在普罗提诺看来，进入美的观照这种境界的关键在于灵魂的自我改善。用他的话来说，谁要想见到上帝和美，他自己就首先要成为和上帝类似的东西和美的东西。"除非眼睛首先成为和太阳类似的东西，它就休想看见太阳；除非灵魂自身成为美的东西，它就永远不能观照美。"②因此，归根结底，对于美的认识决定于认识主体本身是否是美的，美的追求不是对外物的追求，而是使自己美化的一种努力。

在《论美》的结尾，普罗提诺这样教训人们说："回到你的内心看一看吧。如果你发现自己还不美，那就像一个美的塑像的制作者那样去做：他在这儿切去一块，把那儿磨得更光滑些，使这一线条变得更优美些，使那一线条更单纯些，直到在他的作品中出现一张可爱的面孔。你也要这样去做：切去一切分外之物，矫正一切歪曲的东西，把光线带入一切阴暗的地方，努力使一切发出美的光辉，并且要不断雕琢你的塑像，直到从它那里发出和神类似的道德光芒照耀到你，直到你看见在纯洁的殿堂里确立起完美无缺的善。"到那个时候，当你知道自己已经成为这样一个完美的作品，当你发现自己已经完完全全实现自己的本性，而不再有任何东西能破坏你的内在的统一性的时候，你就应当鼓足胆量，只要再前进一步（那时已不用向导），只要再作一次努力，就能看到一幅绮丽无比的美的景象。③

---

① 参阅《九章集》，第1集，第6篇，第9节。
② 《九章集》，第1集，第6篇，第6节。
③ 同①，第6节。

应该指出，普罗提诺的这一套谬论和他关于灵魂解脱的神秘主义观点是紧密相连的。普罗提诺曾经说过，真正的存在只有通过所谓"出神"才能被认识，出神就是灵魂从肉体回到自身，是一种"灵魂的单纯化"，也只有通过这种单纯化，灵魂才进入幸福的安宁境界。①他这样写道："我常常离开自己的肉体而醒悟回到自身，处在别的东西（外物）之外，进入内心深处，得到一种奇妙的直观和一种神圣的生活。"②美的观照本质上就是一种出神状态，它不是一种理性的认识，而是一种反理性的神秘的直觉。在普罗提诺看来，一切存在的最后泉源——神、"太一"、善——本来就是不能通过理性来认识的。因此那最高的美、真正的美也不是理性所能达到的，似乎只有沉入幽暗不明的、朦胧的宗教境界中去，才能一睹神圣的美。

毫无疑问，普罗提诺的这种反理性主义思想完全符合于宗教的需要，因此它特别博得了基督教神学家们的青睐。奥古斯丁就曾经引证普罗提诺的意见来推销他自己的基督教思想。他在《上帝之城》中大肆宣扬所谓对上帝的观照。他说："对上帝的观照可以参见这样伟大的美，以至普罗提诺毫不犹豫地说，如果他享受到其他一切的幸福，唯独享受不到这一种幸福，那他也仍然是极其不幸的。"③在《忏悔录》中，我们也可以发现奥古斯丁抄袭普罗提诺的地方，例如他自己就承认受到柏拉图派（即普罗提诺）的启发，从肉体上升到灵魂，深入灵魂的密室，在出神状态中窥见"永恒的真理"④。在奥古斯丁以后，普罗提诺的这种禁欲主义的、提倡神秘直观的观点，在中世纪美学思想中占了统治的地位。

---

① 参阅《九章集》，第6集，第9篇，第11节。
② 《九章集》，第4集，第8篇，第1节。
③ 《上帝之城》，X，16。
④ 《忏悔录》，VII，10、17。

现代资产阶级学者除了赞赏普罗提诺的神秘主义观点外，还竭力以近代唯心主义美学的精神来为他吹嘘。例如英格认为普罗提诺的美的哲学中有着"深刻的真理"，因为"当我们纠缠在琐碎的个人利益中间的时候，我们就不可能看到真正的美。这些琐碎的个人利益，是我们必须摆脱的腐烂的肮脏外衣"①。英格显然是企图把普罗提诺装扮成康德美学的前驱者，但这是完全站不住脚的。要知道普罗提诺谈的绝不是什么摆脱琐碎的个人利益，而是要求鄙弃肉体和整个物质世界（其中也包括美的物体），这和主张不计利害的直观、从事纯粹欣赏判断的康德是有原则区别的。因此，这种把普罗提诺现代化的企图，只能是对历史的歪曲。

四

普罗提诺在自己的美学著作中还涉及另一个重要问题，即美和艺术之间的关系问题。

在普罗提诺以前的古希腊传统美学思想中，美和艺术是两个有严格区别的概念，它们代表着两个不同的领域。例如亚里士多德在他的文艺理论专著《诗学》中，就只有在极个别的地方谈到美，并且很少把艺术和美联系起来讨论。他并不认为艺术的目的在于表现美，却相反地指出，艺术即使描画最丑的动物和尸体的形象，但只要模仿得逼真，也同样能引起我们的快感。②正如布奇尔所说，"亚里士多德的艺术概念，就其发达的形态而论，是完全和任何一种美的学说分开的——这种分离乃是直到晚期为止的整个古代美学批评

---

① 《普罗提诺的哲学》第2卷，1918年伦敦版，第216页。
② 参阅《诗学》，Ⅳ，1448b。《文艺理论译丛》1958年第2期，第4页。

的特征"①。普罗泰克也曾经详细地说明,艺术作品所以使我们喜爱,并不是由于美,而是由于酷似它们所模仿的原物。他还明确地指出,美是一件东西,而美的模仿则是另一件东西。②

在西方美学史上,普罗提诺可以说是第一个把美和艺术这两个领域统一起来的人。他开始把美的观念看作艺术的基本问题,并在他自己的特殊的美的概念的基础上建立起他的艺术观点。在许多场合下,美和艺术甚至融合成一个概念,两者之间的界限完全消失了。普罗提诺的这种观点对以后美学思想的发展产生了很大的消极影响。

普罗提诺把美和艺术这两个概念混同起来所造成的最严重的后果,就是把艺术的内容局限于表现美,似乎艺术的全部目的就在于以时间和空间的形式来体现艺术家的美的理想。在《论理智美》一文中,普罗提诺举例说明了他的这个思想。他说,假定这儿并列着两块石头,一块还没有经过艺术家的加工,另一块则已经经过艺术家的精心雕琢,成为一座神像或人像,从而呈现出美。"现在人们一定会看出,经过艺术家之手取得形式美的那块石头,并不是作为一块石头而美的——否则另一块天然的石料也会同样可爱了——而是由于艺术所注入的形式或理念才成为美的。形式不是在材料中,当形式进入石块之前,它就早已存在于设计者的头脑中了;而艺术家之所以能把握住形式,并不是因为他有眼睛和双手,而是由于他分有了艺术。因此,美以远为更高的状态存在于艺术中;因为美并不完完全全地进入艺术作品;那原初的美并未转移;进入艺术作品的只是派生的和次等的美。"③一句话,艺术品的美来自形式,形式

---

① 《亚里士多德的诗和艺术的理论》,1951年英文版,第161页。
② 参阅克罗齐:《美学》,1953年英文版,第165-166页。
③ 《九章集》,第5集,第8篇,第1节。

是艺术家所赋予的，艺术家的任务就是要通过一定的形式使美体现在他的作品中。

在普罗提诺那里，艺术开始变成了对于美的追求。这是对古希腊的传统艺术理论——模仿说——的明显的背离。当然，在口头上，普罗提诺也并不否认艺术是模仿，问题在于艺术所模仿的对象究竟是什么。下面有一段话很可以说明他的看法：

"虽然艺术是通过模仿自然物来进行创造的，但根据这一点并不应该藐视它们；因为，首先，那些自然物本身也只是模仿；其次，我们必须认识到艺术不是单纯地再现我们所见到的东西，而是返回到产生自然本身的那些理念……艺术是美的占有者，又补充自然之不足。因此，费忌阿斯不是按照感性事物中的模型来塑造宙斯像的，而是按照宙斯假如立意要在我们面前显形时所必须采取的形式来理解他的。"①

从这里我们可以清楚地看到他的见解和以往古希腊的模仿说的区别。大家知道，艺术模仿自然的思想很早就在古希腊出现了。柏拉图用唯心主义的精神解释了模仿说，照他说来，艺术所模仿的是感性世界，不是理念世界，感性世界本身是不真实的，它只是理念世界的模仿，因此艺术就更不真实，它是"模仿的模仿"，和真实"隔着两层"。亚里士多德批判了柏拉图的观点，根本否认柏拉图式的理念世界的存在，认为现实世界就是真正的实在，而艺术则是对现实世界的模仿，其本身也是真实的。普罗提诺又重新回到柏拉图的立场，承认感性世界和理念世界的区别，这是对亚里士多德学说

---

① 《九章集》，第5集，第8篇，第1节。

的反动。但是普罗提诺认为艺术所描绘的不是感性世界,而是理念世界,因此他不像柏拉图那样鄙视艺术,相反地却推崇艺术。在他看来,自然和艺术虽然都是理念世界的模仿,但艺术既占有美,"又补充自然之不足",所以它是高于自然的。

普罗提诺的观点和柏拉图、亚里士多德两人都不相同,然而我们应当指出,普罗提诺和亚里士多德的分歧比他和柏拉图的分歧更带根本性,因而也就重要得多。特别是,在亚里士多德批判了柏拉图的艺术理论以后,一般说来再原封不动地保持柏拉图的观点在事实上是不可能的了。为了要对亚里士多德进行斗争,有必要对柏拉图学说作一些修正,普罗提诺的艺术理论实质上就是经过修正后的柏拉图学说。

普罗提诺和亚里士多德的分歧反映出古代艺术思想中两条路线的斗争。在亚里士多德看来,现实生活是艺术的唯一泉源,而艺术的主要内容就是人生。尽管他也指出,画家画人应"求其逼真而又比原来的人更美"①,又认为艺术家和诗人最好是按照事物应当有的样子去模仿②,可是他始终坚持现实生活是艺术创作的真正基础,艺术中的任何理想化的因素都必须符合客观事物的本质和规律。因此,亚里士多德是现实主义路线的捍卫者。相反地,在普罗提诺看来,艺术的泉源完全不是现实生活,而是理想世界,艺术的目的也完全不是集中地反映人生,而在于表现客观现实中所缺乏的美。换句话说,普罗提诺否认现实生活是艺术创作的基础,把艺术看作艺术家本人的脱离现实的主观理想的表现。很明显,他所采取的是一条反现实主义的路线,后来出现的一些唯心主义文艺思潮如唯美主义、纯艺术论以及浪漫主义等等,都和这种观点有着密切的内在联系。

---

① 《诗学》,XV,1454b。《文艺理论译丛》1958年第2期,第19页。
② 参阅《诗学》,XXV,1460b。

车尔尼雪夫斯基早就看出了普罗提诺的艺术观点的反动性,他把这种观点称之为"艺术的理想根源说",并且指出它这样解释艺术的根源:"美这观念是人类灵魂所固有的,在现实世界中找不到美和满足,所以迫使人去创作艺术,在艺术中美这观念得以体现。"①车尔尼雪夫斯基对这种观点一贯采取尖锐批判的态度,这是由于:在他看来,"艺术的范围并不限于美和所谓美的因素,而是包括现实(自然和生活)中一切能使人……发生兴趣的事物"②。他还再三强调指出,脱离现实生活而抽象化的追求,是没有力量的,因此通过抽象方式的美的追求在艺术方面也不可能产生什么卓越的作品,凡是专门以美的观念所创造的艺术作品,必然要被历史所忘却,因为它们过于脆弱,甚至在艺术方面,也是太脆弱的。③应该说,车尔尼雪夫斯基的批评是完全正确的。

前面已经说过,普罗提诺认为艺术的任务就在于创造美。那么,在他看来,艺术美是怎样创造出来的呢?

普罗提诺的回答是极端神秘的。照他说来,似乎存在着一个独立自在的艺术,它是一切艺术美的来源,而且它本身的美必须更高、更纯粹得多。作为具体的个人,艺术家低于艺术,但因为他"分有"艺术,所以能创造出美的艺术作品。艺术作品则是死的、外在的、物质性的东西,它又低于艺术家。艺术的美原来是集中的,由于进入物质,它就开始分散了,因此在艺术作品中表现出来的美就比艺术的美要差得多。他说,原因一定强于结果,"任何由于向外发散

---

① 车尔尼雪夫斯基:《美学论文选》,人民文学出版社1957年版,第146页。
② 《艺术与现实的美学关系》。《车尔尼雪夫斯基选集》上卷,三联书店1958年版,第90页。
③ 参阅《果戈理时期俄国文学概观》。《车尔尼雪夫斯基选集》上卷,三联书店1958年版,第458页。

而造成的东西总比原来的要差些,发散到外面的力要弱些,发散到外面的热温度要低些,同样地,发散到外面的美也不如原来的美"①。

普罗提诺把艺术和艺术作品人为地割裂开,并且把前者置于后者之上,这显然是十分荒谬的。艺术必然体现为具体的艺术作品,除去艺术作品之外,哪里还有抽象的、独立自在的艺术呢?因此,说艺术作品的美来自艺术,实质上只是任何问题都解决不了的无聊的同语反复。

在谈到艺术美的创造时,普罗提诺还充分暴露出他的反理性主义思想。他也承认艺术家需要智慧作为工作指导,但他所谓的智慧"不是由定理所组成",而是一个"整体性的东西"②,其实也就是灵感、想象力。他对理性采取蔑视的态度,企图把它完全排除于艺术创作过程之外。他写道:"当灵魂处于飘忽不定、遇到困难的不良状态时,理性就在我们的生活中出现了。因为对理性的需要是一种缺陷或颖悟力不足的表现。在艺术中也同样如此;当艺术家踌躇不决的时候,理性就占了支配地位;但在毫无障碍的时候,他们的想象力就支配了他们,并且创造了作品。"③

贬低理性的作用,把它看作一种"缺陷",并且把它和想象力绝对对立起来,这就使艺术的创作过程极端神秘化。抛弃理性,完全诉诸艺术家的主观想象力,结果就必然会使人驰骛于放荡不羁、无边无际的幻想之中,沉溺于脱离现实、虚无缥缈的冥思之中。后世的浪漫主义艺术家们往往十分推崇普罗提诺,这并不是没有原因的。

普罗提诺把想象力当作艺术创作的主要动力,这比起柏拉图的

---

① 《九章集》,第5集,第8篇,第1节。
② 同上,第5集,第8篇,第5节。
③ 同上,第4集,第3篇,第18节。

灵感说似乎略胜一筹，但就其反理性主义的思想实质来说，他却完全继承了柏拉图的衣钵。在这一点上，他也是站在柏拉图这方面反对亚里士多德的。

普罗提诺并没有建立起完整的艺术理论，他的艺术观点从属于他的美的学说，甚至可以说是对他的美的学说的一种补充。这是我们在研究他的艺术观点时所不能不注意到的。

*　　　　　*　　　　　*

最后，我们在结束这篇文章的时候，不妨提一下车尔尼雪夫斯基对普罗提诺的评价。车尔尼雪夫斯基在论及普罗提诺时曾经这样写道："新柏拉图派绝没有简单明了的概念，一切尽是玄虚的、不可言传的；他们也绝没有积极实在的概念，一切尽是缥缈的、幻想的；他们所有的概念……但是我说错了，他们是没有概念的，因为概念乃是明确的、常人所能了解的东西，而他们有的是幻梦，万象所不能比拟的幻梦，只有在神志昏迷的状态中才能体会的。那时，凭借人为的生活方式，凭借反常的聚精会神，人便沉没在感觉所不能达到的神秘宇宙。这些幻梦是壮丽的，但仅仅对于不受理性约束的幻想才是壮丽而已，一旦接触到积极性的明晰的思想，便即烟消云散。"[①]在我们看来，车尔尼雪夫斯基的这些话无疑是十分正确的。既然我们完全同意车尔尼雪夫斯基的这个见解，那就权且把它作为本文的结论吧。

（原载《西方美学史论丛》，上海人民出版社1963年）

[①] 车尔尼雪夫斯基：《美学论文选》，人民文学出版社1957年版，第147页。

关于西方美学理论中的无意识问题的历史考察

关于文艺创作中的无意识问题目前正越来越引起人们的兴趣。作为一种文艺现象，它的存在是不容置疑的，某些作家和艺术家（例如伟大的德国诗人歌德）就曾经以亲身的经验说明了这一点。遗憾的是，迄今为止，在马克思主义美学和文艺理论中似乎还没有对无意识在创作中的作用作过认真的探究，这看来是一个必须填补的理论空白点。为了对无意识问题作出马克思主义的解释，先对历史上有关这个问题的各种看法作一简略的考察也许不是多余的。

一

在西方，"无意识"这个专门术语只是到近代才出现，但其思想萌芽则可以一直追溯到古希腊。人们一般认为，在苏格拉底、柏拉图那里已经在某种程度上涉及无意识的问题。

苏格拉底可能是历史上因思想问题而正式被判死刑的第一人，他在法庭上为自己所做的辩护词（即柏拉图所记录的《申辩篇》）中，把诗的创作看作是一个不自觉的过程。他说，他给诗人拿出他们自己作品中最精心制作的几段，问他们究竟是什么意思，他们却答不上来，"于是我知道了诗人写诗并不是凭智慧，而是凭一种天才和灵感；他们就像那种占卦或卜课的人似的，说了很多很好的东西，但并不懂得究竟是什么意思"①。因此，在苏格拉底看来，写诗是一种非理性的无意识的活动，诗人对自己的作品也并不理解，不过这种创作活动是用灵感来解释的。

柏拉图进一步发挥了他的老师的这种看法，他在早期著作《伊安篇》里谈论诗的灵感时指出，凡是高明的诗人，写诗不是靠技艺，而是因为得到灵感，有神力凭附。如果诗人不失去平常的理智而陷入迷狂，就没有能力去创造，就不能作诗或代神说话，而神对于诗人就像对占卜家和预言家一样，夺去他们的平常理智，用他们作代言人。据柏拉图说，写诗不是诗人自己的一种创作能力，因为他根本对此一无所知，他进行创作是不由意识的。后来，柏拉图又在《斐德若篇》中详细地论述了所谓的迷狂，他列举的几种迷狂中有一种是由诗神凭附而来的迷狂。"它凭附到一个温柔贞洁的心灵，感发它，引它到兴高采烈神飞色舞的境界，流露于各种诗歌……若是没有这种诗神的迷狂，无论谁去敲诗歌的门，他和他的作品都永远站在诗歌的门外，尽管他自己妄想单凭诗的艺术就可以成为一个诗人。他的神志清醒的诗遇到迷狂的诗就黯然无光了。"②直到晚年，柏拉图仍然保持把文艺创作看作人的无意识活动的观点，他在《法律篇》中再一次肯定，"当诗人坐在诗神的祭坛上的时候，他不是神志清醒的"③。因此，有一位研究希腊美学思想的西方学者认为，不仅在《伊安篇》中，而且在《斐德若篇》和《法律篇》中，柏拉图都把诗的创作过程看作是一种催眠状态，并且在某种程度上

---

① 柏拉图：《申辩篇》，22b—22c。

② 《斐德若篇》，245a。《柏拉图文艺对话集》，人民文学出版社1963年版，第118页。

③ 《法律篇》，719c。《柏拉图对话录》第4卷，1953年英文版，第289页。

是一种盲目的力量。催眠状态本身是道德和理性的否定。[①]这一看法是有道理的，柏拉图的文艺创作论的一个最重要的特征就在于非理性，文艺创作不是受理智支配的清醒的自觉活动，这就为无意识问题的提出做了准备。

柏拉图在认识论方面也多少接触到无意识的问题。他把知识说成是回忆，而回忆就是回忆被遗忘了的早先储存在灵魂里的东西。在《美诺篇》中有这样的事例：一个从未受过教育的小奴隶，经过启发诱导，却表现出他具有关于几何学定理的知识，而这完全是无意识的，因为连小孩自己也不知道有这样的知识。另外柏拉图在《理想国》里谈到过做梦，梦中有邪念，这也是无意识在起作用。

应该说，在古希腊还没有提出近代意义上的无意识问题，而且苏格拉底和柏拉图对文艺创作的无意识性的解释都带有浓厚的宗教神秘主义色彩，创作的动力不在主体之内，而在主体之外，来自神秘的灵感或神力。这反映了当时人类对文艺中的无意识现象的认识还停留在初级阶段，在解释这种现象时还不得不求助于宗教神学。但是，古希腊哲学家的看法对后世却发生了重大的影响，近代关于无意识问题的提出正是受了他们的思想启发。

二

苏格拉底和柏拉图以后的思想家在很长一段时间内没有对无意识问题作更深的探究，但一般说来他们也都承认无意识现象的存在。例如新柏拉图主义者普罗提诺认为，"不存在自觉的感觉，并不能证明不存在心理活动"。托马斯·阿奎那关于心的理论也包括我们

[①] 参阅威理：《希腊美学理论》。

并不直接意识到的那些灵魂中的过程。许多神秘论者也认为，自觉的心灵处于消极状态时内心活动过程也可能获得对外界的洞察。这些说法都肯定，在人的精神活动中，除了自觉的有意识的活动外，还有不自觉的无意识的活动。但是，无意识问题真正引起人们的注意而成为进一步探讨的对象，还是在笛卡儿哲学出现之后。

笛卡儿的理性主义哲学提出"我思故我在"，讲自觉性，强调所谓清晰、明确、自明就是真理的原则和标准。与这种哲学相对应的是古典主义的美学理论，最有代表性的如布瓦洛的《诗艺》，把理性的规则当作艺术的绝对标准，结构要清楚明确，语言要合乎逻辑，这才算是好的艺术作品。但在笛卡儿之后，许多哲学家、艺术家和诗人却相反地谈论某些人们自己没有意识到的心理活动的存在，这似乎是对笛卡儿主义的一种反作用。特别是后来从18世纪下半期至19世纪中叶的浪漫主义运动，与古典主义的主张针锋相对，把非理性的认识方式提高到重要的地位。浪漫派认为，人的心灵具有理性所不知道的、与理性不同的某种功能，它同样是知识的来源，甚至比理性更基本、更优越。这样，就把无意识问题提到议事日程上了，而首先对这一问题进行详细研究的则是德国浪漫主义运动的理论代表谢林。在谢林之前，卢梭、哈曼、赫尔德、歌德等人虽然都谈过无意识的作用，但只是到了谢林才真正把无意识问题提到哲学的高度来加以探讨，并成为他的美学理论的一个重要组成部分。所以说，对无意识问题的哲学的、美学的考察是从谢林正式开始的。

在德国古典哲学中，谢林是以他的"同一哲学"闻名的。根据他的看法，存在和思维、物质和精神、客体和主体的绝对同一，是万物的始基。"绝对本身既不是有意识的，也不是无意识的；既不是自由的，也不是不自由的或必然的"①，因为在绝对中一切都是同一的、无差别的。但是，这种绝对同一并不是物质和精神之间的中间物，而是宇宙精神的特殊的无意识状态，尽管在原始的绝对同一中没有区别，然而还是有无意识的欲望要把自己同自己区别开。正由于这种无意识的盲目的活动，自然界才得以产生，因此创造自然界的活动是无意识的，也就是说自然界的始原是无意识的，而自然界进一步向更高阶段的发展，则是从无意识向有意识的转化。

谢林把他的同一哲学应用于美学，用来解释文艺创作活动。按他的说法，文艺创作是有意识活动和无意识活动的结合，而作品则是有意识的东西和无意识的东西的同一。艺术作品作为艺术直观的产物，一方面与自由产物有共同之处，即它是有意识地被产生的；但另一方面，它又与自然产物有共同之处，即它是无意识地被产生的。自然界的创造活动和艺术创作都包含着有意识和无意识两种因素，但顺序却正相反。"自然界是无意识地开始而有意识地告终的，创造虽说不是合乎目的的，但其产物却是合乎目的的"，反之，艺术创造活动"则必然是有意识地（主观地）开始而在无意识的东西中告终的，或者说是客观地告终的；自我就其创造活动而言是有意识的，但就其产物来看则是无意识的"②。因此，在谢林看来，"艺术是以有意识的活动和无意识的活动的同一性为基础的"③。一个艺术作品越是能表现这种同一性，它就越是完美。只有在有意识的活动和无意识的活动相互协作和渗透的情况下，最高的艺术才能产生。

---

① 谢林：《艺术哲学》，第6节。《谢林全集》，慕尼黑1958年版，第3卷。
② 谢林：《先验唯心论体系》，商务印书馆，第262-263页。
③ 谢林：同①，第19节。

谢林认为，艺术家进行创作活动，是由于一种"创造的冲动"的驱使，他们是不由自主地被驱使着创造自己的作品的。这种冲动促使他整个人全力以赴地行动起来，因为这关系到他的整个生存的根本。谢林说："激起艺术家的冲动的只能是自由行动中有意识事物与无意识事物之间的矛盾，同样，能满足我们的无穷渴望和解决关乎我们生死存亡的矛盾的也只有艺术。"① 创造的冲动是神秘而不可理解的，由之而产生的艺术作品也同样如此。艺术家不由自主地从事创造，他的作品也仿佛是不受他的影响而纯然客观地附加到他的创造上去的。他不知不觉地把他自己也不理解的深不可测的奥秘迁移到自己的作品里去，所以艺术可以说是一种"奇迹"。能实现这种"奇迹"的只有天才，天才凌驾于有意识活动和无意识活动之上，体现着二者的统一。艺术中的有意识活动表现为艺术技巧，它是经过艺术家深思熟虑而自觉地完成，是既能教授也能学习的；无意识活动则表现为艺术中的诗意，它只能来自艺术家的天赋而不可能学习得到的。谢林指出，单凭技巧或诗意都不足以创造出完美的艺术作品，艺术天才的本领就在于把二者结合起来。虽然谢林谈了两面，但实质上他还是突出强调创作活动中无意识的一面，因为在他看来，艺术作品的根本特点就是"无意识的无限性"。艺术家在作品中除了表现自己的意图外，还本能地表现出一种无限性，要展现这种无限性，靠有限的知性是无能为力的，它是无意识地产生，而且是艺术家和别人都无法理解的。因此，艺术作品所包含的总比艺术家本人原来的意图要多得多，而这完全是无意识活动的结果。

谢林对于无意识的强调，和当时德国浪漫派有密切的关系。浪漫派作家不赞成启蒙学派崇尚理性的观点，主张诉诸本能和无意识

---

① 谢林：《先验唯心论体系》，第266页。

的东西。例如，诺瓦里斯认为，诗人是在无意识状态中产生的，诗的创作过程是非逻辑的。他说，"诗人实在是在无知觉状态下进行创作的"，"艺术家成为无意识的工具，成为最高力量的无意识的用具"。浪漫派十分向往梦境，因为在梦境中无意识的东西可以充分显示自己。他们用梦中的经验去解释生活，认为它可以揭示普遍存在的更深层次。在他们看来，艺术创作就类似做梦，所以梦是诗的祖国，梦是"不自觉地写出的诗"。所有这些看法，对后来无意识理论的发展都是有影响的。

还应该指出，深受谢林影响的也包括早期的别林斯基。这位俄国革命民主派的创始人在早年也很强调无意识在文艺创作中的作用。巴纳耶夫在《文学回忆录》中说，别林斯基认为"只有那些无意识地进行创作的人才是真正的艺术家"①。普列汉诺夫也在《别林斯基的文学观点》中指出，"别林斯基在自己活动的最初两个活动时期（也就是在醉心黑格尔绝对哲学以前的时期和醉心它的时期），曾经认为无意识性是任何诗的创作的主要特征和必要条件；后来他对于这一点就讲得不那么肯定了，可是他从来也没有停止过认为无意识性在真正艺术家的活动中具有巨大意义"②。这些说法是符合历史事实的。

早期的别林斯基在谈论艺术创作时，往往赋予无意识活动以十分重要的地位。他把艺术创作看作是一种"无目的而又有目的、不自觉而又自觉"的活动，认为这就是创作的基本法则。③就创作的全过程来说，首先是艺术家要感到有创作的要求，这不是出于自

---

① 巴纳耶夫：《文学回忆录》，1950年俄文版，第185页。
② 《普列汉诺夫美学论文集》，人民出版社，第1卷，第221—222页。
③ 《别林斯基选集》，人民文学出版社1958年版，第1卷，第173页。

觉，而是突然地、出乎意外地、完全与意志无关地降临的。因此，创作过程是从无意识开始的。创作的要求引来一种概念，它隐藏在艺术家的灵魂里，占据它，压迫它，可是艺术家对概念并不能有所抉择，而只能不由自主地摄取它。艺术家感到自身中有一种感受到的概念，却又不能够明显地看到它，这是创作的第一步。第二步是把这模糊的概念保持在"自己感情的幽秘的殿堂"里，像母亲怀胎一样，使这概念逐渐明显地化为生动的形象。创作的第三步则是由艺术家把形式赋予创作，完成作品。在别林斯基看来，创作的前两步动作都不是艺术家自觉地进行的，只有最后的第三步才出于艺术家的自觉，因此整个说来无意识因素在艺术创作过程中起主要的作用。他说："当诗人创作的时候，他想在诗的象征中表现某种概念，从而他是有目的的，并且自觉地行动着的。可是，不管是概念的抉择或是他的发展，都不依存于他那被理智所支配的意志，从而他的行动是无目的和不自觉的。"[1]别林斯基还强调灵感对艺术创作的决定性意义，认为"只有灵感才能够创造"，而灵感也完全是无意识的，是不受艺术家的理智支配的，所以他同意柏拉图，把艺术创作看作基本上是一种非理性的活动。

后来别林斯基修正了他早期的观点，他虽然并不否认艺术创作活动中的无意识因素的存在，但却重新对它的作用作适当的估计，而开始强调作品的思想性，要求艺术家去认识、思考、反省、提出问题和解答问题，从而赋予有意识的因素以主导的地位，把艺术创作理解为艺术家自觉的活动，认为"不自觉性不但不是艺术的必要的属性，并且是跟艺术敌对的，贬低艺术的"[2]。别林斯基的这种新

---

[1] 《别林斯基选集》，第1卷，第176页。
[2] 《别林斯基选集》，上海译文出版社，第3卷，第107页。

看法标志着他的艺术创作理论的一个重要转变，同时也说明了他和谢林的决裂。

三

谢林的非理性主义的文艺创作理论，在叔本华和尼采那里得到了进一步的发展，关于无意识的研究也开始从哲学转向心理学。

叔本华是唯意志论哲学的倡导者。他虽然继承了康德把世界区分为现象世界和本体世界（即自在之物）的观点，但他所谓的自在之物指的是意志，世界上其他形形色色的事物，从自然界到人的活动，都是这个意志的表现、客观化。意志是万物之源，是一切事物的内在本质和核心，但它本身是无意识的，是一种"盲目的、不可遏止的冲动"。这种冲动是不受理性制约的，只服从于意志，而不服从于认识。叔本华从这种唯意志论的观点，树立了他的悲观主义的人生哲学和艺术哲学。在他看来，人生既然是意志的表现，所以在盲目的冲动的支配之下，人生总是充满各式各样无穷尽的欲望。欲望根据享乐的原则要求得到满足，但满足只是暂时的，欲望无止境，一种欲望满足了又产生新的欲望，永远无法得到彻底的满足，因此人生注定是痛苦的，而意志就是痛苦的根源。要摆脱痛苦，根本的办法只有消灭欲望，灭绝意志，个人达到涅槃，人类达到寂灭，这是永久的解脱。另一个办法则是通过艺术，审美观照使人暂时摆脱生活的羁绊，暂时忘却自己，它是一种逃避、超脱，是从意志到梦境、欲望到静观的过渡。所以归根到底，艺术还是源自那无意识的意志。

特别应该指出，叔本华把意志在生物界的体现说成是一种无意识的生命意志，并把它归结为性的本能。他认为，对于生物来说最重要的莫过于维持自己种族的生存，因此生命意志表现为自我保存和繁衍后代。他把性冲动看作是"坚决的最强烈的生命之肯定"，认为它是自然人和动物的"生活的最后目的和最高目标"。他在《作为意志和表象的世界》一书中说，"以生命意志本身为内在本质的自然，也以它全部的力量在鞭策着人和动物去繁殖"，"因为大自然的内在本质，亦即生命意志，在性冲动中把自己表现得最强烈；所以古代诗人和哲人——赫西奥德和巴门尼德斯——很有意味地说爱神是元始第一，是造物主，是一切事物所从出的原则"①。按照叔本华的理解，性冲动是生命意志表现的一个很深的层次，它既是生物的一种本能，又是盲目的、非理性的、无意识的。我们可以看到，他的这种看法对后来弗洛伊德学派关于无意识的研究起了何等的影响。

对于无意识理论的发展，尼采的作用也许比叔本华更重要。尼采早期曾受叔本华哲学的影响，后来则与叔本华决裂而走上了自己独立发展的道路。但是，在关于无意识的问题上，尼采基本上是朝着和叔本华相同的方向前进的，而且走得更远了。

尼采大致同意叔本华对世界和人生的看法，即认为它们本质上是非理性的，并且是痛苦的、可怕的、令人无法理解的。但他不赞成叔本华的悲观主义，反对逃避和否定生活。他说，虽然世界是没有意义和价值的，可是我们既然注定不得不在这个世界生活，就要勇敢地活下去，为了使世界和生活能为我们所忍受，就须赋予它们以意义，创造出新价值。在尼采那里，艺术不再是消极的逃避，而成为使我们能生活下去的积极手段。用他的话来说，世界只有作为审美的现象才有其存在的正当理由。②因此，艺术扮演着极其重要的

---

① 叔本华：《作为意志和表象的世界》，商务印书馆，第452页。
② 参阅尼采：《悲剧的诞生》。

角色，而艺术创作的原动力则在很大程度上是无意识的。尼采借用希腊神话中两个神的名字，即阿波罗和达奥尼苏斯，去称呼推动艺术创作的两种基本冲动。他不仅用它们来解释古希腊文学艺术的发展，而且把它们推广到全部文学艺术史。阿波罗冲动表现在梦里，梦是一种幻觉，但给现实世界披上一层审美的帷幕，给人以美的图景，使之摆脱变幻不定的存在的痛苦。在梦中，人直接把握形式，创造出一个形式和美的幻想世界，而每一个人在制造美丽幻想方面都证明自己是有才能的艺术家，古希腊奥林匹斯的神话、史诗和造型艺术就是由此产生的。与此相反，达奥尼苏斯冲动表现为醉，醉的状态可以由麻醉物，也可以由春天的到来而引起，个人丧失了自己，冲破自我克制，尽情地放纵自己原始的本能，直接拥抱那可怕的存在，如醉如狂地与自然万物融为一体，载歌载舞，浸沉在无限的欢欣中。音乐、舞蹈就是达奥尼苏斯冲动的产物，而悲剧则是阿波罗冲动与达奥尼苏斯冲动相结合而诞生的。照尼采的看法，阿波罗精神虽然偏重理智，注意节制有度，但它既然表现为梦境，就不能摆脱无意识的因素。至于达奥尼苏斯精神，它出于非理性的原始本能，可以说基本上是无意识的。比较而言，尼采对达奥尼苏斯精神的重视显然要超过阿波罗精神，他认为前者在文艺创作中的作用是更基本的，是产生文学艺术的最深的、最原始的地层。这种对于无意识因素的强调，给后人留下了深远的影响。19世纪文化基本上还是理性和科学知识占统治地位，在尼采之后风气为之一变，哲学、美学、文艺思想中的非理性主义潮流盛行，对此尼采确实起了重要的作用。

尼采对于艺术家的创作心理的分析，也着重于无意识的作用。他指出："要使艺术成为可能，也就是说，为了使一种审美的行动方式和审美的观察方式可能存在，就必须要有某种预先的生理状态：

迷醉状态。这种迷醉状态首先必须加强整个人体机器的感受性，否则就不可能有任何艺术。"①迷醉状态有各式各样，其中首先是依赖于性的兴奋的那种状态，这是迷醉状态的最古老和原始的形式。此外，还有由强烈的欲望和激情所产生的迷醉状态，在酒宴和比赛场上出现的迷醉状态，以及由于气候影响或使用麻醉药而引起的迷醉状态，等等，其共同的本质特征就是力量增强和精力充沛之感。尼采说："由于这种感觉的驱使，一个人把他自己的东西给予事物，他迫使它们分享他的财富，他对它们施加暴力，这种行动就叫作理想化。"②因此，艺术家进入创作前的心理状态是无意识的，在创作过程中他用自己丰满的力量把其他事物丰富了，使事物变形，直到在它们身上打上他的完美性的印记。这种强制性地使事物变形成为美，就是艺术，而这个过程也是艺术家本人没有意识到的。甚至人对美的判断也是无意识地从最低级的本能，即自我保存和自我扩张的本能出发的。人想象世界本身充溢着美，却没有意识到他自己是这一切的原因。③所以在整个审美的领域中都渗透着无意识。

尼采在他的自传式著作《看哪，这人》中把自己叫作"无与伦比的心理学家"，他确实开始从心理学的角度去考察无意识现象。他认为，如果忽视人们行为的非理性的、"地下的"泉源，也就不能理解人的精神。他不承认人有什么固定的本质，把人的意识仅仅看作是表面现象，至于在这表面后面究竟是什么，谁也说不清楚。他说："我们怎么重新找到我们自己呢？一个人怎么能认识他自己呢？他是黑漆一团、被掩盖起来的东西；如果说，一只野兔有七层皮，

---

① 尼采：《偶像的末日》，第8节。
② 同上。
③ 参阅尼采：《偶像的末日》，第19节。

那么一个人可以撕掉7×70层皮，而仍然不能说，'现在是真正的你，而不再是外壳了'。"①因此，在他看来，在意识的表层下面，还有多层次的、深层的心理结构，而对这些东西迄今还一无所知。他指出，不论我们的自我认识向前推进多远，最不完整的知识就是构成自我本质的所有那些动力了。我们无法叫出它们的名称，不了解它们的数目和力量，不清楚它们的作用和相互作用，也完全不知道它们的规律。②尼采提出的这些问题，直接启发了弗洛伊德，关于无意识问题的研究进入了心理学的阶段，其影响也就更为扩大了。埃伦伯格在评论尼采的作用时把他称之为"一个新时代的预言家"，并且说，尼采对机能精神病学的影响是怎么估价也不会过高的，"尼采可以被视作弗洛伊德、阿德勒和荣格的共同来源"③。

四

弗洛伊德是精神分析学的创始人，他纯粹从心理学的角度去研究无意识，本世纪以来无意识概念的传播和发展和他的名字是分不开的。由于他本人是一个著名的医生，结合丰富的临床经验来开展研究工作，更使他的无意识理论具有科学的外貌。

弗洛伊德不止一次地谈到过他的理论先驱者，他曾提到叔本华、尼采和俄国作家陀思妥耶夫斯基等人的名字。他对尼采尤其佩服。当时尼采的著作《看哪，这人》刚出版不久，不少人认为这是一个疯子的作品，弗洛伊德却在1908年维也纳精神分析学会的一次

---

① 尼采：《作为教育家的叔本华》。
② 参阅尼采：《朝霞》中"经验与虚构"这一节。
③ 埃伦伯格：《无意识的发现》，1970年英文版。

集会上，对尼采作了高度的评价，认为尼采所达到的内省的深度是过去从来没有人达到过，今后也不见得再有人能达到的。[①]但是，弗洛伊德确实大大地发展了关于无意识的理论，可以说对无意识的系统的研究是从他开始的。

弗洛伊德的精神分析学或所谓弗洛伊德主义是从这样一个基本假设出发的，即认为人的行为和心理活动并不是由客观环境和社会生活物质条件所决定，而是由某些主观的心理因素，由先天的无意识的本能和欲望冲动所决定的。在他之前，也有人已经看到无意识对人的自觉活动的暗中的支配作用，例如卡鲁斯就说过"理解意识的性质的钥匙在于无意识的领域"那样的话，但并没有像弗洛伊德那样对人的心理结构的各个层次及其相互关系作过系统的描述。关于精神分析学的基本内容，大家是比较熟悉的，在这里不必赘述。我们只打算简略地谈一下他怎样解释无意识及其在文艺创作中的作用和表现。

人们知道，弗洛伊德把人的心理结构分成三个系统或层次，即无意识、前意识和意识。这三个系统各具特性，各自遵循不同的原则，在人的心理活动中扮演不同的角色。弗洛伊德对无意识的解释是相当宽泛的，用他的话来说，一个历程如发生于某一时间而在那一时间内我们又一无所觉，便称之为无意识。无意识是心理结构的最底层，是人的生物本能、欲望的贮存库，这本能、欲望具有强大的心理能量，时刻在追求得到满足，它归根到底在人的精神生活中起主导的作用。所以弗洛伊德说，精神分析的第一个命题就是：心理过程主要是无意识的，至于意识的心理过程则仅仅是整个心灵的

---

① 参阅琼斯：《弗洛伊德的生平和著作》，第2卷（纽约1955年版），第344页；考夫曼《精神的发现》，第2卷（1980年英文版），第47—49页。

分离的部分和动作。①无意识领域中所包藏的本能、欲望究竟是什么，弗洛伊德前后有不同的说法，他起初认为是自我保存的本能和借以绵延种族的性本能，后来则说是生活本能和死亡本能。不过，无论如何，他都把性本能看作人的一切本能中最基本的东西，并且用性去解释整个无意识领域的现象。性是动物式的本能冲动，它只服从于快乐的原则，不顾一切，因此无意识的领域是盲目、混乱、非理性的黑暗世界，它必然会和人类社会的伦理、道德、宗教、法律等等发生矛盾冲突，而需要予以压抑。前意识起着"检查官"的作用，它不允许过于强烈的本能、欲望冒出来，无意识中的各种冲动只有经过它的检查批准才能进入意识。以后弗洛伊德又修正补充自己的理论，提出人格结构由本我、自我和超我组成的说法，但基本思想还是大致相同的。本我就是最原始的无意识结构，它体现着本能的性欲冲动："里比多"（性力），而"里比多"则是人的一切行为和心理活动的原动力和"内驱力"。但本我要实现自己的欲望，只能通过自我，因为只有自我才与外部世界相联系。自我是意识结构，是感觉、知觉和理性思维的主体，它不是根据快乐的原则，而是根据现实的原则去调节本我与外部世界之间的矛盾，压抑本我的非理性冲动，把它控制在适当的范围内。超我则是道德原则、良心，它比自我更有权威，当自我控制不住本我时，它就出来进行干预，但这在多数情况下也是无意识的。弗洛伊德认为，本我、自我和超我三者的平衡和协调是十分重要的，失去平衡就是导致精神病产生的根源。

弗洛伊德对文艺创作的看法，就是建立在这样的理论基础之上的。按他的说法，无意识领域内作为生命本质的性欲冲动虽然经

---

① 参阅弗洛伊德：《精神分析引论》，商务印书馆，第8页。

常受到压抑，但它是从婴儿时期就开始的本能，始终是永动不息的。它要寻找出路，往往以伪装的形式表现出来，做梦是最明显的例子，本能欲望的冲动是梦的原因，在清醒时受压抑的欲望在梦中才得到部分的满足。正因为"里比多"经常受到人为的压制而得不到满足，所以就造成人的苦闷、矛盾、痛苦，这有时就使作为原动力的"里比多"向别的领域转移，似乎和原来的性的本能无关，而实际上却仍然是被抑制的本能转移后的表现，这种转移也是无意识的。弗洛伊德的所谓"升华"，就是指本能冲动在表面上抛弃原来的性的目标，而转向其他更高尚的社会目标如文艺、科学、宗教、文化活动等等。"升华"使受抑制的性本能在其他领域内找到出路，而得到了一定的满足，同时又不危害社会。所以，在弗洛伊德看来，性的本能是推动文化、艺术发展的原动力，"这些性的冲动，对人类心灵最高文化的、艺术的和社会的成就作出了最大的贡献"[1]。人们称他的观点为"泛性论"，并不是没有根据的。

　　弗洛伊德用性本能去解释文艺创作的动力，也就是把无意识当作文艺的源泉。不仅如此，就连文艺创作过程本身和文艺作品的内容，也无不渗透着无意识。艺术家和普通人一样有本能的欲望，但他能通过创作活动把"里比多"抑制转移到他的作品中去，创造一个幻想世界而使原始的性本能得以宣泄。这整个过程是艺术家自己没有意识到的，有点像做梦一样，不过这不是一般的转瞬即逝的梦，而是白日梦，产生了持久的艺术作品，但文艺创作活动实质上还是和做梦差不多的。弗洛伊德还指出，艺术创作所使用的形象思维比语言思维更接近于无意识的过程[2]，因此整个创作过程都离不开

---

[1] 弗洛伊德：《精神分析引论》，第9页。
[2] 参阅弗洛伊德：《自我与本我》，1962年英译本，第11页。

无意识的作用。至于艺术作品的内容,他也力图从性本能去解释,把一切最后都归结为作者本人的性的欲望的无意识表露。他对莎士比亚戏剧、陀思妥耶夫斯基的小说和达·芬奇的绘画所作的精神分析学的解释是很有名的,对西方美学和文艺批评发生了很大影响。在他的倡导之下,不少评论家都挖空心思地到艺术作品中去寻找所谓性的象征,着重于探索艺术家在创作时的无意识动机,透过作品去发掘潜藏的无意识含义。这股潮流现在虽然已经过去,但其影响所及,使无意识问题在美学和文艺批评中得到了广泛的重视,而且它也在西方现代文艺创作上留下了印记,如"意识流"文学作品、荒诞派戏剧、超现实主义绘画等等,都在不同程度上受到弗洛伊德主义的影响。

由于弗洛伊德过于强调性本能在无意识中的作用,引起了各种不同的批评,有些作家和艺术家根据亲身的经验,驳斥了他的理论。这也导致了弗洛伊德学派内部的意见分歧,而终于造成了该学派的分裂。在弗洛伊德的阵营中持批评意见的重要人物首先是荣格和阿德勒。

荣格对弗洛伊德的批评涉及对无意识的根本理解。他指出,弗洛伊德把人的全部活动最后归结为性的本能是没有事实根据的。他也不同意弗洛伊德把无意识仅仅看作个人心理的基本因素,而提倡"集体无意识"这个新概念与"个人无意识"并立。首先,在荣格看来,不能单纯从生物学的观点去看人的本能和解释无意识现象,而必须把"集体无意识"理解为"原始意象",它贮存着全人类的各个种族和民族的历史生活,甚至人类前的动物生活的经验。这些在心理上残存下来的沉淀物,成为一种先天的、具有普遍性的"原型",它虽然不被人所察觉,但一切有意识的活动都不能摆脱这一形式。因此,荣格对无意识的解释要比弗洛伊德宽广得多,它并不仅限于或归结为性本能，甚至主要的并不是性本能，而包括生活经验（其中也有社会经验）的各个方面。其次，荣格强调"集体无意识"比"个人无意识"更重要得多。"集体无意识"不是由个人获得，不是属于个人，而是通过遗传而世世代代保存下来的普遍性的东西，它适用于一切个人，出现于每一个人的内心中。正是这种本质上是超个人的"集体无意识"构成了人们心理的基础，而"比起集体心理的汪洋大海来，个人心理只像是一层表面的浪花而已"。

荣格用"集体无意识"去解释文艺创作，特别是研究原始文化艺术，得到了一些值得注意的成果。他认为，艺术不属于个人，而属于集体。不管艺术家个人具有怎样的创作意图，实际上艺术创造活动仍来源于无意识的深处，因此重要的不是艺术家的个性，而是那种高出于个性的普遍的东西。艺术创作被他说成是被无意识所左右的一种被动的行为，在他看来，不是歌德创造了《浮士德》，而相反地是《浮士德》创造了歌德，因为《浮士德》所表现的无非是早已存在于德国人灵魂深处的奥秘，歌德只是帮助它产生而已。

阿德勒既反对弗洛伊德关于性本能的说法，也批评荣格的"原始意象"说，创立了自己的"个性心理学"。他主张不能把人仅仅当作生物的人，而要当作社会的人来看待。他认为人是一个整一不可分的整体，是为自己的行为负责的，自由地追求自觉目的，因此不能像弗洛伊德那样只注意寻求人的行为的原因，而必须同时探究他的最后目的或所谓"社会意向"。在这方面，阿德勒明显地受尼采的影响，他虽然仍承认无意识的作用，但又强调创造性的自我，肯定个人的独特性。在阿德勒之后，精神分析学开始摆脱生物学的局限性，而越来越多地注入社会性的内容，导致了所谓"新弗洛伊德主义"的出现。

现在弗洛伊德的古典的精神分析学在西方已经过时，找不到多少信徒了。但其影响已渗透到哲学、美学、文艺理论和社会学等领域,渗透到其他学派中去。有一种值得注意的趋势是试图把弗洛伊德的某些思想吸收到某些学派的学说中,创造出一些新的理论。关于无意识的问题,也继续成为注意探讨的重点,在法兰克福学派(弗罗姆、马尔库塞)和结构主义(列维-斯特劳斯、拉康)中表现得尤为明显。

五

在对无意识问题进行了以上简略的历史考察之后,可以指出以下这几点作为本文的小结。

第一,在西方从古至今关于无意识问题的探讨大体上可以分为三个阶段:最初涉及无意识现象时所作的解释是宗教神学的,后来开始从哲学上来加以思辨的阐明,最后则成为心理学研究的对象。宗教神学的、哲学的、心理学的阶段,标志着人类对于无意识问题的认识的深化过程。

第二,目前心理学家虽然一般都承认无意识的存在,但严格地说,无意识还仍然只是一个合理的假设,并没有得到足够的科学论证。关于无意识的内在的机制及其起作用时所需的条件和对人的行为的影响的程度,仍然是不清楚的。弗洛伊德认为心理学可以脱离脑生理学,这种看法是错误的。关于无意识问题的研究要真正成为科学,必须以高级神经活动生理学的发展为基础,现在看来离科学的要求还有相当的距离,还有待于进行认真的探索。

第三,要正确地阐明无意识在文艺创作中的地位和作用,首先有必要弄清楚人的无意识活动和有意识活动之间的关系。无论如何,文学艺术是人类具有高度创造性的精神劳动的产物,是人所以区别于一般动物的自觉能动性的体现，只有在承认这样的前提下，才有可能对无意识作出适当的估价。

第四，无意识属于人的主观心理活动，它和外部世界（自然界和社会生活条件等等）究竟是什么关系，也是需要解决的问题。文学艺术创作本身体现着主观心理活动和外部世界的客观反映的结合，如果把它仅仅归结为心理本能的体现，那就只能使文艺作品的内容极度贫乏化。弗洛伊德主义的根本缺陷之一，也就在于此。

（原载《河北大学学报（哲学社会科学版）》1986年第3期）

尼采的美学和文艺思想

德国哲学家尼采(1844—1900)在西方近代思想史上是一个有争议的人物。人们对他毁誉不一,依据不同的观点对他的思想作出各种各样的解释。尼采也常常遭到误解,有一位研究尼采的西方学者说,"尼采的生平和著作是近代文学史和思想史上受到最严重曲解的现象"①。德国纳粹分子曾经别有用心地利用他,把他奉为法西斯哲学的先驱;另一些人,其中包括某些资本主义的深刻的批判者和反法西斯主义人士,则把他尊为20世纪新时代的"预言者"。不管评价如何存在分歧,有一点是肯定的,那就是尼采思想对现代西方哲学和社会思想以及文学艺术产生了巨大而深远的影响,而且在第二次世界大战后直到现在,这种影响越来越大。有人甚至认为,如果不读尼采的著作,就无法真正理解20世纪西欧大陆思想和文学艺术的发展。这就需要对尼采进行认真研究和重新认识,用马克思主义观点对他作出客观的评价。

作为思想家的尼采是充满矛盾的复杂的人物。他的优点在于坦率,敢于毫不掩饰地说出自己的见解,所以他的错误以至反动的观

---

① 波达赫:《遭毁灭的尼采著作》,海德贝格1961年德文版,第430页。他在该书中列举了尼采著作被篡改和被误解的大量事例。

点也很明显突出。他的那些宣扬个人至上、蔑视群众、反对社会主义的言论，无疑地应该予以批判和揭露。但是，在尼采思想中也确实包含着一些对西方资本主义社会具有强大破坏作用的批判因素。作为现存社会秩序的支柱的一切传统的思想、价值观念、道德、宗教、文化，都受到他的摧毁性的冲击。尼采以特有的敏感，预先觉察到西方社会里正在孕育和发展着的深刻的社会危机、精神危机和文化危机，他已经意识到旧世界及其所珍视的一切价值的必然没落，要求加以无情的否定。所谓"上帝死了"的说法，正是这种思想的形象化的表现。他预见到现代西方人由于信仰崩溃而生活在价值真空中的苦恼处境和自我失落感，竭力要求从平庸猥琐、扼杀个性发展的可鄙的小市民生活中挣脱出来。他站在个人主义的立场上，提出对一切价值进行重估，主张在不断的创造中求得自我实现和自我超越。这对于现代资本主义社会里不满现状的抱有从右到左的各种不同观点的广大知识分子，都有强烈的吸引力。他们都可以从尼采那里获得启示，唱出各自的音调。因此，尼采思想所以在现代西方世界风行并非偶然，而是有其深刻的社会原因的。1950年，一位德国诗人哥特弗利德·倍恩的说法是有代表性的，他说："老实讲，我这一代人所讨论的、企图去彻底思考的一切——或可以说曾为之受痛苦的一切，也可以说用来对付过日子的一切——都早就已经为尼采所表达和透彻地深究过了，尼采已经作了明确的系统的论述，其余的只是注释而已。"

尼采对现代西方文学艺术的影响很大，他本人也是一位卓越的诗人和音乐评论家，可是他并没有一套完整的文艺理论或美学体系。除了他早期写的《悲剧的诞生》和关于音乐家华格纳的论著外，他的其他著作都不是专门探讨文学艺术和美学问题的，但这方面的问题始终是他注意的中心之一。他的文艺和美学思想散见于许多著作中,构成了他的独特的世界观和人生哲学的不可缺少的重要组成部分。正是这种世界观和人生哲学影响了文学界的一大批著名代表人物,其中有:托马斯·曼、海尔曼·黑塞、茨威格、里尔克、萧伯纳、德莱塞、纪德、马尔罗、加缪、萨特以及中国的鲁迅。在这些作家的创作中,尼采思想都在不同程度上起了积极的或消极的作用。

一

尼采的文艺思想集中地表述在他的《悲剧的诞生》一书中。这是他青年时期的代表作,也是他整个思想发展的第一步。从表面上看,它好像是一部研究古希腊悲剧的专著,实际上尼采却通过对古希腊悲剧的独特的解释,表达了他对生活和艺术的理解,鼓吹一种人生哲学,借以推动德意志精神的复兴。因此,这部著作的意义远远超出希腊文学史的范围。

尼采早年曾受叔本华哲学的强烈影响,在《悲剧的诞生》中不时可以看到叔本华思想的印痕,然而整个说来,这部著作却标志着尼采与叔本华分手而走上自己的思想发展道路的开始。按照叔本华的唯意志论的观点,整个外部世界、一切客体都只是我的表象,但这些又只不过是现象,在现象背后还有"自在之物",这就是意志。意志是一种"盲目的不可遏止的冲动",是一种不可认识的非理性力量,它支配着整个世界,构成世界以至人生的真实本质。世界既然由盲目的非理性力量统治着,它本身就没有什么价值可言,人在这个世界上生活也没有什么意义。意志的盲目力量驱使人们为了满足欲望而进行永不休止的追求,欲望不可能完全得到满足,痛苦也永无解除之望。因此,生活是一场充满痛苦的"漫长的梦"。在叔本华看来，要摆脱人生的痛苦，根本的办法是通过个人的涅槃乃至杜绝生殖达到人类的寂灭，以彻底消灭欲望和生命意志。但艺术也可以暂时使人从生活的痛苦中得到解脱，因为在审美静观中，主体得以暂时摆脱生活的欲望，忘却自己，所以艺术是一种逃避、超脱。而悲剧作为诗的最高形式，"展示生活的可怕的方面"，使人认清人生的本来面目就是痛苦和不幸，从而放弃生命意志，心甘情愿地在命运面前"退让"。因此，从唯意志论到悲观主义，是叔本华哲学和美学思想的基调。

尼采的基本出发点和叔本华相似，但结论却截然相反。他大致同意叔本华对世界和人生的看法，即认为它们受非理性的意志所支配，是可怕的、使人痛苦的、无法理解的，可是他却反对叔本华的人生哲学。叔本华说，既然世界和人生是没有意义、毫无价值的，那就应该抛弃这个世界，否定这个只能令人痛苦的生活。尼采却回答说，虽然这个世界没有意义和价值，但我们既然注定要在这样的世界里生活，就要勇敢地活下去。而为了使我们能够忍受这个世界和这样的生活，我们就要赋予它们以意义，由我们来创造出新价值。在对文艺的看法上，尼采也和叔本华迥然相异。如果说叔本华把审美、艺术看作暂时逃避生活的手段，而悲剧的作用在于把人引向"退让"；那么尼采则认为，人生必须加以正视，艺术不是消极的逃避，而是肯定生活的一种积极手段，正是借助于艺术使世界和人生变形成为审美的现象而能为我们接受，悲剧所给予人们的启示也绝非否定生活，而是肯定生活。在《悲剧的诞生》中，美和艺术是被当作唯一的价值来看待的，尼采甚至断言，"只有作为一种审美现象，人生和世界才显得是有充足理由的"[①]。这可以说是《悲剧的

[①] 尼采：《悲剧的诞生》，第24节。

诞生》所提出的一个最重要的论点。

尼采通过对古希腊文学艺术史的考察指出，希腊人在最富有创造力的时期也敏锐地认识到并感到生存的恐怖和悲惨，像普罗米修斯、俄狄浦斯、俄瑞斯忒斯等希腊文学艺术中的著名角色的遭遇，都充分表现出人生中的痛苦的一面。但是为了要活下去，不被痛苦所压倒而屈服于悲观主义，希腊人创造出奥林匹斯山上的诸神，借助于艺术的手段使世界和人生变形为审美的对象，把冷酷可怕的现实世界转化为充满阳光的幻想世界。这样，希腊人就能够对世界和人生采取积极的肯定态度而不是消极的否定态度。所以艺术是出于生活的需要，是作为继续生存的保证而产生的。没有艺术，希腊人就难以生活下去，生活本身就是一个艺术作品，这就充分证明了艺术的价值。在尼采看来，他所提出的所谓阿波罗（或译日神）艺术和达奥尼苏斯（或译酒神）艺术的全部根据也就在这里。两者虽然是两种不同的、甚至互相对立的艺术倾向，但它们所达到的目的却都是肯定生活。阿波罗艺术给现实世界加上一道审美的纱幕，创造一个形式和美的理想世界，以其梦幻中的美丽形象弥补了生存的恐怖和痛苦，它表现为奥林匹斯的神话、史诗和造型艺术。达奥尼苏斯艺术则不然，它不去美化现实，而使人完全忘却自我，直接肯定和拥抱那可怕的存在，如醉如狂地与自然万物合为一体，沉浸于无限欢欣之中，它表现为音乐。悲剧的诞生则是阿波罗精神和达奥尼苏斯精神结合的产物，它把存在转化为审美的现象，可是并不给它加上一层纱幕，而是揭示它的本来面目，同时又最有力地对生活表示肯定和赞美，使人认识到"尽管不断发生现象的变化，生活本质上仍是坚不可摧和充满欢乐的"①。希腊人虽然对人生最深的痛苦非

---

① 尼采：《悲剧的诞生》，第7节。

常敏感，深刻地了解大自然和历史两者的毁灭作用，但却没有像叔本华那样否定生命意志，陷入悲观厌世，而被艺术所拯救了。尼采说，在悲剧中，"作为意志的最高体现的英雄人物遭到毁灭，而我们却表示赞同，因为英雄也只是一种现象，意志的永恒生命并不因此而受影响。悲剧高喊道：'我们相信生命是永恒的！'而音乐则是那生命的直接表现"[①]。叔本华硬说，悲剧的意义在于使人认清生活不能提供任何真正的满足，它不值得留恋，从而把人引向"退让"的观念。尼采则反驳说，达奥尼苏斯告诉我们的完全不是这样，他给人的教训绝不是失败主义的，和屈从退让的消极态度截然不同。真正的悲剧精神正在于，它叫人欢欣地喝下人生的苦酒，使人们即使在悲剧英雄的毁灭中也能看到美，在痛苦中也能感到一种"更高的、征服对方的欢乐"。

显然，尼采对悲剧的这种理解表达了一种新的人生哲学，他的看法不仅和叔本华相反，而且和亚里士多德以来的传统观点不同。后来尼采在《偶像的末日》一书中谈到悲剧时指出，悲剧情感被亚里士多德和我们近代的悲观主义者所误解了。"悲剧远不能证明关于叔本华意义上的所谓希腊人的悲观主义的任何说法，相反地，它倒可以被看作是对悲观主义的坚决否定和相反的例证。甚至在生活的最不可思议和最艰难的问题上仍对生活表示肯定，生活的意志甚至在它的最高类型遭到牺牲时也仍对它自己的无穷无尽的力量感到欢欣，这就是我称之为达奥尼苏斯精神的东西，这就是我相信是通往悲剧诗人的心理的桥梁。不是为了摆脱恐怖和怜悯，不是为了用猛烈宣泄的办法去从一种危险的情感中净化自己——亚里士多德就是这样理解悲剧的——而是为了使自己成为生成的永恒欢乐，而超越

---

① 尼采：《悲剧的诞生》，第16节。

于一切恐怖和怜悯之上——那种欢乐甚至还包括毁灭中的欢乐。"①尼采自己意识到这是一种与众不同的"崭新的思想",所以他说,《悲剧的诞生》是"我对一切价值的第一次重新估价"。

尼采自称是悲观主义的最极端的反对者和对立面。他所以和叔本华决裂,不能容忍叔本华的悲观主义是主要原因之一。他说,《悲剧的诞生》是"反悲观主义的",因为它教人以"某种比悲观主义更强有力的东西、比真理'更神圣'的东西,那就是艺术"②。他甚至认为,所谓悲观主义的艺术本身就是自相矛盾的,"世界上根本就没有悲观主义那样的东西——艺术总是肯定的"。因此,"叔本华说某些艺术作品是为悲观主义服务,这样说是错误的。悲剧绝不教人'退让'"。悲剧绝不是对生活有危害的艺术,绝不是衰亡的征兆,它本质上是"对生存的肯定、祝福和神化"③。

从肯定和赞美生活的观点出发,尼采也对西方传统的基督教思想展开了尖锐的批判。在《悲剧的诞生》第二版前言中,他明确地声称,他对世界所作的纯粹美学的解释是以基督教义作为对立面的。基督教义以上帝的绝对真理作为绝对标准,贬黜一切艺术并加以谴责。尼采说,他总是强烈地感到在基督教的观念和价值体系中包含着对生活的仇恨,并且这样的体系从其前提来说就必然是憎恨艺术的。从一开始基督教就厌恶生活,只不过用信仰所谓"另一个"更好的生活来伪装和掩饰自己对生活的厌恶罢了。尼采指责基督教"仇恨这个世界,诅咒爱情,害怕美和感性事物,诽谤尘世生活",说根据基督教的伦理,生活总是错的,因此生活自然而然地遭

---

① 《偶像的末日》,考夫曼编:《尼采选辑》,纽约1954年版,第562-563页。
② 尼采:《权力意志》,1968年考夫曼英译本,第453页。
③ 同上,第434-435页。

到蔑视，被加以否定，被看作不仅不值得我们欲求、而且本身也是绝对无价值的东西。尼采申明，他有意要和基督教唱对台戏，因此对生活作了完全相反的评价，提出了与基督教相对立的一种具有美学倾向的极端相反的学说，并借用一个希腊神的名字达奥尼苏斯来为它命名。后来尼采在"上帝死了"的口号下猛烈抨击基督教，说上帝是"生存的最大的对立面"[①]，是"向生命、自然和生活意志的宣战"[②]等，这些思想实导源于此。

尼采不遗余力地反对叔本华的悲观主义和基督教，正面肯定人生，主张勇敢地投入到生活中去，宣扬一种决心要战胜一切苦难的积极进取的乐观精神，这些是他的文艺思想的长处。不过我们也必须指出，尼采的理论是建筑在唯心主义和唯意志论的基础上的。在他看来，艺术不是现实生活的反映，倒是弥补现实生活之不足、使人可以忍受生活苦难的手段，这就从根本上歪曲了艺术的本质。他对生活所抱的乐观主义精神，也不是基于对社会历史发展规律和人类前途的认识，而是凭借意志的力量、某种类似主观战斗精神的东西。这种夸大主观意志作用的观点，可以发展到危险的地步而导致严重的恶果，必须加以警惕。实际上，尼采和叔本华一样，都用主观主义和非理性主义观点去看世界和人生，把整个客观存在都说成是虚假不真、残酷而无意义的东西。尼采反对的只是叔本华哲学的结论，却没有否认它的基本理论前提。他虽然指责叔本华哲学使人悲观颓废、消沉没落，而提倡德意志精神的新的复兴和奋起，但他既然接受了叔本华对世界的基本解释，就难以完全摆脱悲观主义人生观的阴影，而只能把这种复兴的希望寄托于某种非理性的力量，

[①]《偶像的末日》，许莱赫塔编：《尼采文集》，第2卷，第978页。
[②]《反基督者》，《尼采文集》，第2卷，第1178页。

即《悲剧的诞生》中所鼓吹的所谓达奥尼苏斯精神。它是尼采为当时堕落的德国社会所开的药方，企图以此来清扫一下这个肮脏马厩。可是，他的这个药方丝毫不涉及社会制度的变革，也不依靠任何特定的社会力量来付诸实施，而仅仅诉诸个人的主观精神因素。说穿了，这样的药方也只不过是给那些因寻找不到出路而感到苦闷的人们制造一个新的危险的幻想罢了。

二

尼采对西方文学艺术发展的影响，除了他所鼓吹的审美的人生哲学外，还在于他对文艺创作的特殊理解。

阿波罗精神和达奥尼苏斯精神是尼采提出的两个最重要的概念。他不仅用它们来解释古希腊文学艺术以至全部文学艺术史，而且用它们去说明文艺创作的本质。阿波罗和达奥尼苏斯是希腊神话中的两个神，尼采借用他们的名字去譬喻推动艺术的产生和发展的两种基本力量。照他说来，这是两种基本的艺术冲动，唯有它们才是艺术创作的真正原动力。而一切真正的艺术，要么是阿波罗式的，要么是达奥尼苏斯式的，要么是两者兼而有之，任何时期任何一种艺术的性质就取决于这两种冲动中何者起主导作用。因此，阿波罗和达奥尼苏斯虽然来自希腊神话，却被尼采加以抽象化、普遍化和绝对化了，变成了解释一切文艺创作的基本原则。

尼采并不认为艺术是阿波罗精神和达奥尼苏斯精神发生作用的唯一领域，它们既可以无须人间艺术家的中介，从自然界本身迸发出来，也在更低、更基本的层次上表现出来，那就是两种生理现象：梦和醉。阿波罗精神表现在梦里，梦是一种幻觉，却给人以美的图景，使之摆脱变幻不定的存在的痛苦。正是在梦中，人直接把握形式，在静观美的梦幻世界时得到莫大的愉快。尼采说，这种梦的世界的美丽幻想不仅是一切造型艺术的前提，而且也是诗的前提，而每个人在制造美丽幻想方面都证明自己是有才能的艺术家。阿波罗是光明之神，在他的光照之下，一切都以明晰的个别形体出现，讲究形式的美，所以他称得上是"个性化原则的光辉形象"[①]。达奥尼苏斯精神则与此相反，它表现为醉，在醉的状态下，个人丧失了自己，所以说它是"个性化原则的解体"[②]。醉可以直接由麻醉物引起，也可以由春天的到来而引起。这是一种类似迷狂的带有神秘意味的经验，人进入高度的紧张状态，一方面感到狂喜，另一方面又感到痛苦和可怕。人们抛弃了彼此间的一切界限，打破一切禁忌，取消自我克制，尽情地放纵自己原始的本能，载歌载舞，沉醉于集体的狂欢之中。个人与周围的一切融合在一起，重新恢复到普遍的和谐与原始的统一。因此，在尼采那里，艺术冲动被归结为人的生理本能，艺术创作的原动力深深地植根于人本身之中。

比较而言，尼采对达奥尼苏斯精神的重视显然要超过阿波罗精神。他指出："达奥尼苏斯因素比起阿波罗因素来，显示为永恒的本原的艺术力量，因为正是它使现象世界得以存在。"[③]阿波罗精神则是次生的，它离开了前者就不能生存。这一观点贯彻在尼采对希腊文学艺术的发展的具体解释中，达奥尼苏斯冲动不仅被看作产生全部光彩夺目的希腊文学艺术的最深的、最原始的地层，而且它对希腊文化最美的花朵——悲剧的诞生，也起了无可替代的决定性作用。在尼采的论述中，最值得注意的是他对文艺创作中的非理

---

① 尼采：《悲剧的诞生》，第1节。
② 同上，第1节。
③ 同上，第25节。

性的、无意识的因素的强调,这可以说是他给现代西方文学艺术的发展留下深远影响的一个极其重要的观点。一般人认为,阿波罗精神讲求形式美,注意节制有度,似乎比较偏重理智,但如果仔细推敲,它既然表现为梦,是一种制造幻觉的冲动,它本身就必然带有非理性的、无意识的因素。至于达奥尼苏斯精神,则出于人的最深的原始本能,可以说基本上是属于非理性和无意识的领域。尼采认为,希腊文化的高度成就都是由非理性因素的力量促成的,而一旦苏格拉底的理性主义占了主导地位,欧里庇底斯企图使悲剧理性化而排除悲剧中的原始的和强有力的达奥尼苏斯因素,就导致了悲剧的自杀和毁灭,而一度曾经如此辉煌灿烂的希腊文化艺术也从此全面衰亡了。过去德国的传统美学,从温克尔曼、莱辛到黑格尔,都用理性主义观点去理解希腊文化,把美的理想奉为文艺创作的准则,他们的看法长期统治着古典学的研究。尼采则一反传统,揭示出过去一向被忽视的另一方面,即非理性因素在希腊精神的形成中的作用,提出要超越莱辛的《拉奥孔》而寻找新的出路,通过达奥尼苏斯使真正的希腊精神再生。其影响所及,不仅为古典学研究注入了新内容,而且使整个西方文艺思想以至社会哲学思想改变了发展方向。总的说来,19世纪西方文化是理性和科学占统治的,在尼采之后,风气为之一变,非理性主义思潮开始盛行。这种思潮固然不是从他开始,然而非理性主义以达奥尼苏斯的形象化的面目出现却具有特殊的魅力,吸引了许多人。哲学和文学艺术中的形形色色的非理性主义派别,从尼采那里取得了丰富的思想营养。因此,这一思潮在20世纪的泛滥与尼采有相当大的关系。

尼采对于艺术家的创作心理的分析,也着重于非理性和无意识的作用。他说:"要使艺术成为可能,也就是说,为了使一种审美创作和审美欣赏可能存在,就必须要有某种预先的生理状态:醉的状态。这种醉的状态首先必须加强整个机体的感受性，否则就不可能有任何艺术。"① 醉的状态有各种各样，其中首先是性的兴奋，这是醉的状况的最古老和原始的形式。此外，还有由强烈的欲望和激情所产生的醉的状态，在酒宴和比赛场上出现的醉的状态，由残酷行为引起的醉的状态，以及由于气候影响或使用麻醉药而造成的醉的状态等，其共同的本质特征是力量增强和精力充沛之感。尼采说："由于这种感觉的驱使，一个人把他自己的东西给予事物，他迫使它们分享他的财富，他对它们施加暴力，这种行动就叫作理想化。"② 因此，艺术家进入创作是出于生理本能，是处于无意识的心理状态，在创作过程中他用自己丰满的力量把其他事物丰富了，使事物变形，直到在它们身上打上他的完美性的印记。这种强制性地使事物变形而成为美，就是艺术，而这个过程并非出于艺术家的自觉。所以在整个文艺创作过程中，非理性和无意识的因素都占着统治地位。

尼采在自传式著作《看哪，这人》中自称为"无与伦比的心理学家"。他从心理学角度考察了人的活动，其中包括文艺创作活动中的无意识现象。他认为，如果忽视人们行为的非理性的、"地下的"泉源，也就不能理解人的精神。他不承认人有什么固定的本质，把人的意识仅仅看作表面现象，而在意识的表层下面，还有多层次的心理结构，但对这些东西迄今还一无所知。③ 尼采提出的问题直接启发了弗洛伊德，弗洛伊德十分钦佩尼采，把他作为自己的思想先驱，认为尼采所达到的内省的深度是过去从未有人达到过，今

---

① 《偶像的末日》，考夫曼编：《尼采选辑》，纽约1954年版，第518页。
② 同上。
③ 参阅尼采：《朝霞》中"经验与虚构"第1段。

后也不见得再有人能够达到的。①尼采对整个精神分析学派的影响很深，正如一位研究者所说："尼采可以被视作弗洛伊德、阿德勒和荣格的共同来源。"②

艺术创作中的非理性和无意识的因素是一个很复杂的问题。作为一种文艺现象，它的存在似乎是不容置疑的，许多作家和艺术家（例如伟大的德国诗人歌德）曾经以亲身经验证实这一点。应该承认，这个问题至今没有获得令人满意的科学的解答。尼采指出这个存在的事实，引起了人们的重视，这不能说不对。问题在于他把这种非理性的、无意识的因素夸大为绝对，把它说成是艺术创作中的主导的决定因素，使达奥尼苏斯冲动凌驾一切，成为艺术的创造主。这样，他就把人的原始本能，甚至低级的动物式的本能当作艺术的原动力，无视文学艺术是人类具有高度创造性的精神劳动的产品，而抹杀了人区别于一般动物的自觉能动性在艺术创作中的决定性作用。尼采颠倒了理性与非理性、自觉性和无意识性的主次，就必然会走向谬误。

三

尼采关于美和艺术的本质和作用还有一些值得注意的论述，在某种意义上可以说是他的审美的人生哲学的进一步发挥。

先谈尼采关于美的见解。尼采的根本出发点是认为审美价值只不过是人的创造物，与客观世界无涉。美使我们的生活更好过些，但它却并不是真的。正因为美是我们的主观创造，所以没有任何东

---

① 参阅考夫曼：《精神的发现》第2卷，1980年英文版，第47—49页。
② 埃伦伯格：《无意识的发现》，1970年英文版。

西比美感更相对的了。他说，从柏拉图开始，一直有人试图寻求绝对的美或所谓"美本身"，但人们所钦慕的"美本身"却"仅仅是一句空话而已，它甚至还不是一个概念"。实际上，美是人自己的创造物，而且是以人自身作为标准而创造出来的。尼采写道："在美之中，人把自己树为完美的尺度；在精选的场合，他在美之中崇拜自己。一个物种舍此便不能自我肯定。它的至深本能，自我保存和自我繁衍的本能，在这样的升华中依然发生作用。人相信世界本身充溢着美——他忘了自己是美的原因。唯有他把美赋予世界。惜哉！他只赋予世界以一种人性的美、太人性的美……归根到底，人把自己映照在事物里，他又把一切反映他的形象的事物认作美的：'美'的判断是他的族类虚荣心。"①如果有人怀疑：难道只是因为人认为世界是美的，世界才真是美的吗？那么尼采的答复是：人只是把世界加以人化，如此而已。

尼采的观点具有强烈的人本主义色彩。古希腊的普罗塔哥拉斯曾提出"人是万物的尺度"这一著名命题，尼采实际上是把这个命题应用于美学，把人当作美的尺度。在他看来，世界本来无所谓美或不美，只是由于人把世界加以人化才产生美，离开了人也就谈不上美。这种以人为本位的美学观点，强调美是人的创造，人是一切美的根源，充分肯定人在美的创造过程中的主观能动作用，有其合理的因素。可是人的这种主观能动作用是被尼采唯心地、抽象地发展了，被他片面地夸大了。问题的关键在于，他不理解世界的"人化"是通过人的社会实践，特别是劳动实践来实现的，他的所谓"人化"只是生命意志或权力意志在客观世界的投射或外化，与马克思所说的"人化的自然"有原则的区别。

---

① 《偶像的末日》，考夫曼编：《尼采选辑》，纽约1954年版，第525页。

从上述观点出发，尼采引导出他的两条美学基本原理。他这样说："没有什么是美的，只有人是美的：全部美学都建立在这一朴素的真理之上，它是美学的第一条真理。让我们再立刻补上第二条真理：除了退化的人以外，没有什么是丑的——审美判断的领域就局限于此。"①美与丑正好相反，这首先是从生理学的观点着眼的。丑使人软弱、沮丧，它使人想起颓败、危险、软弱无力。见到丑的东西，人就失去力量，因此丑的效果是可以用功率计来测量的。人的权力感、权力意志，他的勇气和骄傲，这些都随着丑的东西而下降，随着美的东西而高扬。所以尼采把丑理解为标志堕落退化的一种征兆。他认为，人们憎恨丑的东西，因为人最憎恨的就是"他的类型的没落"，在这方面他的憎恨是发自族类最深的本能的。后来尼采进一步把美和丑说成是生物学价值，凡是对我们有用有益、提高生命力的东西，就给我们以美感，即权力感增长的感觉。相反地，丑则意味着类型的退化和有组织的力量的衰退、意志的衰退。"因此，美和丑只是作为与我们最基本的自我保存的价值有关的东西才得到承认。离开这一点，想要断定任何东西是美是丑，都是毫无意义的。"②

可以看出，尼采的人本主义美学思想是和生物学观点密切结合在一起的。他曾研究过达尔文学说，他对美和丑所作的生物学解释，显然受到达尔文主义的影响。但是，他在自己的解释中又掺进了权力意志论，因此美就不仅仅是"族类虚荣心"或自我保存的生物学意义上的价值，而且是权力的表现。美成为"权力的最高的征兆"。如果说，生物学的美学观点虽不能令人满意，还多少包含着一

---

① 埃伦伯格：《无意识的发现》，1970年英文版，第526页。
② 尼采：《权力意志》，第423页。

些唯物的因素,那么鼓吹权力意志的唯意志论就把这一点点唯物的因素也最后断送了。

现在再来谈尼采关于艺术的本质和作用的看法。前面已经说过,尼采的审美的人生哲学赋予艺术以最高的地位。许多世纪以来,基督教一直统治着西方社会。有人指出,尼采是第一个提出在基督教统治结束后艺术可以代替宗教的西方思想家。尼采确实也是把艺术作为宗教的对立面来看的,他说:"我们的宗教、道德和哲学都是人的颓废形式。相反的运动则是艺术。"①他后来在回顾《悲剧的诞生》一书时所写的笔记中,甚至提出了"艺术就是一切"的口号,并对艺术作了这样的评价:"艺术是使生命成为可能的伟大手段,是求生的伟大诱因,是生命的伟大兴奋剂";艺术又是对否定生命的意志的唯一最好的抵抗力量;对于求知者、行动者和苦难者来说,艺术都是他们的救星。在尼采看来,现实世界是如此残酷、可怕又可疑,为了要征服现实并能够活下去,人就需要"谎言"。在过去,形而上学、道德、宗教等无非都是"谎言"的不同形式,而现在"上帝死了",这些东西都不灵了,就只能求助于艺术。人要重新树立对人生的信念,就是靠艺术这个"救星"。艺术就像动物身上的旺盛活力,使人热爱生活,它如同补药那样起作用,增强人的力量,点燃起生的欲望。因此,尼采把艺术当作对付悲观主义和宗教虚无主义的有效武器。但是,如果人们对艺术信以为真,那就错了,因为艺术仍然只是一种必需的"谎言"。传统的美学理论一般都讲真、善、美的统一,尼采则认为艺术只追求美,与真、善无关。生活的最终问题不是道德的和科学的,而是艺术的。假如世界是美的,使人能够生活下去,为什么还要去作进一步的探究呢?他甚

---

① 尼采:《权力意志》,第419页。

至声称,哲学家说"善和美是同一的",这是一种可耻行为,而如果还要加上一句"真、善、美是同一的",那就应对这个哲学家处以鞭责。因为在他看来,"真理是丑的","我们拥有艺术,免得我们被真理所毁灭"。①

出于这种对艺术本质的歪曲的看法,尼采根本否认艺术有反映现实、认识现实的作用,他对艺术中的现实主义是很看不起的,甚至认为它实际上不可能存在。他也同样承认艺术的道德教育作用,认为根本就没有普遍而永恒的道德,过去宣扬的道德观念大都是建立在基督教基础上的虚假谎言,因而宣布自己是"第一个非道德论者"。尼采否认艺术的认识作用和道德作用当然是错误的,其根源在于他的非理性主义的哲学世界观。但由此也不能像某些人那样得出结论说尼采是"为艺术而艺术论"的拥护者。他曾明确地指出:"如果把道德说教和改进人性的目的从艺术中排除,那么这也绝不能得出结论说艺术是绝对没有意思、无目的和无意义的……艺术是生活的伟大兴奋剂:怎么能够把它看作无目的、无意义、为艺术而艺术呢?"②所以说他并不是否认艺术有社会目的和社会作用,而是他对此有不同的理解,主张从更高的"为生活而艺术"的意义上去肯定艺术的目的和作用。尼采对浪漫主义的猛烈抨击和对现代文化的批判,都是从艺术应当为生活服务这一点出发的。

艺术既然有它的重要作用,那么艺术家也应承担起自己崇高的社会使命。尼采把诗人称作"引向未来的向导"。他认为,近代人身上仍然存在的未被利用的一切剩余的力量,应该全部用于一个确定的目标,不是去描述现在或是去恢复和总结过去,而是去指明通

---

① 尼采:《权力意志》,1968年考夫曼英译本,第449页、第435页。
② 《偶像的末日》,考夫曼编:《尼采选辑》,纽约1954年版,第529页。

往未来之路。但诗人和政治经济学家不同,他的任务不是去预测一种更好的社会状态以及实现这种状态的远景,而是应当去塑造人的美好形象。诗人正是通过塑造新的人的形象来帮助创造未来。尼采说,这一通往未来的道路是由伟大的德国诗人歌德开辟的。

可是,20世纪西方文学艺术的发展却无情地证明:尼采思想虽然帮助破坏了一个旧世界,却并没有能指明一条通往未来的正确的道路。一些进步作家尽管从他那里吸取了同丑恶的生活现实搏斗的勇气,却没有创造出作为新社会建设者的新人的形象。至于接受他的影响的更多的现代派作家,则同他的预期相反,他们创造出来的现代西方人的形象根本不是生活中的斗士,而是玩世不恭、随波逐流、颓废、失望、彷徨不安、毫无生活理想的庸人(萨特笔下的洛根丁那样的人物)。这不是历史的莫大讽刺么?

(原载《红旗》1988年第5期)

美的找寻

许多年来，我一直在寻找美。

美是什么？美在哪里？这是从古至今经常使人们感到困惑的问题。早在古希腊柏拉图对话录中的《大希庇阿斯篇》里，哲学家苏格拉底和诡辩派希庇阿斯就此问题进行过一场有趣的讨论。思想浅薄而又盲目自大的希庇阿斯原先以为这个问题很简单，狂妄地发表了一通意见，但是他的种种说法在喜欢寻根究底的苏格拉底的诘难下，都显得破绽百出，根本站不住脚。就是苏格拉底自己为了启发对方而提出来讨论的一些可能的定义，经过认真的进一步探究，也都证明是不能令人满意的。苏格拉底和希庇阿斯虽然费了很大劲去讨论美，可是最后却没有得出什么肯定的结论，美还是从他们手里"溜脱了"，他们只能无可奈何地承认"美是难的"。

自从柏拉图写下这些对话到现在，两千多年过去了。在这期间，人类的认识有了突飞猛进的发展，科学以令人目眩的高速度大踏步地前进。借助于现代科学技术，人类实现了多少年来的梦想，登上月球，开始进入宇宙空间，同时又深入研究原子结构，探索微观世界的秘密。可以说，人类在本世纪获得的新知识远远超过了以前几十个世纪所积累的知识的总和。然而，人类对美的认识又前进了多少呢？在我看来，这方面的记录是不够好的。关于美的问题，人们确实谈论得很多，特别是近代以来写下了大量著作，真可谓汗牛充栋，可是究竟美是什么却依然是没有解开的谜。我们今天离这个古老而又常新的问题的真正解决仍很遥远，但是尽管如此，只要人类继续生存，这种关系到人生基本价值的问题看来还会一直探讨下去。这是可以告慰于柏拉图的。

我曾经试图到书本里去寻找答案。在关于美的问题上，车尔尼雪夫斯基的著作使我受到最初的启迪，而古希腊的智慧则为我提供了进入美学大门的阶梯，苏格拉底、柏拉图的机智和辩难，亚里士多德的严密论证，教人如何思考。普罗提诺、奥古斯丁、阿奎那对美的神化和爱慕，令人深感美的魅力的伟大。文艺复兴和启蒙运动的那些思想巨人从达·芬奇到狄德罗、莱辛的论著，开阔了我的视野。休谟的怀疑精神和柏克的求实态度，使我看到感觉经验的重要，而以康德、席勒和黑格尔为代表的德国古典美学，则使我认识到理性的无穷的威力。正当我沉醉于黑格尔博大精深的宏伟的美学体系中的时候，叔本华、尼采、克尔凯郭尔、弗洛伊德却向我展示了理解美的另一种非理性方式的可能性。为了了解本世纪以来人们对美的认识的进展，我也曾广泛地向现代哲学和美学著作求教，从克罗齐、杜威、桑塔耶拿、科林伍德、海德格尔、萨特，直到普列汉诺夫、阿多尔诺、马尔库塞、卢卡契和迦达默尔，他们的理论有的发人深省、颇有教益，有的则令人失望，反而增加了几分困惑。但是，我在书本的海洋中漫游了一阵之后终于醒悟到，不管书本里包含着多少睿智卓见，能够提供关于美的各式各样的丰富知识，然而即使皓首穷经也不可能使人真正懂得究竟美是什么，不可能告诉我们怎样才能找到美，因为美是需要你去亲自体验的，是必须通过你的亲身感受才能找到的，而不是可以由别人教授的东西。比如说，一个人可以从书本获得关于苹果的许多知识，从植物分类直到栽培技术，可是要知道苹果的滋味，就非得要亲口去品尝才行。同样的道理，书本中的理论体系和概念，无论多么高超，也无法真正满足人们对美的渴求，正如一位哲学家所说，靠朗读烹调书和食谱绝不能解决饿汉的需要。读了一大堆书之后，我才充分领会到"理论是灰色的，而生命之树常青"的道理，美还得到现实中去寻找。

于是我把目光转向大自然，投身于大自然的怀抱中，我才真正开始领略到什么是美。它像是挟有万钧之力的迅电，突然从天而降而照亮了你的心扉，使你震惊而慑服；它又像润物无声的细雨，点点滴滴一直渗透到你的心头，使你不知不觉地受到潜移默化。它有时艳丽夺目、光彩照人，使你不由自主地拜倒在它脚下；它有时却又显得如此平易可亲，以其娓娓细语使你感到亲切温暖。它有时像一服兴奋剂，刺激你去奋进追求；有时又像一杯多年的陈酿，把你慢慢地送进醉乡而帮助你施展无穷的遐想。它时而显得这样真，时而又像是一场梦。它似乎无所不在，却又这样难以捕捉。为了到大自然中去寻找美，我曾经长途跋涉，不惜辛劳，而有时却又偶尔得之，全不费功夫。我曾站在泰山之巅，迎着凛冽的寒风，苦苦地等待着朝阳。我也曾漫步在月光下的西子湖畔，夜阑人静，仰望那深不可测的星空。长江三峡的雄伟奇观令我赞叹，细雨蒙蒙中的阳朔山水使我迷醉。在尼亚加拉，如万马奔腾倾泻而下的大瀑布使我在惊心动魄状态下感受到大自然伟大力量的美；在那玻利，宁静的碧海和旖旎的风光把我带进了梦幻般的世界。我曾在西奈的荒漠里欣赏到"大漠孤烟直"的苍凉之美，也曾在新英格兰连绵数百里的染红了的枫林中领略到"红于二月花"的美景。但是，大自然之美不一定要这样费力去寻找，只要你是有心人，就能在似乎平凡的事物中发现美。一条无名的小溪，一丛带着朝露的野花，沐浴在阳光下的原野，出现在地平线上的晚霞，有时同样能给予你非凡的美的享受。那无限多样的大自然确实是取之不竭的美的宝库,任何一个人即使毕其一生走遍天涯也不可能穷尽对自然美的探寻。人们把自然界当作美的源泉不是没有道理的,因为大自然母亲总是以她丰富的乳汁哺育着我们这些美的渴求者。但是,大自然的美虽然使我钦慕和赞叹不已,却同时也往往伴随着一种不满足感,看得多了总感到它不能充分满足人的更高的精神需要。原因很简单,因为它缺乏人的参与,不是由人的自由的自觉的活动创造出来的那种美。

这样,我最后把兴趣转向了艺术。正是在艺术里,我才觉得真正回到了自己的精神家园,才开始懂得美的真谛究竟何在。艺术是人的创造,通过艺术,我明白了人之所以为人的道理,也弄清楚了应该到哪里去寻找真正的美。人既然是从动物进化而来的,那么使人和一般动物区别开的又是什么呢?是人的物质生产劳动。人借助于自己的劳动改造了周围的客观世界,同时也改造了自己,使人成为人。诚然,动物为了维持生命和种的延续也要进行生产,但正如马克思所指出,动物的生产是片面的,只是在直接的肉体需要的支配下生产,而人之所以为人,就因为他超越了动物的这种局限性。人的生产是全面的,他甚至不受肉体需要的支配也进行生产,而且只有在这时才进行真正的生产。动物只是无意识地适应自然界,仅仅按照它所属的那个种的尺度和需要来生产。而人则不同,人类的特性是自由的自觉的活动,人"懂得按照任何一个种的尺度来进行生产,并且懂得怎样处处都把内在的尺度运用到对象上去;因此,人也按照美的规律来建造"[①]。当然,人的自由的自觉的活动并不限于艺术创作,人按照美的规律来建造的也不止艺术,而且艺术所表现的也不仅仅是美。可是艺术作为人的一种最富有代表性的自由

[①] 《马克思恩格斯全集》第42卷,第97页。

的自觉的活动，确实以最精练、集中、凝聚的形式把美提供给我们了。人在自由的自觉的艺术创作活动中，能动地、现实地复现自己，把自己的本质对象化了，并在自己所创造的艺术世界中直观自身。因此在某种意义上说，一部艺术史就是人在漫长的历史过程中自由的自觉的活动的真实记录，是人的精神成长史，同样也是美的创造史。人们不是要寻找美吗？就请到这里来探索吧！

（本文原为《美的找寻》自序，中国社会科学出版社1992年）

人的重新发现

——在意大利看米开朗琪罗

一 圣彼得的《Pieta》①

当你初次踏进梵蒂冈圣彼得大教堂的时候,你会身不由主地感到震惊和惶惑。这个建筑的宏伟和豪华,确实超出普通人的想象力,置身其中,不禁使人自惭形秽,觉得自己个人生命的渺小和短暂。康德在《判断力批判》里所说的"数学的崇高",在这儿充分显示了它的威力。无比庞大的结构,加上富丽堂皇的装饰和许多精美绝伦的艺术品,仿佛到处都在夸耀人间的上帝代理人的显赫的权势和财富。跪着向上帝膜拜,人在心理上首先就得矮一截。宗教建筑,尤其是中世纪基督教建筑艺术的秘密之一,就在于造成这样的心理效果。它使亲历其境的人产生自卑感,由于自我贬损而丧失他自己,从而俯首皈依万能的上帝。然而人向上帝供奉的越多,留给自己的就越少,人替上帝建造了巍峨的宫殿,自己却居住在简陋的

---

① 《圣母怜子像》,编者注。

茅棚里，这不是莫大的讽刺么？我就是带着这种异教徒的心情在这个堪称宗教建筑艺术的登峰造极之作的圣彼得大教堂里漫步，一面细细琢磨着它的美学含义，一面在头脑里产生了一个问题：难道在这个人们用双手建造的宗教殿堂里，人果真消失了吗？人，你在哪里？

突然间，我看到了人。那是米开朗琪罗的雕刻作品《Pieta》，母亲与儿子，人的存在的永恒的象征。一位看来还年轻的妇女，穿着像丧服似的长袍，坐在一块岩石上，右手把她死去的儿子抱在自己的怀里，左臂低垂，张开着手，仿佛表现出她内心的悲痛。她侧着头，双眼微睁，注视着躺在怀里的儿子的赤裸的躯体。儿子显然是刚刚从受刑的十字架上放下，手脚上都带有钉子的伤痕。他无力地依偎着母亲，生命已经离开了他的躯体，只是从他的修长而匀称的形体还能想象出其中曾经跳动着一颗炽热的心。但是，对于母亲来说，这不是一具冷冰冰的尸首。不！这是她的生命的一部分，她的亲骨肉，我们从她的爱抚的目光中就可以感觉到她对儿子倾注了全部的爱。她默默地忍受痛苦，这痛苦的深度只有她才能体会到，因为被钉上十字架的不是别人的儿子，而是她的儿子。这种个人的痛苦是无法代替的，任何人也不能分担，然而母亲却正是在这样沉重的痛苦里保持着人的尊严。没有哀号，没有哭泣，有的只是无言的悲伤和无边的爱。整个雕像群构成了一个不可分割的和谐的整体，内容与形式、精神与形体、理想与现实、深刻的思想性与精湛的技巧在这个作品里得到了高度的统一。内心的激动与希腊式的静穆、悲剧的崇高与温柔的女性美奇妙地结合在一起，使这个作品达到了尽善尽美的境界。米开朗琪罗在完成这个杰作时年仅26岁，这简直令人难以相信。要把一块卡拉拉的大理石变成这样一件举世无双的艺术品，这需要一双多么神奇的手啊！

大家知道，所谓《Pieta》是指表现圣母马利亚抱着耶稣基督的尸体而悲伤的艺术作品。在西方艺术史上，艺术家们创作的这一主题的作品何止千百，其中虽不乏著名的佳作，但都无法与米开朗琪罗的作品相匹敌。这是为什么？在我看来，米开朗琪罗的伟大在于他在《Pieta》中表现的不是宗教传说中的圣母和基督，而是有血有肉的活生生的普通人。马利亚不是那个由圣灵而受孕的童贞女，而是一位因失去儿子而悲伤的母亲；耶稣也不是那个传说能用五个饼和两条鱼使几千人饱餐一顿的救世主，而是一个死于酷刑的无辜受难者。宗教本来就是人的本质的异化，在宗教中，人一方面丧失了自己，另一方面却被加以神化和偶像化了。一旦解除了这种神化，偶像就倒塌了，于是真正的人就站在我们面前。米开朗琪罗在被基督教神化和偶像化了的人身上重新发现了人，在他的艺术作品中用人性代替了神性，这个功绩是值得大书特书的。我不是说，米开朗琪罗自觉地要这样做。他没有放弃过宗教信仰，可是他毕竟是自己时代的儿子。即使他自己没有意识到他是在传统的基督教主题中注入了新的世俗的内容，文艺复兴时期的时代精神也推动着他去这样做。那个时期的一些卓越的人文主义者都没有完全摆脱宗教神学的影响，无神论思想只是刚开始在酝酿，神权统治的残余和人的觉醒还错综复杂地交织在一起。人文主义者的这种思想矛盾也同样反映在文学艺术中，人的诞生还得通过宗教的胚胎，米开朗琪罗的理想的女性只能披着圣母马利亚的外衣出现。

在圣彼得大教堂的《Pieta》这个雕像群中，马利亚的形象无疑地占着最突出的位置，这也是米开朗琪罗所创造的女性美的最高典型。一般说来，对女性的崇拜是文艺复兴时期许多诗人和艺术家的共同特点，但丁对贝雅特丽齐的倾倒和彼特拉克对劳拉的赞颂是意大利文学史上著名的例子。米开朗琪罗的创作显然受到但丁和彼特拉克的这种影响，他也把自己对美的追求体现在女性形象的创造上。在当时的历史条件下，这种对女性的崇拜，不论它属于什么性质，都是对压制人性、否定人的正常感情的宗教禁欲主义的反抗，表现出人类对生活的热爱和对幸福的向往。根据专家的研究，《Pieta》中的马利亚的原型实际上是米开朗琪罗的母亲。这位大艺术家幼年丧母，他的母亲去世时正是雕刻中的马利亚的年龄，因此马利亚显得如此年轻，看来和她的三十几岁的儿子不大相称。事实上，当时有个名叫阿斯卡尼奥·康迪维的人，就曾为此提出疑问，而米开朗琪罗的回答是：像这样一位圣女是不受时间和物质规律的支配，不会年老的。这当然是遁词，但也只有像康迪维那样对真正的艺术缺乏真知灼见的人，才会提出这样的问题来。艺术有它自己的规律，有时并不能用我们日常生活的尺度去衡量它。至于说到像雕刻那样的造型艺术，那么正如莱辛在《拉奥孔》中所说，美就是造型艺术的最高法律，"凡是为造型艺术所能追求的其他东西，如果和美不相容，就必须让路给美；如果和美相容，也至少须服从美"[①]。应该说，米开朗琪罗是遵守造型艺术的这一最高法律的。不过他在马利亚的形象的创造中所追求的不仅仅是美，更本质的东西是他常年来对他没有享受到的母爱的渴望，这完全是一种世俗的人的自然感情的体现。《Pieta》之所以感人至深，其奥秘就在于此。

　　看了这个雕刻的杰作，使我想起了米开朗琪罗所创造的另一个马利亚的形象，那就是我在比利时布鲁日的圣母院里见到的《圣母与婴儿》。它也是米开朗琪罗青年时代的著名雕刻作品，创作的时间比《Pieta》要晚3年。《圣母与婴儿》在技巧上略有改变，但却同样体现着艺术家的那种世俗的感情。一个健壮而活泼的男孩光着身子

---

　　① 莱辛：《拉奥孔》，人民文学出版社，第14页。

倚立在母亲的双膝间，马利亚左手握着儿子的小手，右手轻按着一本书，似乎在沉思。这是一个普普通通的家庭生活场景，母亲和儿子都浸沉在人间幸福之中。米开朗琪罗再度把他对已故的母亲的亲切回忆塑造成圣母马利亚的形象，她不像《Pieta》中的马利亚那样富于悲剧性，相反地，她充分享受着生活，为有这样一个可爱的儿子而心满意足。两个马利亚虽然不同，却都是人，不是神，是人的母亲，不是圣子的圣母。米开朗琪罗使历来被神化了的马利亚重新变成了人。

二 亚当的诞生和最后审判

凡是去梵蒂冈参观的人，都一定会慕名前往西斯廷教堂，因为那里装饰着世界上最伟大的绘画（如果不是"最伟大的"，至少也是"最伟大的"之一）。正是在这些绘画中，米开朗琪罗的天才得到了最充分的发挥。诗人歌德说得好："没有看过西斯廷教堂的人，就不能理解单单一个人能完成什么样的成就。"

其实，西斯廷教堂在建筑方面并无出色之处，而且有点比例失调，有人曾讥讽地说它像一座有拱顶的谷仓。可是在这个"谷仓"里，从周围的墙上直到拱顶，布满了雄伟而瑰丽的绘画，是一个名副其实的西方艺术宝库。根据历史的记载，米开朗琪罗曾前后两次从事西斯廷教堂壁画的绘制，第一次画了拱顶，足足花费了4年时间；过了24年，他又画了教堂正面祭坛墙上的壁画，用了5年才完成。可以说，这位艺术巨匠把他一生中相当一部分最好的年华都贡献给这些绘画了。原先在教堂两侧的墙上已装饰着一些著名画家如波蒂切利、罗赛利、平图里奇奥和彼鲁奇诺等人以摩西和耶稣的生平为题材的12幅精美的画，当时的教皇优里乌斯二世对拱顶天花板上的平庸的绘画感到不满,把重新装饰天花板的重任交付给米开朗琪罗,并给予他创作的自由。米开朗琪罗本来不愿接受这一任务,认为自己是雕刻家,并不擅长绘画,他甚至怀疑这件事背后有阴谋诡计,是著名的圣彼得大教堂的建筑师勃拉曼特出的坏主意,存心要看他出丑。为了争一口气,他勇敢地接受了挑战,施展出他的全部才华,在脚手架上辛勤地工作了1000多天,终于完成了这一包括343个人物形象的鸿篇巨制(平均每4天创造一个人物形象!),证明他自己不仅是一位伟大的雕刻家,而且同时也是举世无双的最杰出的画家。西斯廷教堂由于天花板上米开朗琪罗的绘画而在艺术史上永垂不朽,两侧墙上的那些名家的精品都相形见绌,显得黯然无光。无怪乎来到教堂参观的人,都抬头仰望,直到颈酸眼花而后已。我自己就有幸享受过这种颈脖发酸的乐趣,留下了永远难忘的印象。

一天下午,我随着参观的嘈杂人群走进了西斯廷教堂,午后的光线从教堂上端的拱形长窗射入,把整个教堂照亮。人们忽然鸦雀无声,一片寂静,因眼前所展现的一派雄伟的景象而吃惊得目瞪口呆。这真是前所未见的旷世奇观!数百个栩栩如生、神态各异的人物,从拱顶的天花板上俯视着我们,他们好像来自另一个世界,但看来又如此面熟。每个人物都有这样强烈而鲜明的个性,同时又是高度典型化的。米开朗琪罗以宏大的气魄,根据《旧约》中的圣经故事,描绘了宇宙和人的生成。从开天辟地到泛滥全球的大洪水等9个场面,形象地表现了人的诞生、堕落、苦难和斗争的历史,向人们提供了一部关于人的壮丽诗篇。米开朗琪罗的这一作品被誉之为"画中之王",托尔奈把它称之为"文艺复兴的神曲",这些崇高的评价确是它当之无愧的。中世纪以来有多少画家曾经以圣经故事作为题材,可是谁也没有取得像米开朗琪罗那样的成功。这是为什么？我想，答案很简单，那就是因为他把人放在中心的地位，使人摆脱以往的屈辱状态而重新恢复了应有的尊严，他以前的画家，谁也没有能像他那样以高超的艺术手段去表现人的胜利。有的评论家指出，在米开朗琪罗的这一系列壁画里，一切都是围绕着人而展开的。这一看法颇有道理。实际上，画中真正的主角是人，不是上帝，尽管从画面上看上帝是整个宇宙和人的创造主。上帝被描绘成一个长着大胡子的孔武有力的老汉，他确实法术无边，制造光明，开天辟地，创造日月星辰，在创造中表现了旋风般的强大力量。但是，他的最高创造是人，所以人的诞生被放在整个壁画的中央，特别是亚当的诞生自然而然地成为观赏者们注意的中心。请看亚当这个人类的祖先，他是一个多么了不起的杰作啊！他赤裸着身体侧卧在真正养育他的大地上，用右臂支撑着上半身，左手伸向远方，与此相对称，右腿贴着地面伸直，左腿则高高蜷起，仿佛他刚刚从睡梦中苏醒，准备站立起来了。他显得这样年轻美貌，聪明的面孔，发达的肌肉，强健的气魄，充满着青春的活力。相形之下，处于画面上方的那个万能的造物主却须发皆白、老态毕露，似乎他在创造出人类以后也就耗尽了他的力量。人诞生了，他将成为大地的主人，上帝却老了，要退出历史舞台了。我想，这大概不是米开朗琪罗的本意，可是在他的画里却不自觉地隐伏着这种异教的叛逆精神的萌芽，这是他极力提高人的地位所造成的必然结果。

米开朗琪罗所创造的亚当不是上帝的作品，而是文艺复兴时期人的理想的充分完美的艺术体现。人们常说，所谓文艺复兴是复兴在漫长的中世纪被遗忘了的希腊、罗马的古典文化，包括恢复古典文化中对人的地位的尊重和强调。这话有一定的道理。索福克勒斯在悲剧《安提戈涅》中说："世界上奇物珍宝可真不算少，像人这样惟妙的却很难找。"哲学家普罗塔哥拉则宣称"人是万物的尺度"。这种把人看得高于一切事物、以人为本位的思想,确实在古典文化中有深远的影响。文艺复兴时期的思想家和艺术匠师们,不仅从幸免于毁灭而保存下来的古代文献,而且从罗马废墟中发掘出来的古代雕刻中获得启示,重新发现一个人的世界。这些都是确定无疑的。但是我总觉得米开朗琪罗所描绘的人有着过去所没有的新东西。这究竟是什么呢?我陷入了沉思。

按照《圣经·旧约》中"创世记"的说法,人是上帝照着自己的形象造的,因此人在所有的生物中最接近于上帝。所以,人作为万物之灵高于一切生物的看法并不新鲜,而且完全可以在宗教神学中找到根据。文艺复兴时期的伟大思想家们对人的理解的主要之点不在这里,米开朗琪罗通过他的艺术告诉我们的也不是这一点。不,人的伟大并不在于他是什么,而在于他能够成为什么,能够做什么。米开朗琪罗的年长的同时代人皮科·米朗多拉,在他的著名的论人的尊严的演说中最清楚地说明了对人的这种新的理解,后来布克哈特把这一重要演说称为"那个伟大时代的最高贵的遗产之一"。皮科说:"人是不能被赋予以任何固有的东西的。所以上帝把人作为一个具有不确定本性的生物来对待,并把他放在宇宙的中间,这样对他说:亚当呀,我们不给你固定的地位、固有的形态和任何一个特殊的职守,以便按照你的志愿,按照你的判断,取得和占有你自己所希望的那种地位、那种形态和那些职守。其他所有事物的本性都是受限制的,被限制在我们所规定的那些法则的范围内。你却不受任何限制,可以按照我们给予你的自由意志去规定你自己的本性。我们把你放在世界的中央,为的是使你能够更方便地观察世界上的一切。我们把你造成为既不属于天上也不属于地上、既不是与草木同腐也不是永远不朽的生物,为的是使你有选择的自由和荣誉,作为你自己的创造者和铸造者,能够把你自己铸造成你想要的那个样子。你有力量堕落到生命的低级形式，成为野兽，你也有力量出于你灵魂的判断而在更高级的形式中再生，成为神明。"①

我认为，皮科的这番话为我们理解米开朗琪罗以至整个文艺复兴时期的艺术提供了入门的钥匙。在古希腊罗马世界，人（当然是指自由民，奴隶不包括在内）曾是一个崇高的称号，不过他始终生活在命运的阴影下，他的自由未能摆脱这种超自然的力量的摆布，由此产生了像俄狄浦斯那样的悲剧性的艺术形象。斯多葛派哲学家辛尼加于是发出了"愿意的人，命运领着走；不愿意的人，命运拖着走"的感叹。文艺复兴时期理想的人，绝不是这种古代意义上的人的复活，他不再受命运的支配，而反过来要由自己决定自己的命运。人的尊严正在于他的自决的能力，其他一切生物终生都要服从于它们从母体承受得来的天性，唯有人能够自由地发展自己，选择自己的道路。这正是人超越于一切生物之上的原因。在这个意义上说，人不是上帝的创造，而是自己创造自己；人的价值也不是上帝所赋予的生而俱来的东西，而是人自己所创造。人并没有抽象的、固定不变的人性，一切都有待于人自己去创造。这样理解的人不是更伟大、更崇高么？米开朗琪罗笔下的人的形象，其最大的特色就是具有自主的创造性，人的所作所为不管是好是坏都是出于自己的选择，换句话说，也就是人成为真正自立的主体。那个亚当身上就蕴藏着巨大的创造力量，看到他就可以想象这位大地的新主人将会干出何等轰轰烈烈的事业来。说穿了，就连这个开天辟地的上帝也无非是人的无限的创造能力的幻想化，是人的本质力量的投射。有

---

① 卡西勒、克里斯泰勒、伦德尔编：《文艺复兴时期人的哲学》，1967年英文版，第224—225页。

一位法国哲学家说，每个人内心里都想成为上帝。这句话听起来狂妄，倒也有一定的道理。米开朗琪罗的作品启示我们的不是上帝的万能，而是人的伟大。从这里如果再前进一步，那就会引申出青年黑格尔派的结论：上帝已经死了，只有人还活着。①

上帝死了，人只能自己照顾自己。人既然被给予了选择的自由，那无论他行善或作恶，他都必须为他自己的一切行为负责。用这样的观点去看西斯廷教堂里米开朗琪罗的另一幅巨型壁画《最后审判》，就可以得到一种新的理解了。《最后审判》是米开朗琪罗刚进入老年时期的杰作，完成于1541年。新任的教皇保罗三世把绘制这幅装饰教堂正面墙的壁画的重任交付给他，为的是想借助于这一艺术作品来宣传同异端思想作斗争和整肃教会内部的道德。有的研究者也根据米开朗琪罗本人的宗教信仰，解释成他反对宗教改革、放弃文艺复兴时期人道主义思想的重要例证。我倒不这么看，我觉得对这个作品完全可以从另一种不同的观点去理解。让我们来看一下这《最后审判》的浩大场面吧。米开朗琪罗向我们展示了一幅人间的众生相，画面上密密麻麻地满布着上百个处于各种运动状态的人物，有的喜出望外，有的惊恐万状，有的在祈求和期待，有的因绝望而悲伤，有的在冷眼旁观，有的在抱头反省，有的在努力奋进，有的在痛苦挣扎，有的在向天堂飞升，有的在向地狱沉沦。站在他们中间上方的则是末日的审判者耶稣基督，但这是一个什么样的基督呀！他不是那个甘愿为承担人类的罪恶而被钉上十字架的基督，也不是那个以慈悲为怀、劝恶行善的基督。他倒像一个复仇之神，魁梧的身材，表现出充沛的力量，他高举右手，根据人们的

---

① 人们通常把"上帝死了"这句名言归功于尼采，其实这是一个误解。早在尼采之前，青年黑格尔派鲍威尔就说出了同样的话。

行为无情地进行判决。他和大家所熟悉的作为受难的救世主的传统的基督形象相距何止千百里,甚至可以说在他身上散发出异教的气息。有人说这个基督看来像带着钉痕的阿波罗,这是有道理的。无怪乎当时教廷的一位高级人士对这幅壁画感到不满,挖苦地称之为"充满裸体的公共浴场",他正是意识到了这一作品中与宗教格格不入的世俗精神。在米开朗琪罗的这个最富于宗教性的作品中,非宗教性的东西最多,这似乎是矛盾,然而却又是事实。

所谓"最后审判"或"末日审判"当然是基督教的基本教义之一,而且同"世界末日"的虚幻概念紧密地联系在一起。米开朗琪罗通过他的壁画告诉我们的,却不是上帝对人的审判,而是人对自己的审判。因为人可以自己决定自己所走的道路,堕落为野兽或上升为神明,所以他对自己的行为负有严重的道德责任。其他动物则不然,它们的行为只是出于它们的自然本性,弱肉强食,大鱼吃小鱼,不存在什么道德责任问题,也用不到接受什么审判。唯有人才要为自己的行为受审判,不过这不是由上帝来判决,而是由历史来判决。根据《圣经·新约》的说法,罗马总督彼拉多在审判耶稣时曾提出"什么是真理?"的问题,当时耶稣并没有回答。米开朗琪罗的画似乎对这个千百年来令人困惑的问题提供了一个简捷的答案:真理在人间,在人自己的实践中,要由人自己去判断。

我知道,以上对米开朗琪罗的壁画的理解可能是相当主观而片面的,许多人会有不同意见。我不想把这种解释强加于人,或强加于米开朗琪罗的作品。应该说明,这不是经过历史的研究而作的科学的阐释,而只是一个无神论者在有机会观赏了这位文艺复兴的巨人的创作后所得到的个人感受和由此而引起的反思。

三 佛罗伦萨的大卫和自由

如果说佛罗伦萨不是意大利最美的城市，它至少也是最富于艺术性的城市。在这个文艺复兴的起源地和中心，从大大小小的博物馆、教堂、市政厅到街头广场，到处都可以看到那个时期艺术天才们的劳动结晶，其中最美而又最引人注目的仍然是米开朗琪罗的雕刻。

文艺复兴时期的佛罗伦萨和美第奇家族的名字是分不开的。这个权倾一时的豪富之家一直扮演艺术庇护人的角色，用他们的权势和财富帮助了包括米开朗琪罗在内的一些杰出的艺术家，不管他们的真正意图何在，客观上总算为艺术的发展做了好事。米开朗琪罗为美第奇家族的家庭专用小教堂设计和建造的该家族两个成员朱利亚诺（纳莫尔斯公爵）和洛伦佐（乌尔比诺公爵）的墓堂，现在已成为这个显赫的家族遗留下来的永恒的纪念碑。其实，在美第奇家族中，这两个人无论在事业和个人性格方面都是相当平庸的，而且都在青壮年时期早逝。米开朗琪罗为这两个平庸之辈所创作的两组雕像却被公认为艺术史上的不朽之作。

当我来到美第奇家族的教堂时，先参观了它的主要大厅，人们把它称之为"公侯教堂"，那里陈列着美第奇家族从考西莫一世到考西莫三世等6个最著名的大公的石棺。整个建筑内部都装饰着各种绚丽多彩的珍贵大理石和镀金的铜料，简直穷奢极侈到令人难以置信的程度。可是，尽管它闪耀着宝石般的光辉，却不知为什么给人以一种虚假的浮华之感。离开那里走到米开朗琪罗所设计的小教堂，则仿佛进入了另一个世界，这里没有豪华的装饰，庄严而简朴，深灰色的直线条的背景衬托着白色大理石的人物雕像，表现出一种静穆的古典美。这里笼罩着宁静的气氛，似乎摆脱了尘世间的一切纷扰，而把人们带进了永恒。两位公爵的雕像与其说是描绘他们个人的形象，倒不如说是揭示了人的普遍的精神本质。尤其是那位死于疯狂的年轻的洛伦佐，坐着用左手托脸，在进行沉思，似乎在思考那生活的意义。所以有人认为，后来罗丹的《思想者》曾深受《洛伦佐》的影响。斜身卧在两位公爵脚下的四个著名的雕像，象征着昼与夜、黎明与黄昏，略带一点神秘的意味，富有深邃的哲理性。白天过后是茫茫的黑夜，送走黄昏又迎来黎明，短暂的人生就在这循环往复中消磨殆尽。人为什么要活着？怎么才能生活得有意义？米开朗琪罗迫使我们去思考这些问题。要做一个真正的人，就不能不去思考这些问题。这是人的不幸，因为这给予他这么多的苦恼；但这又是人的骄傲，因为这使他超越于其他一切动物而变得如此高贵。那位发疯的公爵在精神失常前曾经写下了他的这种苦恼，他感叹人生的无常，甚至一个幸福的人也不知道期待着他的是什么，因此发出这样痛苦的呼喊："没有感觉的石头啊，我真羡慕你！"石头的确没有感觉，没有痛苦，不会发疯，但如果人真的变得像石头一样，那就没有比这更可悲的了。有的研究者说，米开朗琪罗在创作这些雕像时，经常想到死的问题。这话也对，不过他绝没有对生活抱悲观的否定态度。这些雕像启迪我们的绝不是逃避生活而向往虚无缥缈的来世，而是对短暂的人生的意义的积极探索。

美第奇家族墓堂里的雕像固然发人深思，但我以为最能代表米开朗琪罗的人的理想的艺术作品，还要推艺术学院陈列馆里的那座举世闻名的雕像《大卫》。

《大卫》原先是佛罗伦萨共和国委托米开朗琪罗作为自由的象征而创作的。他用4年时间从一块被别人雕刻过而受到损坏的巨大的大理石中，塑造出文艺复兴时代人们热烈向往的理想的人的典型形象。可是，这座雕像完成后放在广场上供公众欣赏却引起了很大的争议，它宛如晴天霹雳使某些人感到震惊，它不仅遭到反对，甚至有人还向它投掷石块，而不得不派人守卫。后来这场争议才告平息，《大卫》被人们普遍地接受而被尊崇为热爱自由的时代精神的体现。19世纪70年代，为了保护这座雕像免遭风雨的侵蚀，决定把它移置于艺术学院而在原处用复制品代替。说实在的，艺术学院陈列馆里精彩的艺术作品并不多，它的收藏根本不能和佛罗伦萨的两大艺术中心乌菲齐和皮蒂相比，川流不息的人群来到这里就是专程来看《大卫》的。它之所以能够成为人们景仰的艺术殿堂，就是因为它拥有《大卫》这尊"主神"。

在艺术学院陈列馆里，《大卫》这座雕像确实享受着特殊的待遇。它被单独安放在一间宽敞而明亮的圆顶大厅里，这是建筑师埃米利奥·德·法布利斯专门设计的。光线从四面投射在洁白的大理石雕像上，使它显得格外光彩照人。我怎么也没有想到《大卫》是这样的高大，但这首先不是指尺寸上的高大，而是精神上的高大。他赤身裸体站在那里，安详自若，朝气蓬勃，英姿焕发，但又带有几分稚气。他看来充满着自豪，甚至略有一点儿自我满足的味道，却毫无骄矜之气。他表现出充分的自信、勇敢和沉着，而又并不鲁莽。健美的体魄和崇高的精神结合成一个和谐的整体，雄劲而刚强的身躯中又含有秀美的成分。看到这样的一个形象，人人都会说：这是一个自由的人，只有在自由的环境下才能生长和发展起来的人。面对着《大卫》，我觉得似乎一切赞美的言辞都变得苍白无力而成为多余的东西了，如果一定要用一句话去形容他，那么我想说：他就是一个真正的人应该是的那个样子。

我在西方国家的一些博物馆里看到过不少以牧童大卫为题材的艺术作品，大多是描述这位牧羊青年在战胜了强敌歌利亚之后的情景，米开朗琪罗的这个雕像则是奔赴战场前的大卫。我们可以想象得到，迎接这个年轻人的是一场多么残酷的战斗和严峻的考验。从表面上看，决斗的双方确实力量悬殊，大卫还未经过战争的洗礼，毫无经验，他不穿战衣，唯一的武器是一个投石器；而他的对手歌利亚则身高力大，披甲戴盔，手持重武器，仗着武艺超群，骄横不可一世。但是，从精神上来说，大卫这个初生之犊却比他的武装到牙齿的凶恶敌人高得无可比拟。看到他，就会使人相信他将是这场战斗的胜利者，因为他代表着人的未来。米开朗琪罗选择的场面不是凯旋的大卫，他用不着把歌利亚作为陪衬去表现大卫的力量。大卫的强大是内在的，首先就在于他所体现的那种本身自足的自由的精神。米开朗琪罗没有辜负人们的期望，创造了这样一个自由的象征。我不知道这样卓越的艺术作品在当时为什么居然有人反对，我想，它的鲜明的思想倾向也许是一个重要原因吧。

黑格尔在某一个地方说过，"人是自由的生物。这是人的本性的基本定义"。这种说法虽然略显空泛，却代表一定的真理。人固然不是像卢梭所断言的那样生而自由，他的自由是经过许多世代的斗争（与自然的斗争和人与人的斗争）争取得来的，可是如果没有自由，人也就不成其为名副其实的真正的人。正是在这个意义上可以说，人的历史就是实现自由的历史，从必然王国走向自由王国的历史。米开朗琪罗未必已经达到这样的哲学认识，但他的某些作品却仿佛为此提供艺术的例证。就拿陈列在艺术学院里的另一些米开朗琪罗的未完成的杰作来说吧。那是他为教皇优里乌斯二世墓创作的以战俘（奴隶）为题材的一组雕像，其中已完成的2座现存于巴黎卢浮宫博物馆，即享有盛誉的《英雄的战俘》和《垂死的战俘》，其余4座未完成的雕刻作品则由艺术学院收藏，陈列在通往《大卫》展览厅的廊道两侧。我觉得它们具有深刻的象征意义，似乎在告诉人们，人在通往自由的道路上需要付出多么昂贵的代价。

按照黑格尔《精神现象学》里的说法，主人与奴隶的区分是两个自我意识进行生死斗争的结果，主人之所以成为主人，是因为他不害怕死亡而甘冒自己生命的危险；奴隶之所以成为奴隶，则是因为他害怕死亡并把自己的生命看得高于一切。黑格尔的这种见解并不高明，他的伟大之处在于深刻地论述了奴隶通过强迫劳动在改造客观世界的劳动过程中获得了独立的自我意识，而成长为真正的人，从而使主人和奴隶的地位发生相互转化。在奴隶由一个物变成真正的人的过程中，黑格尔强调劳动的陶冶作用和对死的恐惧这两个环节。这里面包含着深刻的道理，只是后一个环节被后来某些存在主义者所极度夸大和歪曲了。米开朗琪罗的这组雕刻，则仿佛向我们揭示了真理的另一面：奴隶要摆脱身上的桎梏，恢复独立意识而成为真正的人，还需要通过不断的反抗和斗争。我还记得在卢浮宫看到的米开朗琪罗的那两座奴隶战俘的雕像，英勇的战士被反绑着双臂，还在极力挣扎，那充分表达叛逆精神的眼光简直叫敌人胆战心惊；而另一个战士虽然在受尽折磨后奄奄一息，却还在勉强支持，宁愿站着死去。在他们身上看到的不是屈服、顺从和对死亡的恐惧，倒是愤怒、抗拒和反叛。艺术学院里陈列的同一组作品都未完成，有的只经过粗粗雕凿，刚刚显出人形，但却别有艺术趣味。那粗糙的大理石块就像无形的枷锁那样束缚着人的形体，而人仿佛在其中死命地挣扎，这样痛苦而又这样坚忍不拔，为的是要摆脱那沉重的压迫而成为一个真正的人。尽管这些未完成的作品在审美价值上不能和卢浮宫里米开朗琪罗的雕刻相比，它们却给我留下了同样的印象。我大胆地设想，如果把这一组雕刻作品命名为《自由》，也许是恰当的。

除了这一组雕像以外，米开朗琪罗同时还为优里乌斯二世墓创作了著名的《摩西》。在访问佛罗伦萨后回到罗马，我特地慕名前往文珂利的圣彼得罗教堂去观赏那座雕像。我满怀希望而去，结果却失望而归。坦率地说，这是米开朗琪罗作品中唯一使我不满意的作品。它在艺术上是高超的，无可挑剔，表现了纯熟的技巧。可是那个摩西却实在令人生厌，他太聪明了，显得这样老谋深算、睿智超人，似乎生来就是以色列人的领袖和救星，专门教训人，为人们制定诫命。他不像一个人，倒像一个神。他不会给人们带来真正的自由，倒在为人们锻造新的思想枷锁。要是一个人的成熟意味着精神上的僵化和衰老，我宁可不要这种成熟，而选择牧童大卫的那种幼稚的思想青春。作为人的艺术形象，大卫无疑要比摩西具有更大的魅力。

　　布克哈特曾经把意大利文艺复兴时期的文化概括为人的发现。这是一个很精辟的见解。我只想补充一句：这是人的重新发现，因为人的第一次发现已经在古希腊艺术中实现了，而米开朗琪罗则在这第二次发现中扮演了最重要的角色。把神变成人，用人性去代替神性，把自由作为人的本性，确立人的自主的创造性，引导人们去思考人生的意义，这就是我在意大利看了米开朗琪罗的作品后所获得的一些粗浅的印象。

在莎士比亚故乡看《麦克白斯》
——关于悲剧的一些思考

到了希思罗机场,刚踏上英国的国土,就想起了莎士比亚。过去有人说,英国宁愿失去印度,也不能没有莎士比亚。这话有一定的道理。大英帝国在印度的殖民统治固然在一个时期内给它带来了巨大的财富和霸权,却在世界历史上留下了遭人唾骂的可耻的一页。而莎士比亚则为英国赢得了真正的光荣,历数百年而不衰,其影响之深远在文学史上也是少见的。因此,如果要在二者之间进行选择的话,我看选择后者倒是更为明智的。

出于对莎士比亚的崇敬,我利用学术访问的间隙,在一个周末专程前往他的故乡斯屈拉福德参观,度过了难忘的两天。尤其是,我受到英方邀请单位的盛情款待,在举世闻名的皇家莎士比亚剧院看了一场戏,留下了不可磨灭的印象。

位于艾冯河岸的斯屈拉福德是个不大的市镇,似乎到处都能看到莎士比亚的印记:莎士比亚故居,莎士比亚博物馆,莎士比亚念过书的学校,以莎士比亚的名字作为招牌的商店、饭店、旅馆,在礼品店里摆满了与莎士比亚有关的纪念品,甚至在餐厅里的菜单上也印着莎士比亚的肖像,在我住宿的莎士比亚旅馆里每个房间都以他笔下的剧中人命名如哈姆雷特间、罗密欧与朱丽叶双人间等等。我觉得，为了适应于旅游业的需要，莎士比亚在这里已经在相当程度上被商品化了，变成了招徕顾客的手段，只有在剧院里这位伟大的诗人才仍然保持着自己充分的尊严，没有沾上多少铜臭味。

　　皇家莎士比亚剧院是一个历史悠久的艺术演出团体，一向以其表演艺术的精湛和严肃而享有很高的国际声誉。自从20世纪60年代以来，它所获得的各种国家奖和国际奖已超过200项。剧院的创始一直可以追溯到一百多年前，1864年在斯屈拉福德举行了一次莎士比亚戏剧节，演出包括6个剧目，后来当地的一位殷实的酒商捐赠了一块地皮并发起募捐运动，建立一个永久性的剧院。1879年剧院建成，但于1926年毁于大火。现在的剧院是后来重建在1932年启用的，当时是英国设备最好的剧场，可容纳1100位观众，今天当然已经显得陈旧了。30年前，剧院改组扩大成为演出公司，把活动范围扩大到伦敦，又陆续兴建了几个大小剧场，除了演出莎士比亚的戏剧外，也演出莎翁同时代其他作家的剧本和现代西方戏剧作品。古典传统与现代性的结合，是他们的宗旨。就拿他们演出的莎剧来说吧，在忠实于原著精神的同时总是力求作出新的解释，在可能范围内使之具有一些现代生活的气息。

　　那天晚上我看的戏是《麦克白斯》，这是我有机会第二次观赏这部悲剧的舞台演出，前一次是好几年前在美国波士顿看一个美国剧团演的，似乎并没有什么特别感人之处。这次皇家莎士比亚剧院的演出要成功得多，演员阵容强大，扮演麦克白斯的普莱斯和扮演麦克白斯夫人的柯莎克这两位男、女主角，都有丰富的舞台经验，担任过其他莎剧中的一些重要角色如哈姆雷特、理查三世、苔丝德蒙娜、朱丽叶等等，而且经常参加电影、电视的演出。其他演员也都称职，配合默契，演技纯熟。有点出人意外的是导演对该剧的处理。过去我看过的那次演出比较含蓄,突出阴险密谋的气氛;这次的演出则火药味十足,演员的舞台动作的幅度大,调门高,突出的是狂妄的野心和凶残的暴力,很有几分现代的风格。不过据我想,这也并不违背莎士比亚原著的精神,因为照布雷德莱在其权威性著作《莎士比亚的悲剧》一书中的看法,《麦克白斯》是一部最激烈、最浓缩、最可怕的悲剧。①

在莎士比亚的悲剧中,《麦克白斯》是最短的一部,这次演出时又删节了原本中的大约150行对白,因此全剧演出一气呵成,没有幕间休息,仅两小时就结束了。可这是多么令人难忘的两小时,散戏后回到旅馆之后,我的心情仍久久不能平静。我反复思考这样的问题:为什么莎士比亚能把《麦克白斯》写成一部悲剧?而这部悲剧给人们的启示又究竟是什么?

在莎士比亚的所有悲剧中,至少是在人所公认的四大悲剧中,恐怕《麦克白斯》是最不适宜于作为悲剧题材的。麦克白斯在历史上倒确有其人,他在1040年谋杀了邓肯,当上了苏格兰国王,在位17年,是个相当能干的君主。莎士比亚编写这个剧本主要取材于霍林雪德的《编年史》,当然也增添了许多艺术虚构的情节,但麦克白斯弑君篡位的基本事实是不错的。如果用传统的世俗观点去看的话,麦克白斯显然不是"好人""忠良",而属于"坏人""奸雄"的范畴。自从亚里士多德的《诗学》问世,人们对什么样的人能充当悲剧人物的问题似乎就形成了一个固定的看法,认为恶人不宜于充当悲剧的主角。理想的悲剧人物应如亚里士多德所说,"他不十分善良,也不十分公正,而他之所以陷于厄运,不是由于他为非作恶,而是由于他犯了错误,这种人名声显赫、生活幸福,例如俄狄

---

① 参阅布雷德莱:《莎士比亚的悲剧》,英文版,第276页。

浦斯、提厄斯忒斯以及出身于他们这样的家族的著名人物"[①]。就莎士比亚悲剧中的主人公来说，大多数是基本上符合这个要求的，如哈姆雷特、奥赛罗、李尔王等等。理查三世的情况当然不同，但是《理查三世》这个戏能否算作悲剧还有争议。麦克白斯和理查三世有几分相似，为了实现自己的政治野心可以不择手段，借助于暗害凶杀而爬上王位，双手沾满鲜血，无疑是属于亚里士多德所指出的"为非作恶"之辈。那么，为什么这样的人居然能成为悲剧的主人公呢？

记得有一位研究悲剧理论的哲学家曾经指出，在古希腊以后的悲剧诗人中，莎士比亚之所以独步剧坛、高人一头，并不是由于他在安排戏剧的情节和结构方面有什么高超之处（例如他的名剧《哈姆雷特》的结构就不够严谨），而是由于他所塑造的人物性格和诗的语言使其他人相形见绌。[②]这个看法是很有见地的。我们在这里且不谈莎士比亚的语言，因为根据译文，哪怕是第一流的译文去鉴赏诗的语言几乎是不可能的。就《麦克白斯》来说，重要的是人物的性格，正是莎士比亚在很大程度上成功地塑造的男女主人公的悲剧性格造就了这部誉满天下的悲剧。我以为，酿成这场悲剧的与其说是麦克白斯夫妇的所作所为，倒不如说是他们的复杂而矛盾的可怕性格，悲剧只不过是这种性格发展的自然的结果罢了。

麦克白斯是怎样的人呢？莎士比亚的悲剧里有一些纯粹的恶徒充当反面角色，如克劳狄斯、亚果、爱德蒙等等，麦克白斯却不是他们这一类人。在悲剧的第一幕，这位主人公是以战功卓著的英雄的面目登场的，他外御强敌，讨平叛逆，屡战屡胜，为国家立下

[①] 亚里士多德：《诗学》，Ⅶ，1453a。
[②] 参阅考夫曼：《悲剧与哲学》，1968年纽约版，第272页。

了汗马功劳,他的爵位并不是靠钻营拍马得来的,正如他的表兄邓肯国王所说:"你的功劳太超越寻常了,飞得最快的报酬都追不上你……一切的报酬都不能抵偿你的伟大的勋绩。"①可是正当麦克白斯加封晋爵、开始飞黄腾达的时候,他对权力的欲望也无限地膨胀起来,在剧中这是以女巫们的预言的形式向人们宣示的。从表面上看,麦克白斯的政治野心似乎是由于女巫预言他将成为未来的君王而引起的,实际上莎士比亚借助于这种超自然的因素只是为了揭露悲剧主人公久已在内心深处萌发的欲念而已。女巫的祝福最多只是促使麦克白斯加快行动的外部因素,况且女巫给他的只是模糊的暗示,并没有明确叫他做什么。因此他以后的所作所为,一连串的密室策划和谋杀,都出于他和妻子两人自己的选择,绝对没有什么力量迫使他们这么做,只能由他们自己负责。这样看来,他们后来遭到的悲剧结局是他们自身的行动造成的,他们既然作出了实现自己野心的可怕的选择,就必须为自己的选择承担责任。麦克白斯自己也清楚这一点,他说:"没有一种力量可以鞭策我实现自己的意图,可是我的跃跃欲试的野心,却不顾一切地驱着我去冒颠踬的危险。"尽管在过去弑君篡位一直被目为大逆不道的头等大罪,但是总有人甘冒这样的风险,在中外历史上,统治集团内部为了觊觎王位而骨肉相残、兵戎相见的事例难道还少见吗?成功的,成了真命天子;失败的,当然就是万人唾骂的叛贼,官方的历史就是这样写的。如果《麦克白斯》写的仅仅就是这么一个历史上屡见不鲜的野心家阴谋篡权的故事,那它也未必能成为一部传世之作。这部悲剧之所以取得成功,是因为它极其深刻而生动地刻画了麦克白斯及其夫人这一对阴谋家的复杂性格和犯罪前后的矛盾的心理状态。在世界文学提

---

① 本文中引自《麦克白斯》的文字均采用朱生豪《麦克白》的译文。

供给我们的丰富多彩的人物群像中,像这样的典型确实还不多见。

我们先来看麦克白斯。这个在战场上所向披靡的勇士其实内心里并不像表面上看来那么勇敢刚强,他野心勃勃、阴险残忍,可是同时在精神上却是一个懦夫。当他听到女巫的预言,产生想篡夺王位的邪念时,就不由自主地感到心惊胆战。他自问:"假如它是吉兆,为什么那句话在我脑中引起可怖的印象,使我毛发悚然,使我的心全然失去常态,卜卜地跳个不住呢?想象中的恐怖远过于实际上的恐怖;我的思想中不过偶然浮起了杀人的妄念,就已经使我全身震撼,心灵在胡思乱想中丧失了作用,把虚无的幻影认为真实了。"但是,权力的诱惑实在太强烈了,使这个内心里相当怯懦的人变得大胆起来,干出他自己也害怕的事情。他作了这样的自白:"星星啊,收起你们的火焰!不要让光亮照见我的黑暗幽深的欲望。眼睛啊,别望这双手吧,可是我仍要下手,不管干下的事会吓得眼睛不敢看。"应该说,最了解他的还是他的妻子麦克白斯夫人,这个一直在撺掇他篡位的女野心家所担心的,也就是她丈夫的性格中的这怯弱的一面。所以她说:"我却为你的天性忧虑:它充满了太多的人情的乳臭,使你不敢采取最近的捷径;你希望做一个伟大的人物,你不是没有野心,可是你却缺少和那种野心相连属的奸恶;你的欲望很大,但又希望只用正当的手段;一方面不愿玩弄机诈,一方面却又要作非分的攫夺;伟大的爵士,你想要的那东西正在喊:'你要到手,就得这样干!'你也不是不肯这样干,而是怕干。"麦克白斯确实是陷于想干而又怕干的矛盾之中,迟迟下不了决心去采取坚决的行动。这不是出于道德的考虑,也不是出于怜悯和同情,因为对他那样的人,所谓良心是没有什么约束力的。那么,他怕的是什么呢?怕的是报应,这是在当时历史条件下一个个人野心家所唯一害怕的东西。用现代的语言来说,就是他怕承担自己行动的后果,因为他知道"在这种事情上,我们往往逃不过现世的裁判;我们树立下血的榜样,教会别人杀人,结果反而自己被人所杀;把毒药投入酒杯里的人,结果自己也会饮鸩而死,这就是一丝不爽的报应"。一方面他明明知道使用非法手段攫取权位就像是"穿上借来的衣服";另一方面他又克制不了自己强烈的权力欲,总是跃跃欲试,同时又怕受报应,想偷火里烤着的栗子,又怕烫了自己的手。这种矛盾的心理构成了麦克白斯的特殊性格。

在这部悲剧里,麦克白斯的这种性格有时是以他的幻觉的形式表现出来的,多次出现的幻觉使这部戏更富于神秘的意味,同时也更形象地揭示出主人公的内心世界。他第一次出现幻觉是在他打算谋刺邓肯国王的那个恐怖的夜晚,他正在犹豫的时候,在他眼前突然晃动着一把匕首,他想抓住它却又抓不住,仿佛是在指示他所要去的方向,告诉他应当用什么利器。关于这把浮现在幻觉中的匕首,布雷德莱说得好:麦克白斯不是因为看到空中有把匕首,就去刺杀邓肯;而是因为他要去刺杀邓肯,才看见空中有把匕首。[①]在他杀了邓肯之后,他又陷于极度的神经紧张之中,心惊肉跳,耳朵里又仿佛听见一个声音喊着"麦克白斯已经杀害了睡眠","麦克白斯将再也得不到睡眠!"。自己这双沾满血迹的手,也使他惊恐万状,且听他说:"这是什么手!嘿!它们要挖出我的眼睛。大洋里所有的水,能够洗净我手上的血迹吗?不,恐怕我这一手的血,倒要把一碧无垠的海水染成一片殷红呢。"这场戏事实上是全剧的高潮,麦克白斯的性格在这里表现得淋漓尽致。当然,这不是说他的性格在以后没有进一步的发展。他用阴谋暗杀和栽赃陷害、杀人灭口的手段攫取了王冠之后并未到此止步。权力使人腐蚀,绝对的权力使

[①] 参阅布雷德莱:《莎士比亚的悲剧》,第21页。

人绝对地腐蚀。为了维护和巩固他篡夺得来的权力，他不惜以血腥手段消灭一切被他怀疑为潜在威胁的过去的战友，用他自己的话来说，"以不义开始的事情，必须用罪恶使它巩固"，"我已经两足深陷于血泊之中，要是不再涉血前进，那么回头的路也是同样使人厌倦的"。但是，不断杀人却并没有使他感到更为安全。在他伪善地为招待群臣而举行的盛宴上，他再一次产生幻觉，看到刚被他派刺客谋杀的大将班柯的鬼魂坐在他自己的座位上，使他大惊失色，在群臣面前大为失态，精神上几乎濒于崩溃。麦克白斯虽然最后败于众叛亲离，战死疆场，实际上在内心的痛苦折磨下早已是一个半死的人了。他对妻子说："我们为了希求自身的平安，把别人送下坟墓里去享受永久的平安，可是我们的心灵却把我们折磨得没有一刻平静的安息，使我们觉得还是跟已死的人在一起，倒要幸福得多了。"这个野心家和阴谋家费尽心机，用亲友和同伴们的尸体铺路，爬到了权力的顶峰，到头来却发现这毫无意义。直至决战之前他终于认识到这一点，说出了自己的心里话："我们所有的昨天，不过替傻子们照亮了到死亡的土壤中去的路。熄灭了吧，熄灭了吧，短促的烛光！人生不过是一个行走的影子，一个在舞台上指手画脚的拙劣的伶人登场片刻，就在无声无臭中悄然退下；它是一个愚人所讲的故事，充满着喧哗和骚动，却找不到一点意义。"莎士比亚对麦克白斯性格的刻画到这里才最后完成了。试问，一个人作了这么巨大的努力（尽管干的是坏事），付出了这么高昂的代价，流了这么多的血，承受了这么痛苦的内心折磨，最终却是一场空，这难道不是悲剧性的么？

我们再来看麦克白斯夫人。这位贵夫人的权力欲似乎比她的丈夫还要强烈，她心狠手毒，不受任何道德观念的约束，用她自己的话来说，"我曾经哺乳过婴孩，知道一个母亲是怎样怜爱那吮吸她乳汁的子女；可是我会在它看着我的脸微笑的时候，从它的柔软的嫩嘴里摘下我的乳头,把它的脑袋砸碎"。她不仅是和麦克白斯一起策划弑君篡位的同谋犯,而且在某种意义上可以说是幕后的唆使者。因为当麦克白斯犹豫不定的时候,她指责他是懦夫,"宁愿像一头畏首畏尾的猫儿",说"是男子汉就应当敢作敢为",竭力怂恿他去暗杀邓肯。她又教她丈夫如何扮演两面派、伪君子以骗取信任,口蜜腹剑:"您要欺骗世人,必须装出和世人同样的神气;让您的眼睛里、您的手上、您的舌尖,随处流露着欢迎;让人家瞧您像一朵纯洁的花朵,可是在花瓣底下却有一条毒蛇潜伏。"在那可怕的月黑杀人夜,她的表现似乎比麦克白斯更坚强。当他谋刺国王后惊慌失措、无法自持时,她冷静沉着地叫他不要胡思乱想,去拿些水来,把手上的血迹洗净,一点点水就可以替我们泯除痕迹。她甚至还替他去把凶器放在两个熟睡的侍卫身旁,在他们身上涂一些血,以布置伪证,嫁祸于人。在整个谋刺过程中她始终保持清醒,冷酷无情,工于心计,面对流血惨状而镇定自若,真是一个了不起的"女强人"。她事前是做好充分思想准备的,请听她的独白:"来,注视着人类恶念的魔鬼们!解除我的女性的柔弱,用最凶恶的残忍自顶至踵贯注在我的全身;凝结我的血液,不要让怜悯钻进我的心头,不要让天性中的恻隐摇动我的狠毒的决意!来,你们这些杀人的助手,你们无形的躯体散满在空间,到处找寻为非作恶的机会,进入我的妇人的胸中,把我的乳水当作胆汁吧!"这一段独白确实是绝妙的自供状,把这个毒如蛇蝎的女人的可怕的性格揭露无遗。但是,莎士比亚笔下的麦克白斯夫人却并不仅仅是这样的一个女人,如果仅仅是这样,她就成不了一个悲剧人物。问题在于,前面所述只是她的性格中的一面(虽然是主要的一面),实际上她的内心生活要比这更复杂得多。她和丈夫合谋弑君篡位,欺骗了世人,掩盖了罪行,当上了王后,似乎如愿以偿,可是并没有得到她预想中的幸福，却反而失去了心理平衡。她在公开场合善于隐藏真实的自我，应付得很好，还帮助丈夫掩饰，但在一人独处时却吐露出自己的失落感："费尽了一切，结果还是一无所得，我们的目的虽然达到，却一点不感觉满足。要是用毁灭他人的手段，使自己置身在充满着疑虑的欢娱里，那么还不如那被我们所害的人，倒落得无忧无虑。"这个十分要强的女人，批评自己的丈夫在众人前失态，失掉了"男子气"，实际上内心里也遭受着痛苦的折磨，不过她的内心活动不像她丈夫那样以幻觉的形式，而是以潜意识的形式表现出来。我觉得，麦克白斯夫人的梦游症是全剧中最令人惊心动魄的场面之一。在寂静的夜晚，女主人公身披睡衣，手持蜡烛，面色惨白，双眼直勾勾地望着前方，一方面做着洗手的动作，一方面在自言自语，唠叨着自己手上总是有洗不净的该死的血迹，埋怨说手上还是有一股血腥气，所有的阿拉伯香料都无济于事。这种梦游症是她的心灵的揭示，在舞台上虽然没有迅猛的动作和激动的语言，但却比其他场面更深刻地暴露出隐藏在她的意识深层里的秘密。麦克白斯请医生替她治病，要求医生医治她的病态心理，消除她的根深蒂固的忧郁和烦恼，用一种使人忘却一切的甘美的药剂，把那堆满在胸间、重压在心头的积毒扫除干净。医生则表示无能为力，说她并没有什么病，只是思虑太过，不断的幻想扰乱了神经，使她不得安宁，这只能靠病人自己去治。麦克白斯夫人最后的死也不是由于外部原因，而是她自己毁灭了自己。据我看，这倒应了《红楼梦》里的那句话："机关算尽太聪明，反误了卿卿性命"。像这样一位精明能干的女性，本来可以做一番有意义的事业，却经不住权力的诱惑，把精力无谓地耗费在上层贵族社会的内部争斗上，到头来还是害了自己。我们把这叫作悲剧，不是有充分理由吗？

布雷德莱在论及莎士比亚的这部悲剧时曾经指出："麦克白斯

夫人原以为她能够把自己正在吃奶的小孩的脑袋砸得稀烂，后来却被一个陌生人的鲜血的气味一直追逐到死为止。她的丈夫原想跳过生活的轨道以取得王冠，后来却发现王冠为他带来了生活的一切恐怖。在这个悲剧世界里，不论在什么地方，人的思想一旦见诸行动，就转变为它的对立面……不论他梦想做什么事情，他最终达到的总是他最少梦想到的事情，那就是他本人的毁灭。"布雷德莱的这一看法是颇有见地的，指明了悲剧中事物向对立面转化的辩证法，而且到人物的性格中去寻求悲剧的原因。只是他对莎士比亚悲剧的实质的进一步解释是不能令人满意的，因为他未能摆脱传统的命运观念，把它和道德秩序联系起来，并给悲剧增添了一层神秘主义色彩。他对悲剧性格的分析脱离一定的社会历史条件，没有注意到性格本身是在客观环境的强大影响下形成的。当然，莎士比亚的悲剧并不忠实于历史，不能把它们当作历史来看，但他在塑造悲剧性格时，从来都是把特定的社会环境作为性格的形成和发展的客观条件。在《麦克白斯》里，虽然着墨不多，但一开始就通过女巫们之口点明了那时代的特征就是："美即是丑，丑即是美"。发生惨祸的那天晚上，出现了许多奇怪的凶兆，有人听见一个可怕的声音，"预言着将要有一场绝大的纷争和混乱，降临在这不幸的时代"。在战乱频仍、统治阶级内部互相争斗激烈、巧取豪夺、不择手段的社会环境下，人们的价值观念也发生了很大变化，是非颠倒，真假难辨，美丑混淆，这正是培养阴谋家和野心家的温床。因此，像麦克白斯夫妇那样的人物的出现并非偶然。莎士比亚的伟大在于，他一方面通过个人的悲剧写出了时代的悲剧；另一方面则深入到个人的内心世界，揭示出最隐秘的心理活动，赋予他们以鲜明的个性，以高超的艺术手段使他们活生生地出现在舞台上。尽管世界文学曾经创造过不少阴谋家、野心家的形象，我们还是可以毫不费力地把麦克白斯夫妇从中辨认出来。这两个艺术形象之所以具有不朽的审美价值，其原因就在这里。

因此，在我看来，《麦克白斯》得以成为一部成功的悲剧，是由于莎士比亚成功地塑造了一对有血有肉的悲剧人物的形象，而这种人物性格在特定的社会条件下是有典型意义的。生活的逻辑比一切理论更强有力得多，莎士比亚没有读过亚里士多德的《诗学》，他的《麦克白斯》中的男女主人公都不符合《诗学》对悲剧人物的要求[①]，可是却符合于生活，而对于一部悲剧来说这就已经足够了。

至于说到《麦克白斯》这部悲剧给予我们以什么启示，或者说它起什么社会作用或功能的问题，那就更复杂一些，要作出恰当的回答也更困难得多。几种传统的悲剧理论似乎都不太适用于这部悲剧，我们不妨来进行一番考察。

在美学史上影响最大的当然首推亚里士多德关于悲剧的"净化"作用的学说。照他的说法，悲剧唤起人们的怜悯与恐惧之情，这些情感是自然产生的，不能加以强制地消灭或压制。但过分强烈的情感不利于人们的心理健康，而通过悲剧则可以把这些过度的情感宣泄掉，给人以一种"轻松舒畅的快感"，同时又把自然情感保持在适度的范围内，使之得到正常的调节，符合于社会道德的要求。这就是悲剧的"净化"作用。如果用这一理论去解释《麦克白斯》，就很难说得通。首先，这部悲剧中的男女主人公不管怎样承受内心的痛苦，都未必能引起观众的怜悯，更不用说"过度"的怜悯了。其次，至于说到恐惧，那么当我们看到这部悲剧所揭露的人性中的罪恶的黑暗面时倒确有令人不寒而栗之感，这也正是该剧的成功之

[①] 萨缪尔·约翰森在他编辑的莎士比亚著作集的前言中指出，莎士比亚不知道"古人的规则"。

处，如果要"净化"它，那就反而会削弱悲剧的效果。因此，悲剧的"净化"作用论是不适用于《麦克白斯》的，即使按席勒对亚里士多德悲剧理论的修正的解释，也还是不能适用，因为席勒虽然不再谈"净化"作用，可是他坚持认为悲剧的目的在于唤起人们的同情心①，而这恰好是同《麦克白斯》背道而驰的。

在历史上可以和亚里士多德的学说并驾齐驱的是黑格尔的悲剧理论。黑格尔用矛盾冲突的辩证法观点去看悲剧，这是他比别人高明的地方，不过他把悲剧的本质看作不同伦理力量之间的冲突，斗争的双方是同样正义的，但由于各自有片面性，因而又都是不正义的，并要为了自己的片面性而受到惩罚，个人作为伦理力量的代表者由于坚持这种片面性而遭到毁灭，但通过悲剧人物的毁灭，片面性就被扬弃了，于是矛盾达到了和解，最后是永恒正义取得了胜利。显而易见，黑格尔的理论也完全不能解释《麦克白斯》，因为这部悲剧里的主人公们尽管有其一定的才华，却根本谈不上代表什么伦理力量，他们所犯的罪也绝不是由于什么片面性。其实，黑格尔自己也意识到，他的这一套理论只适用于古希腊悲剧（严格地说，也不是所有的古希腊悲剧，而只是适用于像索福克勒斯的《安提戈涅》那样的悲剧），并不适用于近代悲剧，因为近代悲剧一开始就在自己的领域里采用主体性原则，把人物的主体方面的内心生活作为对象和内容，而不像古典悲剧那样去体现一定的伦理力量。②莎士比亚悲剧的特点恰恰在于深刻地刻画主体的内心生活，在这方面黑格尔的理论是无能为力的，它不仅解释不了《麦克白斯》，而且也解释不了《哈姆雷特》和《李尔王》。

---

① 参阅席勒：《论悲剧艺术》一文。
② 参阅黑格尔：《美学》第3卷下册，商务印书馆，第319页。

坚决反对黑格尔悲剧理论的有俄国的车尔尼雪夫斯基，他对黑格尔的批判是有力的，可是他自己提出的悲剧定义也完全不能令人满意。他认为，"悲剧是人生中可怕的事物"，悲剧中没有任何必然性。[1]说悲剧是人生中可怕的事物，这并不错，可是它过于一般化，不能说明任何问题，也很难给人以什么有益的启示。就拿《麦克白斯》来说，剧中发生的一系列事件，从一开始女巫们的阴森的预言到接二连三的血腥的谋杀，直至最后主人公的战死，无一不是人生中的可怕的事物。因此，与这些事件有关的一切人物，不仅是麦克白斯夫妇，而且连被害的邓肯、班柯、麦克德夫家属等人也都是悲剧性人物了。这就使悲剧的范围过于宽泛，而丧失了它的特定的意义。普列汉诺夫曾批评车尔尼雪夫斯基的这种观点，指出人生中的一切可怕的事物并不都是悲剧性的，构成悲剧还需要有其他的因素，而真正的悲剧是以历史必然性的观念为基础的。[2]像车尔尼雪夫斯基那样否认悲剧中的必然性，就只能把麦克白斯的所作所为解释成由于偶然遇见女巫、受她们挑唆而偶然造成的结果。这样去看这部悲剧显然是一种非常肤浅的理解。

奇怪的是，车尔尼雪夫斯基对悲剧的看法在某些方面与黑格尔的另一个反对者叔本华有相近之处，虽然他们在基本的哲学倾向方面是完全相反的。叔本华也认为，悲剧的目的就是要展示生活的可怕方面。正是在悲剧中，人类的各种痛苦和不幸、恶的胜利、偶然事件对人的嘲弄、正义者和无辜者的毁灭等等，都残酷无情地呈现在人们面前。但是，叔本华的结论则和车尔尼雪夫斯基截然不同，

---

[1] 参阅车尔尼雪夫斯基的学位论文《艺术与现实的美学关系》。
[2] 参阅普列汉诺夫：《尼·加·车尔尼雪夫斯基》。《普列汉诺夫哲学著作选集》，三联书店，第4卷，第67页。

他要通过悲剧使人们认识到这个世界根本就没有什么正义,生活本来就是一场噩梦,因此他劝人们不仅要抛弃生活,而且要根本抛弃生活的意愿,说什么悲剧的精神正在于把人们引向"退让"的思想,使之心甘情愿放弃生活之欲,这样就获得解脱而得到快感。① 但是,叔本华的这种悲观主义理论是和莎士比亚悲剧的精神完全格格不入的。莎士比亚虽然对社会与人生的阴暗面有深刻的认识和揭露,尤其是在《麦克白斯》《李尔王》和《哈姆雷特》等悲剧中对生活中的丑恶和虚伪进行了无情的鞭挞,然而他决不全盘否定生活,决不把人们引向对生活的绝望,而是重新确立起对生活的美好的信念和信心。就这一点而论,尼采对叔本华的批评倒是有理的,他认为悲剧绝不是为悲观主义服务,"悲剧绝不教人退让"②。因此,在我看来,用叔本华学说去解释《麦克白斯》也将是徒劳的。

除了一些从哲学上去解释悲剧的理论以外,还有人企图从心理学的角度去说明悲剧,例如英国经验派的休谟和柏克。他们感兴趣的主要是悲剧欣赏所取得的情感经验,即何以能产生悲剧快感的问题。③研究这类问题是有意义的,但却无助于在更深的层次上揭示悲剧的本质。以我观看《麦克白斯》后的亲身体验来说,所得到的绝不是什么快感,它的效果倒是使人心情沉重,发人深思。所以我倒赞成现象学派麦克斯·舍勒在《论悲剧现象》一文中提出的意见:且把悲剧给人造成什么情感效果和为何人们能欣赏悲剧的问题撇在一旁,而去认真地研究一下什么是悲剧的问题。④

---

① 参阅叔本华:《作为意志和表象的世界》。
② 尼采:《权力意志》,纽约1968年英译本,第434-435页。
③ 休谟在《论悲剧》,柏克在《我们关于崇高与美的观念的起源的哲学探讨》中都讨论过这样的问题。
④ 当然,舍勒也只是提出了问题,而未能解决这个问题。

考察了以上这几种西方主要的悲剧理论，我感到竟没有哪一种理论可以圆满地解释《麦克白斯》，这给予我这样的启示：现实生活是无限的丰富多彩的，艺术也同样如此，哪怕是高度抽象的理论也难以概括所有特殊的生活现象和艺术现象。《麦克白斯》这部悲剧正是非常特殊的艺术作品，要理解它不应求助于某一种悲剧理论，而应求助于生活本身。悲剧的力量不在于美学家们为它设定的种种规则和这样那样的功能，而在于它真实地反映了生活。整个世界都充满着矛盾，人类社会以至个人生活也不例外，而一切发展都是通过矛盾和斗争而进行的。因此，人们所经历的道路往往不是平坦笔直、一帆风顺的，有时难免会有崎岖曲折、艰难险阻。在人生的历程上，既有前进、成功和欢乐，也有后退、失败和痛苦。这样看来，悲剧性的因素是内在于世界发展进程的，是客观地存在于社会生活和个人经历中的。当人的主观意愿和由他的行动所造成的客观后果不相符合或甚至正相反的时候，他往往要为此而付出沉重的代价和牺牲，这就是形成悲剧的生活基础。悲剧从一个侧面揭示了客观世界的一个本质的方面，使人更深刻地认识社会，认识生活，也认识人自己。由于悲剧这种艺术形式特别容易唤起人们强烈的激情，所以它常常能够起到其他艺术形式所起不到的作用。与其他成功的悲剧演出相比，看了《麦克白斯》也许不大可能使人感动落泪，可是它却更为深沉，给人以一种说不出来的压抑感，甚至最后阴谋家的覆灭也并没有真正带来欢庆，因为在这场浩劫过后留给人们的依然是一个被权欲和野心玷污了的世界。我想，一部悲剧所引起的思考远比眼泪更重要，其作用也更深远。莎士比亚的悲剧之所以令人回味无穷，这恐怕也是原因之一吧。

结束了在斯屈拉福德的参观访问之后，我们驱车前往考文垂，在那里转乘火车返回伦敦。利用候车的两小时，我们在夜色苍茫中匆匆地对这座城市作一巡礼。考文垂在第二次世界大战中是德国纳粹空军进行毁灭性轰炸的重点目标,城市的大部分都毁于战火,以此而闻名于世。经过战后许多年的重建,如今已看不到什么战争的痕迹了,唯一保存下来的废墟是该市著名的大教堂遗址,想必是为了教育后人莫忘那场残酷的战争吧。废墟旁矗立着一座新建的大教堂,那是与传统风格迥然不同的巨大的现代化建筑,里面宽敞明亮,伴随着管风琴的演奏,唱诗班正在排练,准备迎接临近的圣诞节。当我参观后走出教堂来到那一片废墟时,仿佛走进了另一个世界。在惨淡的月光下漫步于断垣残壁之间,听着远处传来教堂里悠扬的音乐声,真是别有一番滋味在心头。我突然又想起昨晚观看的《麦克白斯》,追求世界统治的无边的权欲和野心曾经毁灭了多少美好的事物,制造了多少悲剧啊!我面前的这些饱经战火洗礼的残缺的石柱便是证明,它们仿佛是在默默地诉说着人间的罪恶。尼采说,悲剧死了。不,悲剧并没有死,麦克白斯也没有死,他的幽灵还在世界上游荡,只要这个世界不彻底改变,还会演出一幕幕这样的悲剧来。

对印象派绘画的一些印象

——多尔赛博物馆观后感

最近一次去巴黎之前,有位朋友对我说:"你务必要想法去看一看新落成的多尔赛博物馆,去那里参观真是一种艺术享受。"遵照他的劝告,我在进行学术访问时忙里偷闲,特地登门造访,确实不虚此行,在那里度过了一个愉快的下午。

多尔赛博物馆并不是新造的建筑,它是利用一个弃置不用的旧车站改建而成的,经过巧妙的改造和装饰,成为非常适合于艺术展览的场所,显得十分漂亮、高大、宽敞、明亮。多尔赛博物馆的展品是以原先著名的网球场博物馆的收藏为基础而加以扩充的,仍然以法国印象派的作品为主。老实讲,以前的网球场博物馆虽然一直以印象派艺术的宝库著称于世,可是那里并不适宜于展出印象派的绘画。它本来是奉拿破仑三世之命于1862年修建的专供贵族游玩的室内网球场,地方不够宽敞,光线欠佳,使人感到闷气。据说这正是法国大革命的恐怖时期罗兰夫人上断头台的原址,到那里去参观不禁会想起她临刑前发出的"自由,自由,多少罪恶借汝之名以行!"的感叹。相比之下,现在的多尔赛博物馆要好得多,它的环境和气氛与印象派艺术更为协调,使印象派绘画所特有的优点更能得到充分的发挥。

　　到了多尔赛博物馆，只见大门口早已排起了一字长蛇阵。在法国，排队现象是不常有的，为了参观艺术展览而排长队更属少见。前些时候我去威尔逊总统大街的国立现代艺术博物馆参观时，那里的展品尽管是世界第一流的，观众却寥寥无几，与这儿门庭若市的景况恰成强烈的对照。有人也许会以阳春白雪、下里巴人为理由来解释这种现象，这可能有几分道理，因为20世纪某些西方现代艺术流派的作品确实荒诞不经、光怪陆离、难以理解，使人望而却步、不敢问津。可是印象派艺术却绝不是像波普艺术那样的通俗的玩意儿，它之所以能够吸引广大的观众，并不是因为它粗浅庸俗，而是由于它具有雅俗共赏的艺术特质。因此，印象派成为西方社会里人们普遍喜爱的影响极大的艺术派别并非偶然，而是有其深刻原因的，这原因只有当你亲眼欣赏了他们的作品之后才能有所理解。

　　多尔赛博物馆似乎就是为了使人们可以更充分地全面理解印象派艺术而设立的。它的陈列自然以印象派的作品为中心，但并不仅限于这个派别。博物馆的第一部分是从19世纪中叶的一些流派和艺术家的创作开始的，首先是新古典派的安格尔、浪漫派的德拉克罗瓦和1850—1880年间的历史画和肖像画，其次是杜米埃的讽刺画、柯罗和巴比松画派的米勒、卢梭，接着是写实派大师库尔贝以及夏凡诺、莫罗的作品，然后是德加、马奈、莫奈、巴齐依、雷诺阿等人在1870年以前，亦即他们加入印象派阵营之前的作品，还有与马奈关系密切的方丹–拉托尔和在巴黎走向成熟的美国画家威斯特勒的绘画以及当时的一些户外风景画。楼上是展览的核心部分，这里荟萃着法国印象派的珍品，是整个博物馆的精华所在，真可谓琳琅满目、美不胜收。在这第二部分展品中有莫奈、雷诺阿、毕沙罗、西斯莱、基约曼等人的代表作和德加、马奈的1870年后的作品，还有新印象派修拉、西涅克、克罗斯、雷当等人以及图鲁兹-劳特累克的一些杰作，印象派之后的代表人物凡·高、塞尚和高庚的作品也有陈列，直到19世纪末至20世纪初的其他一些画家如亨利·卢梭、贝尔纳和纳比派的作品。博物馆的第三部分的展品相对地说比较薄弱（可能是因为避免和其他博物馆重复），主要是1900年以后的一些流派如自然主义、象征主义、新艺术派（Art Nouveau）的作品，但也清楚地展示了西方艺术在20世纪发展的新趋向。我觉得，博物馆的整个陈列是相当成功的，比原来的网球场博物馆更好，因为它能帮助观众更易于理解印象派艺术的渊源、形成和发展，知道它的前因后果和来龙去脉，使人们更清楚地认识它在现代西方艺术发展中的影响和地位。尤其是，博物馆的展品虽然以绘画为主，但还有雕塑和装饰艺术，甚至有19世纪下半期的一些著名建筑的模型，这就使一般观众能够对那个时代的整个文化艺术氛围有个粗略的概念，从而加深对印象派绘画的理解。通过这次参观，我自己感到不仅得到了一次艺术享受，而且对印象派艺术有了进一步的认识。我不是研究绘画的专家，谈不出像吴甲丰先生在《印象派的再认识》一书中所发表的那种真正内行的意见，只能说一点感想，算是看了印象派绘画后得到的一些印象吧。

一

我的第一个印象是感到印象派的出现是一种合乎规律的艺术现象，一方面印象派是近代西方艺术发展中的一个转折点或根本变革的开始，另一方面它又是这一发展的必然结果，是经过长期酝酿而成熟的产物。且看印象派诞生前的整个艺术发展的状况吧。西方绘画艺术自从文艺复兴以后得到了迅速的发展，进入了繁荣时期，首先是在意大利,然后逐渐扩展到欧洲其他国家和地区,产生了一系列举世闻名的伟大画家和众多的画派,并且形成了一套共同遵守的规则、技法和传统。但是,到了18世纪末至19世纪初,西方绘画艺术在传统框架内的发展差不多已经走到了尽头,除非对传统来一个重大的突破,否则就很难继续前进。当时人们虽然按习惯还是把意大利当作西方世界艺术的中心,可是实际上那里的创造性动力已经枯竭,中心的地位已逐渐向法国转移。法国大革命来得非常及时,它不仅在欧洲历史上展开了新的一页,而且也为西方艺术的发展提供了新的动力。这场改变了整个欧洲面貌的革命,也同时改变着人们的观念和审美趣味,使艺术得以从过去的传统中解脱出来。法国大革命的艺术代言人、画家达维德明确地把攻击的矛头指向代表传统势力的皇家美术学院,他在国民公会上大声疾呼地说:"让我们以人类的名义,为了正义,为了有生命的艺术——首先是为了青年,结束所有一切有害的学院吧;在一个自由人的社会里,它们是不允许存在的。"这种对传统的挑战首先表现在绘画题材的选择上,过去传统的学院派绘画的题材是有很大限制的,它们主要取自圣经故事和有关圣徒们的传说,或者来自古希腊罗马神话和历史传说,再就是一些家喻户晓的寓言故事,肖像画也大多是帝王将相和社会上层人物。法国大革命打破了这种局限,大大地扩展了绘画题材的范围,现在艺术家可以自由地选择他感兴趣的题材,去自由地表现历史事件、时事以至文学虚构和人们日常生活中的场面。他们现在有更大的自由去通过创作充分地发挥自己的想象力,表达自己的看法,表现自己的艺术家的个性。这可以说是一次思想的解放,当然思想解放不是一下子完成,而是逐步进行的。就拿达维德的名作《马拉之死》来说,画家把这位遇刺牺牲的革命领袖、"人民之友"描绘成为了自由的事业而殉难的烈士,对当时的群众起了直接的鼓动作用,把画笔当作武器,这在过去是难以想象的。可是在艺术方面却基本上还是遵循古典派的传统表现方法,本来死在浴盆里的场景并不适宜于表现人物的尊严和伟大,达维德却参照古希腊罗马雕塑的表现方式,尽可能排除一切无关的细节,而集中于表现本质的东西,通过描绘这一悲剧性的场面而充分展示一种简朴而庄严的美。达维德力求借助于历史的和现实的题材去歌颂英雄气概,这是适应法国大革命的需要,正如马克思所说:"不管资产阶级社会怎样缺少英雄气概,它的诞生却是需要英雄行为、自我牺牲、恐怖、内战和民族战斗的。在罗马共和国的高度严格的传统中,资产阶级社会的斗士们找到了为了不让自己看见自己的斗争的资产阶级狭隘内容,为了要把自己的热情保持在伟大历史悲剧的高度上所必需的理想、艺术形式和幻想。"① 达维德是最明显的一个例子,当现实生活难以满足他时,他就到古罗马历史中去寻找英雄主义的诗情,但归根到底还是为了要激励当代人的革命热情。随着法国革命浪潮的衰退,已经掌握了政权的资产阶级不再需要为事业献身的英雄主义,古典派在艺术中的统治也就临近末日了。在达维德的后继者安格尔的作品中,已经看不到那种震撼人心的激情,他在绘画技巧上也许更加成熟,有的画也确实很美,可是思想内容平庸,带有拘泥于规则的学究气,并且给人以一种华而不实的感觉。这说明古典派已经发展到尽头了,它已不能继续推动艺术前进,反而成为束缚艺术的新的桎梏,所以后来作家维克多·雨果指责说,达维德是"法国艺术的断头台",他是站在继起的浪漫主义的立场上这样说的。

第一个向古典主义的统治提出挑战的是一位年轻的画家席里柯,他在1819年展出的一幅画《梅杜萨之筏》取材于当时引起人们

---

① 《路易·波拿巴的雾月十八日》。《马克思恩格斯选集》第1卷,第604页。

热烈争议的一次海难事件。①这幅画在各方面都不符合古典派的要求，主题既不崇高，亦非古代轶事，而属于时事新闻的范围。它所描绘的人物形象也毫无古典派所推崇的那种肃穆宁静的神态和高尚的情操。画面上那些半裸的人体互相纠缠在一起，像发热病似的表现出垂死挣扎的狂暴的生命力。由于这幅画明显地背离古典主义的原则，所以有的研究者认为它在法国绘画史上标志着一种新的艺术方法的出现。不过席里柯的画展出后虽然在公众中引起了强烈的兴趣和反应，在当时艺术家和评论家的圈子里却十分孤立，受到他们普遍的指责，使这位画家极感失望，甚至说他将永远不再作画。他不得不背井离乡，远走异国，英年早逝，年仅三十三岁。可是席里柯的冲击所造成的影响却无法消除，终于发展成为一股强大的浪漫主义的浪潮。浪漫派的首领德拉克罗瓦最初就是受到席里柯的启发而走上自己的艺术道路的，用他自己的话来说，他看了《梅杜萨之筏》后兴奋万分，"像一个疯子那样在巴黎街道上奔跑"。他的第一幅被"沙龙"接受展出的画《但丁的小舟》显然是在席里柯的影响下创作的，它打破陈规，充分发挥自由想象，引起了保守派的愤慨，而被斥之为"荒谬、夸张、令人讨厌"。然而他在1824年"沙龙"展出的第二幅画《希阿岛的屠杀》却引起了更大的争议，有人干脆把它说成是"对绘画的屠杀"，咒骂作者是野蛮人和"丑的倡导者"。这幅画确实与古典主义相距甚远，可以说是浪漫主义的代表作。德拉克罗瓦把当时希腊和土耳其的战争中悲惨残酷的一幕表现在巨幅画面上，他不像古典派画家那样注重理性，而是让感情自

---

① 法国船梅杜萨号在海上遇难，149人登上救生筏，但最后获救的幸存者仅15人。在等待救援期间曾发生人吃人的现象，此事在报刊上报道后引起轩然大波，关于事件的责任问题争论不休，有人猛烈抨击当局的官僚主义作风。

由地流露出来,把人的苦难表现得淋漓尽致。特别是在用色方面,他和古典派迥然不同,把色彩由辅助手段上升为绘画的主角。在技法上他不仅参考过去的威尼斯画派和鲁本斯,而且直接受到当时在"沙龙"里展出的英国画家康斯太勃的作品的启发,在《希阿岛的屠杀》这幅画上增加新的色彩,取得了光和色的强烈效果。①德拉克罗瓦在以后的一系列作品中(例如《萨达那派洛斯之死》《自由引导人民》等),进一步打破了古典主义的条条框框,运用鲜明的色彩和纵横笔触,充分表现光色变化,在绘画中灌注强烈的激情。尽管艺术界对德拉克罗瓦评价不一,一直存在着争议,但古典主义的统治已经从根本上被动摇了。

正当古典主义传统在浪漫主义的严重挑战下摇摇欲坠的时候,又受到了一股新浪潮的强有力的冲击。这新浪潮就是以库尔贝为代表的现实主义(或译写实主义)。其实,关于现实主义的思想产生比较早,还在1833年,拉维龙和加尔巴卓就曾表述了这一艺术派别的创作原则:"我们要求于艺术家的,首先是现代意义,因为我们希望艺术家能够对社会发生影响,把社会引上进步的道路;我们要求艺术家表现得真实,因为要让人们看得懂,就必须接近生活。其他一切东西,我们再说一遍,都属于空想和抽象的范围。"②但是,真正推动现实主义绘画发展的是1848年法国革命,这次推翻七月王朝、建立第二共和国的群众运动实际上是法国大革命的余波,经过反复的较量,资产阶级才真正执掌了政权。适应于新兴资产阶级的要求,当时一批倾向进步的艺术家毅然走出画室,来到民间,并用新

---

① 有的研究者把这件事看作以康斯太勃和透纳为代表的英国画派对法国印象派的影响的开始。

② 转引自文杜里:《西欧近代画家》,人民美术出版社,上册,第173页。

的眼光观察自然。他们不再到神话和帝王将相的历史故事中去寻找题材,而在绘画中如实地反映普通人的日常生活和直接观察到的自然。他们反对矫揉造作的虚饰的美,而追求素朴的真实。如巴比松派的风景画,米勒描绘农村生活的作品(像著名的《拾穗者》等)都是明显的例子。但是,现实主义的最杰出的代表还是库尔贝,这不仅是因为他创造了"现实主义"这个名词[①],而且因为只有他充分自觉地把它作为一种新的艺术理论原则而提出来,并在自己的艺术实践中加以贯彻。首先,他在题材上彻底打破了过去的清规戒律。几个世代的法国画家一直把普桑的一句名言"必须选择一个摆脱日常生活尘垢的高雅的题材"奉为圭臬,库尔贝却反其道而行之,着意去描绘那些普通的劳动人民(《石工》)和民间生活场景(《奥尔南的葬礼》,它打破了过去巨幅画只能表现"高贵"题材的不成文的惯例)。在艺术上,他极力主张创新,认为"艺术家的最珍贵的东西就是他的独创性、他的独立性",甚至提出"应该把博物馆关闭二十年,让今天的画家可以开始用他们自己的眼睛去看世界"。他自己说,"我画我所看到的东西","我按自己的理解去描绘我们时代的风尚、观念和面貌,去创造活生生的艺术,不仅是作为一个画家,而且是作为一个人"。库尔贝在理论上也对他所理解的现实主义作了明确的阐释,他说:"美在自然之中……画家无权对自然的表现增添什么,无权改变自然的形式从而削弱它。自然提供的美高于一切艺术公认的标准。这就是我关于艺术的信念的基础。"他自称是"纯粹的现实主义者",主张忠于实际存在的现实。他尊崇现实而否认空

[①] 1855年,库尔贝为了与传统的学院派唱对台戏,有意标新立异,在当时巴黎的世界博览会对面举行个人画展,展出他的近四十幅绘画,在门口写着:"库尔贝:现实主义"。研究者一般把这看作现实主义成为一种艺术潮流的标志。

泛的抽象的理想，认为现实主义的原则就是意味着对这种理想的否定。在他看来，"现实主义本质上是民主的艺术。它是靠表现艺术家能够看到和把握的东西而存在的。绘画是一种全然物质性的语言，抽象的或隐藏着的东西是不属于它的"。库尔贝的这些理论观点使人想起俄国革命民主主义者车尔尼雪夫斯基，他们不仅在美学思想方面相近，而且在社会政治观点方面也颇有相似之处，如激进的民主思想、平民主义、倾向于社会主义（在当时条件下当然是空想社会主义）等等。他们的个人生活道路也同样坎坷，不过库尔贝要幸运得多，他对西方艺术发展的巨大影响至今为人所公认。在库尔贝之后，西方艺术的根本变革已经是不可避免的了。他自己也多少意识到这一点，用他的话来说，"我使整个世界茫然不知所措。我不仅战胜了古代人，而且也战胜了近代人"，"我使艺术世界惊恐万状"。

　　浏览了多尔赛博物馆的第一部分展品，我感到对印象派产生的艺术背景有了更深的理解，这部分陈列可以说是印象派的酝酿和准备的阶段。只要不抱成见，看了这些19世纪中叶不同艺术流派的作品就不难懂得，印象派的出现绝不是偶然的，绝不是一批"堕落的"艺术家一时心血来潮、有意要标新立异而杜造出来的。我很赞成吴甲丰先生的看法，印象派的产生"遵循着不以人们意志为转移的客观规律，无论你喜欢它也罢，赞扬它也罢，咒骂它也罢，它总是要产生的"。这是一种客观的科学态度，我们研究艺术史就需要这种态度。

二

　　在把印象派和它以前的各个艺术派别的作品作一对比后，我所获得的另一个印象是：它既是对传统的一定的继承，又是对传统的背叛与革新。我觉得，决不能简单地把印象派看作脱离西方艺术发展大道的"异端"，仿佛它的出现造成了优秀传统的断裂。尽管当它呱呱落地刚诞生时曾引起各种非议和讽嘲，但实际上它是当时西方绘画艺术在已取得的成就的基础上进一步向前发展的必然结果，它和以往的艺术传统还是有着这样或那样的内在联系。印象派的画家们大多倾向于现实主义画派，尤其是尊崇库尔贝。他们也在不同程度上受到浪漫派画家以及英国画派（特别是透纳）乃至当时传入欧洲的日本绘画的影响。所以印象派并不是凭空冒出来的，而是吸收和综合了既有的一些艺术因素后完成的一次新创造。就拿印象派所特别擅长的对自然的描绘来说吧，他们对待自然的基本态度其实是和现实主义派一脉相承的。现实主义派直接把自然当作范本，而浪漫派在很大程度上也抱有这种看法，他们都主张要在自己熟悉的世界里选取题材，强调要依靠自己直接的视觉经验去表现自然，反对过去学院派在描绘自然事物时所遵循的关于构图和用色的固定不变的人为的规则。他们不是在画室里按陈规和想象去作画，而是到户外阳光下按自己肉眼所看到的去描绘自然，像库尔贝所主张的那样，结果就在绘画领域中完成了一些很令人振奋的重大发现。

在我们今天看来，画家按自己所看到的去进行创作，这似乎是合情合理的事，可是在当时却被视为大逆不道的狂妄行为。印象派的先行者马奈作于1863年的两幅画曾引起轩然大波，遭到暴风雨般的抗议和指责，便可说明一个艺术上的新事物要得到人们的承认是多么困难。那一年拿破仑三世为了显示自己的"开明"，平息人们对保守的学院派把持的官方"沙龙"评审会的不满，下令举办"落选作品沙龙"。马奈把题为《沐浴》（Le Bain）的一幅画（后改名为《草地上的午餐》）送去展出，引起了前往参观的拿破仑三世及其皇后欧也妮的极大反感。趋炎附势的评论界随即发动了一场围剿，群起而攻之，从各个方面把这幅作品说得一钱不值。两年后，马奈把另一幅画《奥林匹亚》送去展出，又遭到了他们的恶毒攻击和谩骂。现在这两幅画都陈列在多尔赛博物馆里，成为人们愚昧保守的历史见证。我在它们面前思索良久，反复琢磨为什么这两幅今天看来极其平常的画在当时竟会掀起这么大的风波。据我看，这可能主要是由于两方面的原因。首先是因为马奈对社会传统观念提出了大胆的挑战，法国贵族资产阶级上流社会尽管道德沦丧，人欲横流，可是那些内心里男盗女娼的伪君子们表面上却偏要装扮成道貌岸然的道德捍卫者。①《草地上的午餐》这幅画里有两个衣冠楚楚的绅士和一个裸体的妇女一起坐在林间草地上野餐，附近池塘边还有一个半裸的少女正在洗浴，这在那些"卫道者"看来简直是不能容忍的伤风败俗的"下流"。《奥林匹亚》画的是一个躺在床上的俗气的裸体女人，配上站在床边的手捧鲜花的黑人女仆和一只竖起尾巴的黑猫，那裸女的骄矜冷漠的目光和坦然自若的神态似乎是在公然蔑视上流社会的虚伪道德说教。无怪乎这两幅画激起了那些"正人君子"的愤慨，因为他们本能地感觉到这是对他们所维护的传统道德秩序的讽刺。其次，马奈在绘画艺术技巧方面的创新也是当时墨守成规的保守派所无法接受的，他违反传统的画法，直接用黑色入画，与人体的明亮的色彩形成强烈的对比。这些画缺少精心润饰的光滑的表面和完美地勾画的轮廓，而是用最单纯的方式去表现我们的视觉经验，有时甚至用平面平涂来处理色彩和光线，因为马奈意识到人的肉眼所看到的只是有色的平面所构成的形式。对他来说，重要的并不是看到的是什么，而是以怎样的方式去看和怎样去表现自己所看到的东西。他所要求的是观察方法的自由和表现方式

---

① 这在巴尔扎克、司汤达、左拉等人的小说里得到了淋漓尽致的描写。

的自由，反对束缚着艺术家头脑和手脚的陈规俗套。他曾经自我表白说，他的反对者"都是以传统观念来理解绘画的形式、手法和观点的，他们从不承认其他的理解方法。他们在这方面表现了一种幼稚的偏见。除了他们的公式，一切都毫无价值。他们不仅成了批评家，而且也成了反对派，并且还是积极的反对派……马奈先生一向承认别人的才识，从不妄想消灭先前的绘画或创造新的绘画。他只不过是要做他自己，而不要做某一个别人……"[①]。

我以为，马奈主张一个画家"要做他自己，而不要做某一个别人"，提倡用自己的眼睛去看世界，以自己的方式去解释和表达他所描绘的现实，这对印象派的出现起了决定性的催生作用。实际上，印象派在西方绘画史上的真正意义也就在于它朝着马奈所指出的方向坚定地迈出了最初的一步。这一步看似简单，实则不然，因为它标志着西方艺术发展中的一个重要的转折，意味着艺术家的自我意识的新的觉醒和艺术个性的进一步发扬。对艺术家来说，这是又一次思想解放，然而它又必然会和人们所习惯的传统发生冲突，被看作对传统的反叛。其实，在那个时代里新的一代艺术家中间，对传统的反抗意识是相当普遍的，正如文杜里所说，"当时，每一个头脑清醒的年轻人都曾是一个造反派"，不过印象派画家们的叛逆精神主要只表现在绘画上而已。当马奈首先起来发难的时候，虽然获得一批激进的青年艺术家的热烈响应和拥护，在知名的文化人士中却得不到理解和支持。甚至对他的艺术抱有好感的朋友诗人波特莱尔也并不理解他，错认为他属于过去而不属于未来。唯一的例外是作家左拉，只有他认识到了马奈的艺术革新的意义。还在1866年他就写了一系列评论文章，无情地攻击那些统治画坛和"沙龙"的旧派艺

[①] 引自文杜里：《西欧近代画家》，下册，第4页。

术家，不遗余力地赞扬马奈。他当时就预言《奥林匹亚》这幅画将来总有一天会挂在卢浮宫内①，有些人认为这简直是疯话，可是历史却终于证明了究竟谁具有艺术上的真知灼见。

在马奈的影响下，一群对学院派传统心怀不满的不知名的青年画家集合在一起，形成了后来的所谓印象派。他们之中有些人以后成为名人，如莫奈、德加、雷诺阿、毕沙罗、西斯莱、塞尚和女画家摩莉索（她是马奈的亲戚）。这些画家并没有统一的纲领或理论，艺术风格也不一样，本来很难说得上组成一个严密的画派，只是由于他们有着反传统的共同倾向，又同病相怜，都处于受排斥的地位，因此联合起来举办"无名艺术家"的作品展览会。他们的精神领袖马奈虽然为这次展览帮了不少忙，自己却不愿与这些青年为伍，没有展出他的作品。当展览会在1874年4月开幕时，立刻在评论界引起了一片喧哗，人们用十分刻薄的语言对展出的作品极尽讽刺、挖苦和嘲笑之能事，力求把这些新生的艺术幼苗扼杀在摇篮里。结果却事与愿违，反而替这个新画派充当了义务宣传员。连"印象主义"这个名称也是一位不怀好意的评论家勒罗阿为了贬损这次艺术展览而特意创造的，他利用展览会上莫奈的一幅画《印象·日出》大做文章，发表了一篇题为《印象主义者的展览会》的评论，除了对展览会大泼脏水外，还着重攻击莫奈的画说："这幅画既模糊又粗野，在我们看来似乎是对无知的肯定，同时又是对美和真的否定。我们被它的那种矫揉造作的古怪折磨够了，它太容易引人注意了，因为从来还没有任何人敢画得这么糟。"今天我们来看这幅画，时间老人已经驱除了偏见，就觉得它既不粗野，也不古怪，

---

① 1907年，当时法国总理克里蒙梭下令把这幅画陈列在卢浮宫，印证了左拉的预言。

而是一幅写实的风景画。至于说它模糊,那倒是事实。画面上的日出景象不是某些人所喜欢的那种一轮红日喷薄而出、霞光万道的宏壮场面,而是初升的太阳透过清晨笼罩着大地的浓浓的雾霭映红一片水面的景色,在朦朦胧胧的背景下,晨曦投射在港口水面上所形成的水的反光和光的颤动,使人仿佛置身于幻梦中。但这绝不是离开现实的杜造,而是在特定的自然条件下我们的视觉经验的如实的表现,它不仅没有否定美和真,倒是艺术家通过个人体验对美和真的肯定,只不过在当时得不到公众的认同罢了。

可以毫不夸大地说,印象主义是在辱骂声中诞生的。印象派在1876年举行的第二次画展仍然遭到激烈的攻评。当时的《费加罗报》有一篇评论写道:"彼勒蒂埃路是一条不幸的街道。歌剧院失火焚毁了,而现在新的灾难又降临该区。在丢朗-吕厄画店举行了一个据说是绘画的展览会。无辜的参观者走进画店,残酷的景象使他大吃一惊。在这里有五六个疯子,其中还有一个女的在展出他们的绘画。有些参观者在看到这些作品时放声大笑,至于我则为它们感到悲伤。那些所谓的艺术家自称为'不妥协者''印象派'。他们拿起颜料、画笔和画布,随便把一些彩色摔在画面上,然后签上他们的名字。疯子和他们一样,在路上捡起小石子,相信它们是钻石。"今天我们回过头来读这种偏颇的评论,免不了要哑然失笑,看来要辨别什么是石子、什么是真正的钻石也不是容易的事,即使头脑正常的人也不见得一定具有这种鉴别的能力。在艺术上尤其如此,要识别真正有审美价值的东西并不能依靠人的天赋才能,而且,审美判断还往往受到习惯势力的影响,不容易接受艺术现象中背离传统的新事物,所以新事物要能得到社会的确认往往需要时间,这就是人们所说的艺术作品的"超前性"。但是,历史毕竟是公正的,它就像大浪淘沙一样,把那些风靡一时却没有持久价值的东西冲刷干净,而留下那些永久闪光的真正的人类精神的结晶。现在，当时那些受蔑视的小人物、后来被承认为印象派大师们的作品陈列在世界各地的著名艺术博物馆里，而站在他们的对立面指手画脚的那些趾高气扬的"权威"们的作品又在哪里呢，难道我们不应该从这段历史中得到一些启示么？

三

在仔细观赏了多尔赛博物馆里陈列的众多的印象派作品后，我得到的又一个印象是：它们既有值得肯定的明显的优点，也有不容否认的弱点。就我个人的爱好来说，印象派绘画给予我很大的审美享受，但我总觉得它们缺少了一些什么。那么它们的长处和短处究竟在哪里呢？

印象派绘画的优点是很明显的，但必须要你亲自去看原作才能欣赏到它们的美。绘画是视觉艺术，但没有哪一种绘画像印象主义那样强烈地直接诉诸人的当下的视觉经验。有的绘画作品也许可以借助于复印图片去欣赏（当然这也必定会比直接欣赏原作大为逊色），而如果根据复印品（不管复印得多么精美）去评判印象派绘画则非造成极大谬误不可，因为复印品根本不可能像原作那样给人们提供如此生动而鲜明的视觉印象。可是离开了这种活生生的视觉效果，印象派绘画的最重要的特色也就丧失无遗了。我觉得，印象派作品之所以具有诱人的感染力，就在于紧紧抓住当前的一瞬间，充分反映了此时此地的人的直接视觉经验。我们每一个人从亲身经验中都能体会到，生活中有这么一些瞬间对个人往往具有非同寻常的特殊意义，有时短暂的一瞥竟能留下终生难忘的深刻印象。一瞬间获得的印象常常以其生动、具体、直接、真实而耐人寻味，而且浓缩地凝结着感觉经验的全部丰富性。印象派大师们擅长于捕捉特别令人感兴趣的瞬间，把人们所没有充分注意的此时此地的大自然的美发掘出来，如实地展现给人们去看。他们的创作方法也是为了这样的目的服务的，莫奈总是劝告他的同道们抛弃画室，走到大自然中去现场作画，为了正确而逼真地描绘大自然景物在瞬息间的各种变化，如阳光在不同时刻和不同角度的照射所产生的光与色的不同效果，他要求绘画必须"当场"完成，否则就难以确切地表达自然界的那些丰富而微妙的变幻。因此，印象派画家们的许多作品都是匆促地完成的，他们并不注重具体事物的形状和细节的描绘，而着力于取得整体的效果。他们不像传统的画家那样精心调色和细描匀抹，而是用粗疏的笔触把颜料直接涂在画面上，使色彩对人们的视觉显得更为鲜明。莫奈倡导的这种新技法确实使人耳目一新，他在艺术实践中也身体力行贯彻自己的主张。例如他为了描绘河上景色，专门准备了一只小船，供他在船上作画，马奈去拜访他时对此大为赞赏，特地为莫奈画了一幅描绘他在船上工作的情景的油画。由于莫奈坚持这种在户外现场作画的创作方法，他的有些作品确实不同凡响，显得特别真实而生动，就像活生生地展现在我们眼前的有生命的大自然一样。且看他在阿尔让特依创作的一系列描绘塞纳河上景色的作品，虽然画面上并没有什么惊涛骇浪或奇峰峻岭，而是普普通通的日常生活中常见的风光，却十分亲切动人，在平凡中透露出一种人人都能享受到的美。作于1874年的《阿尔让特依的塞纳河》是这方面的一个典型，我们从画面上看到：晴朗的天空，飘浮着的云，远处河岸上的树林和房屋，侧面的大桥，近处停泊的小船，所有这一切反映在缓缓地流动着的水面上形成的倒影，同周围的景象交织在一起而浑然一体，把光和色的丰富多彩和变化表现得淋漓尽致。甚至有的本来并不美的生活场景，通过莫奈的画笔，也能给人以一种特殊的美感。如《圣拉扎尔火车站》(1877年)描绘的是火车进站的杂乱喧闹的场面,画家感兴趣的不是车站、火车或人物,而是透过车站的玻璃顶棚射入的光线和进站的火车头产生的蒸汽汇合在一起所形成的那种奇妙的效果。莫奈确实善于把捉住稍纵即逝的瞬间的美,把大自然在不同时刻的变化表现在画面上。他不止一次地反复描绘同一对象,由于在不同的时间从不同的角度去观察事物,而得出了迥然不同的印象,结果就产生了一系列组画如《干草堆》《卢昂大教堂》《泰晤士河景》和《睡莲》等等。这些组画各有特点,但都非常注重光和色的表现,尤其是展览馆里陈列的脍炙人口的《睡莲》,在湛蓝的水面上漂浮着绿色的叶和火红的花,而这一切又都笼罩着一层薄薄的雾气,构成一种幽静而深邃的意境。有的评论家说,印象派关于色彩中的光的发现是从乔托的时代开始的对自然界的分析中的最后一个伟大的建树,据我看这种评价是有一定道理的。

　　印象派的这种新的创作方式和技法不仅应用于风景画,而且也应用于人物画;不仅用来描绘自然界,而且也用来描绘城市风光。像毕沙罗那样的印象派画家,除了创作过一些反映田野景色的美妙的风景画外,也擅长描绘街景。他笔下的巴黎蒙玛特大街把当时欧洲的这个繁华的大都市的热闹景象表现得十分出色,如果近看的话,似乎画面上的街道行人都是不成形的斑点,但是后退到一定的距离去看,这些斑点一下子都活了起来,变成了街上熙来攘往的人群。这正是得力于印象派的技法,把画家从高处观察得来的视觉经验真实地传达给观众,假如袭用传统的画法,就难以创造出这种大街上喧腾的气氛。一般说来,印象派绘画以其鲜明的光色变化特别适宜于表现人们的欢乐场面,往往使画面上充满浓厚的生活气息。像马奈的《女神游乐场的酒吧间》(1881年),通过酒吧柜台女郎身后的一面大镜子反映出各个餐桌上的许多顾客饮酒取乐的热闹场面，由于是镜中的映象，特别利用了光的效果，使画面上呈现出一种梦幻般的朦胧的美。但是在这方面最为突出的是雷诺阿的作品，他喜欢画阳光照耀下的人物，善于表现强光，大胆使用热烈的色彩，无论是裸体的或穿衣的人物在晴天丽日之下都显得那么青春焕发，健康而有活力。他的代表作之一《加列特磨坊的舞会》（1876年）尤其给人深刻的印象。它描绘的是一个普通平民的露天舞会，欢乐的人群在无忧无虑地尽情享受，有的围坐在桌旁戏谑聊天饮酒，有的男女在翩跹起舞，阳光通过树荫洒落在游客们身上，各种鲜明的颜色交相辉映，显得如此丰富多彩，烘托出整个舞会上热烈愉快的氛围。应该说这是一幅相当成功的反映近代西方社会日常生活的一个侧面的民间风俗画，也是雷诺阿应用印象主义技法发挥得较好的作品。其实，虽然大多数印象派画家崇尚户外写生，但有个别著名代表人物如德加却对此不感兴趣而同样取得了成功。印象派画家一般都热爱大自然，德加则对大自然表示十分冷淡，看不起风景画家，不赞成到户外作画，说"绘画不是一种运动"。德加受过安格尔画派的熏陶，在素描方面功底很深，有较好的古典文化修养，是个典型的城里人。可是在印象派的影响下，他和印象派走到一起去了，并且在技法上从他们那里吸收了很多东西。他虽然避开户外的阳光，却热衷于研究室内的人造光，着意表现剧院舞台上的灯光效果，把光线和素描很好地结合起来，他所创作的一系列描绘芭蕾舞女的作品堪称这方面的杰作。舞台灯光的明暗和空间深度的展开，芭蕾演员的动态变化的婀娜多姿，以及整个剧院中舞影婆娑朦胧的气氛和色彩缤纷的艺术气息，在德加的画里表现得十分完美，对观众具有强烈的感染力。以上这些都无可争辩地表明了印象派绘画所特具的优点。

应该承认，印象派画家们潜心于研究色彩，使用新的技法去谋求更鲜明的光与色的效果，在这方面对绘画艺术的发展是有相当贡献的。他们简化调色板上的颜色（仅使用七八种接近于太阳光谱的颜色），分解色彩，借助于视觉调和，专门使用强烈的颜色，等等，创造出具有真实阳光感的风景画和人物画。用一位印象派画家自己的话来说，在他们的整幅作品上"闪耀着阳光，流动着空气；光线笼罩着、抚拂着、辐射着所有的物象，渗透到画面的各处，甚至照亮着阴影"①。俄国的普列汉诺夫虽然对印象主义评价不高，可是他也不能不承认印象主义所提到日程上来的技术问题是有相当大的价值的，他指的主要就是这种表现光色变化的新技法。普列汉诺夫说，"注意光的效果，可以扩大自然界给人提供的享受范围。因为在'将来的社会'里，自然界对于人比现在大概要珍贵得多，所以必须承认，印象主义也是为着这个社会的福利工作的"。他引用一个评论家的话说，"它给我们带来阳光照耀下的生活的抚爱"②。看了印象派的绘画，我们就不由得要作出这样的结论：他们是真诚地热爱大自然、热爱生活的，否则就不可能把大自然描绘得这样美，就不可能把生活表现得如此欢快蓬勃。

但是，正如对待世界上一切事物一样，对印象派绘画也要一分为二，在肯定它们的优点时也不能不看到它们的弱点，尤其是本来是它们的长处的东西如果被过分强调和夸大到不适当的程度，就会走向自己的反面而成为一种缺陷。就拿色彩的处理来说，印象派在技法上确有新创造，而且基本上是合乎科学原理的。不过早期的印

---

① 西涅克：《从德拉克罗瓦到新印象派》，人民美术出版社1986年版，第39页。
② 《无产阶级运动和资产阶级艺术》。《普列汉诺夫美学论文集》，人民出版社，Ⅰ，第506页。

象派画家在利用视觉调和去处理色彩时，主要是凭经验和直觉，而不是依据任何精确的科学方法，正如有人所说，"他们作画就像鸟儿歌唱一样"。可是他们把主要的注意力都放在表现光与色的效果上，特别是到后来的修拉和西涅克等所谓新印象派那里，更发展到登峰造极的地步。新印象派认真地研究过当时自然科学家的色彩视觉理论。自觉地运用色彩和谐规律以达到视觉调和，他们只用纯色，应用"分割"的基本原理（有人把这称作"点彩派"，新印象派自己则喜欢"分割派"这个名称），在画面上得到了比以前的印象派绘画更鲜亮和谐的效果。修拉的大幅油画《大碗岛的星期日下午》可以说是新印象派的代表作，此画在1886年展出于第八届，亦即最后一届印象派画展，是第一次公开展出严格贯彻"分割派"原理的作品，在当时引起了轰动效应，一些人表示激烈反对，另一些人则热情欢迎。我们今天来看这幅画，时间已经过去一百年，能够比较冷静客观地对它作一评价。我们站在它面前，首先被它的鲜明夺目的色彩所吸引，仿佛亲身沐浴在灿烂的阳光下，作者对光与色的运用确实是成功的，给人以一种特别惬意的快感。可是，在这幅画前伫立良久，当这种快感逐渐消失的时候，就觉得它没有给我们留下什么值得玩味的东西，使人有怅然若失之感。甚至过去印象派大师们笔下的人物所特有的那种生动活泼的生活气息也看不到了，在岸边休息的男女就像是一群阳光下的玩偶，呆板而无生气，变成了没有情感的彩色的人影。有一位评论家曾经指出，"为了题材的色调特点而处理题材，不是为了题材本身，这就是印象派画家不同于其他画家的特点"。这一看法是很有见地的，如果说当初印象派绘画带有这样的特点问世时确实对传统起了革新作用的话，那么这一特点进一步向极端的发展则充分暴露出这个画派的弱点，而终于把它引向绝路。

印象派主张捕捉当前的一瞬间，着重表现大自然在瞬息间的千变万化，传达人在霎时间的视觉经验，对此也同样要作具体的分析。应该说，他们反对学院派脱离现实的僵死的艺术教条，崇尚大自然真实的美，提倡离开画室，走向现实，直面人生，这些对打破过去长期的思想禁锢，推动绘画艺术的发展是起了积极作用的。但是，当他们把当前的直接经验夸大成为绝对，把表现瞬间印象过分强调到不适当地步的时候，原先合理的东西就被推向片面而转化为缺陷。我总觉得，印象派绘画虽然常使人喜爱，却很少真正使人感动，更难得令人深思。这究竟是什么原因？据我看，原因就在于它们往往仅停留于事物的表面现象，而未能深入到现象的背后把更深刻、更本质的东西揭示出来，因此它们所描绘的大自然和生活现象尽管真实生动、色彩缤纷、赏心悦目，却总是使人感到只是浮光掠影，缺乏坚实的、恒久的东西。可是，人却不能满足于这种表层的美，他还有更高的追求，要想探索更深层次的美，这样他就会对印象派绘画感到不满意了。这使我想起黑格尔在《精神现象学》里对"感性确定性"的批评。黑格尔说，作为全部认识过程出发点的"感性确定性"，是直接的知识，亦即对于直接的或者现存着的东西的知识，我们对待它"必须采取直接的或者接纳的态度，因此对于这种知识，必须只像它所呈现给我们那样，不加改变，并且不让在这种认识中夹杂有概念的把握"[①]。他指出，这种"感性确定性"看起来好像是最丰富、最真实的知识，因为它对于对象没有省略掉任何东西，而让对象整个地、完备地呈现在它面前。事实却不然，它所提供的真理是最抽象而贫乏的，因为它所告诉我们的只有这么多：事情存在着。黑格尔通过对"感性确定性"的两种形式，即"这时"和"这里"的分析，揭露了它们的局限性。什么是"这

[①] 黑格尔：《精神现象学》，商务印书馆，上卷，第63页。

时"？如果回答说"这时是夜晚"，那么到了"这时"是正午时，这个回答就失去真理性，变为陈旧过时了。同样地，如果问"这里是什么？"，回答说"这里是一棵树"，但一转身，这一真理就消失了，因为这里已不是一棵树，而是一座房子了。由此黑格尔得出结论认为，"感性确定性"之所以贫乏肤浅，是因为它局限于"这时""这里"的暂时现象，缺乏内在的普遍性，而普遍性则应是"感性确定性"的真理。很明显，黑格尔是从客观唯心主义立场去批评"感性确定性"的，而且他谈的是认识论问题，与艺术创作不是一回事。但是，他从深刻的辩证法观点对"感性确定性"所作的剖析，对我们理解印象派绘画的根本弱点是有参考价值的。印象派过于信赖直接感觉，过分热衷于描绘"这时""这里"。不管他们把"这时""这里"表现得多么美，它们毕竟如过眼烟云，缺乏那种厚重的历史感，进入不了更深的历史的层面。在他们的作品里似乎只看到单纯的偶然性和个别性，而见不到深层的必然性和普遍性的力量，因此成不了黄钟大吕那样的气象，总给人以一种轻飘飘的感觉。实际上，曾经为印象派的诞生热情地辩护的左拉也早就觉察到它的这一致命的弱点。就在1880年他已指出，印象派的运动"看来已经完成了它的历史使命"，而非常不幸的是，这一画派之中无论谁"都使人感觉不出一个艺术巨匠的铁腕"。他心目中的理想是要创作出真正能够震撼人们心灵的雄伟壮丽的绘画，这是印象派所不可能提供的。

　　黑格尔在《美学》中讨论绘画艺术时曾谈到过"色彩的魔术"。他说，在这种情况下，"对象的实体性和精神性仿佛已经渗透到着色方面的构思和处理中去而蒸发掉了"，而这种魔术就在于"把各种颜色处理得当，从而产生一种色彩现象方面的本身无目的的游戏，这是色彩的一种飘忽荡漾的顶峰"①。当时黑格尔仿佛是预见到了数十年后印象派的产生,印象派正是把这种"色彩的魔术"发展到登峰造极的地步(黑格尔指出,这种魔术会越界到音乐的领域,甚至这一点也在印象派那里应验了,德彪西就是例证)。在某些印象派画家那里,色彩确实成为本身无目的的游戏。普列汉诺夫批评他们对作品的思想内容漠不关心,这种说法也许有些偏激片面,确切地说,印象派绘画是有一定思想内容的,不过由于过分强调艺术作品的形式的方面而被"蒸发掉了"。

四

印象派绘画的长处和短处都是比较突出的,它的长处使它盛极一时,它的短处则又使它迅速衰落。它兴起于19世纪60年代,到70年代趋于繁荣,可是到80年代就已成为强弩之末,没有多少后劲了。所以它从诞生到没落也就是二十来年的时间,这在历史长河中可以说只是昙花一现,然而它在西方艺术史上的影响竟如此巨大,这究竟是什么原因?我参观了多尔赛的展览后反复思考这个问题,我得到的印象是:印象派的历史意义和影响还不在于它本身在绘画艺术中的建树,而在于它为以后西方艺术的发展开辟了一条崭新的道路,具体地说,就是哺育了一整批所谓印象派后的伟大画家,直接或间接地激励了20世纪一些重要画派的诞生。

法国绘画史专家弗朗卡斯泰尔在谈到印象主义的影响时指出,印象主义的历史作用在于一劳永逸地战胜了一切学院风格,学院风格虽然还在苟延残喘,却已无足轻重,从此以后绘画领域内的一切

---

① 黑格尔:《美学》,商务印书馆,第三卷上册,第281页。

莫不与印象主义有关，而不再同先前的艺术形式有什么瓜葛，印象主义成为一种人们必须参考的价值标准。它仿佛在过去和它所开创的新探索时期之间，筑起一道堤坝。"它在多产的二十年中，形成一套革新的原则、思想和作品。以后，不论是继承者，或是反对者，都从印象主义中有所吸取。"①这些见解是很精辟的。印象主义的出现确实结束了一个旧时代，西方绘画史上从文艺复兴开始的那个时代，不管它曾经取得了多么辉煌的成就，但到了印象主义登上历史舞台，一切明白事理的人就不难看清，过去的那个时代是永远一去不复返了，任何想原封不动地保持或回到过去的传统去的企图都将是徒劳的。严格地说，印象主义还不属于西方现代绘画的范畴，可是如果没有它的推动，也就不可能有真正美学意义上的现代绘画。没有印象主义运动，就很难想象会出现塞尚、高庚和凡·高，也就不会有马蒂斯、毕加索，甚至也不会有康定斯基、克列……告别了旧时代，为新时代的来临打开门户，向人们展示了绘画艺术发展的新的无限多样的可能性，我以为这才是印象主义的历史意义之所在。对西方现代绘画尽可以作这样或那样的评价，可以喜爱也可以反对，然而印象主义在促进它诞生的过程中所起的关键性作用则是不容否认的。

　　印象主义运动的直接艺术成果就是产生了一批印象派后的绘画大师，他们在艺术上的贡献无疑地要超过印象派。大家知道："印象派之后"这个名词是罗杰·弗莱创造的，用来为他于1910年在英国伦敦格拉夫顿画廊举行的一次展览命名（这次展览的名称是："马奈和印象派之后的画家们"）。这个名词本身的含义是有些含糊的，指

---

① 弗朗卡斯泰尔：《法国绘画史》，上海人民美术出版社，第487页。

的是作为对印象主义和新印象主义的反作用而发展起来的运动①，其主要代表人物是塞尚、高庚和凡·高。这三位画家在艺术风格方面很难说得上有什么共同之处，但他们都掌握了印象派处理光和色的高明技巧，同时又觉察到印象主义的偏颇和缺陷，力求以各自不同的方式去补救和纠正，表现出他们各自的强烈的艺术个性。正是由于他们在艺术上的孜孜不倦的追求和努力，才出现了名副其实的现代绘画。

看了这几位印象派之后画家的作品，首先感到他们确实没有白白地受过印象主义运动的洗礼，他们从技巧上吸收了印象派的最优秀的东西，都称得上是善于运用色彩的艺术大师。然而从根本方向来说，他们却是同印象派相左的。他们不再去着力表现自然界的变幻无常的光的效果，而努力去寻求和塑造变易不居的现象背后的坚实的结构和形状。他们不赞成印象派过于依赖直接经验，认为一幅绘画不应该是艺术家的本能反应的产物，而应该是经过深思熟虑后的创造。他们不像印象派那样比较忽视作品的思想内容，而重视赋予作品以深邃的意义。凡此种种，都与印象派迥然不同，因此有的研究者认为，与其把他们叫作"印象派之后画家"，倒不如称之为"反印象主义画家"更为贴切。我倒不主张这样走极端，但应该承认这些印象派之后的画家朝着新的方向迈进了一大步，无疑是对印象主义的重大的超越。20世纪西方的一些重要画派或者直接来源于这些画家，或者是在他们的强烈影响下形成的。因此，研究印象派之后的画家们的创作，乃是理解整个现代西方绘画艺术的关键。

在印象派之后的画家中，首先值得注意的是塞尚。塞尚原来和印象派有密切的关系，特别是他曾经在毕沙罗的劝导下采用印象派

---

① 有人把Post-Impressionists译作"后期印象派"，吴甲丰先生已指出这是误译。西方有的研究者把修拉也列为印象派之后画家，亦不甚妥。

的方法作画，并参加1874—1877年间最初几次印象派画展，他的一幅参展的画《现代奥林匹亚》还激怒了当时的观众。正因为他曾经属于印象主义的营垒，所以他对这个画派的根本缺陷也就体会得更加深切，最后终于决心走自己的路，与印象派分道扬镳了。塞尚说明自己的意图是"想使印象主义变得坚实、耐久，像博物馆里的那种艺术"。他不满足于描绘外部世界的表面现象，而力求从明暗变化中去发现每一个形体的本质，我们从他的作品中可以看出他对结构的注意，他所创造的形象给人以重量感、体积感、稳定感，甚至具有一种宏伟感。且看塞尚的风景画，圣维克多山在他的笔下显得这样庄严雄伟，岿然屹立着，就像是一座永恒的神圣的纪念碑，其厚重雄浑的风格和我们习见的印象主义风景画相距何止千里。他的静物画也体现了他的艺术特色，结构严谨，坚实浑厚，富有重量感，看了他画的苹果，似乎能感到握在手里那种沉甸甸的感觉。[1]塞尚的绘画基本上仍然是写实的，它建立在对自然的直接观察的基础之上，但却绝不是冷漠的纯客观态度，而是带有强烈感情的。正如他自己所说，"强烈地感受对象（而我的感受当然是强烈的）是任何一种艺术观念的必要基础，未来的作品的美和伟大就建筑在这个基础上。熟悉表现我们的情感的各种手段也同样重要"[2]。因此，他的作品不是单纯地反映现实，相反地，他竭力避免对自然的任何模仿，而力图创造新的现实。在他的画里我们不仅可以看到经过再创造的严峻凝重的现实，而且也能感受到画家的那种创造的激情。塞尚在颜色的运用方面对绘画艺术的发展作出了巨大的贡献，可以说纠正和弥补了印象派的失误。他敏锐地看出，印象主义的主要问题

---

[1] 塞尚曾经说："我要用一个苹果使巴黎吃惊。"
[2] 转引自文杜里：《西欧近代画家》，下册，第114页。

是"光吞掉了形",物体的富有特征的形式都被溶解为捉摸不住的、无意义的色点。他充分认识到,印象派的一大贡献在于恢复了色彩作为绘画的基本因素的地位,可是他们忽视了事物的轮廓和形式的界限,使形式本身成为模糊不清和无实体性的东西。他则用色去获得形,并把颜色作为造型的手段,作为可见物的基本形式的终极表现。塞尚竭力反对形被光和色所吞没,而力求形、光、色之间的统一。在他那里,色彩和素描是紧密地结合在一起的,他在致贝尔纳的信中说:"随着我们画色彩,我们也在同时画素描。色彩越协调,素描也就越准确。色彩丰富时,形也就饱满了。"① 为了造型的需要,他特别注意表现颜色的质感,喜欢使用浓厚的颜料,有时甚至不用画笔,而直接用调色刀作画,这形成了他个人独特的风格。塞尚是一位极富探索精神的画家,他在处理绘画中的空间的问题上也进行了很有创造性的各种试验,取得了新的卓越成果。他还着力表现对象的立体感,有时不惜采用"变形"的手法。他关于"要在自然中看出圆柱体、球体和锥体",要用这些几何形体去描绘对象的著名论点,一般被人们看作以后立体主义的滥觞。但是,塞尚的历史作用绝不止于引发了立体主义,他的影响要广泛得多,像野兽派、表现派以至某些抽象派的画家都或多或少地受到他的启迪,因此人们有理由把他称之为"现代绘画之父"。塞尚自己倒有自知之明,他曾对加斯盖说:"我太老了,来得也太早,但我指明了道路,别人会跟着走的。"他的历史作用正在于他充当了现代绘画的引路人。

另一位印象派之后的画家高庚也和印象派有相当深的交往,并在好几届印象派展览会上展出过自己的作品,这些作品都是用的印象主义手法,特别是受毕沙罗的影响。他是自学成才的画家,青年

---

① 转引自弗朗卡斯泰尔:《法国绘画史》,第493页。

时代曾长期在银行工作，做过证券交易的经纪人，却毅然抛弃舒适的资产阶级生活，抛弃温暖的家庭，投身于艺术，过着极其穷困潦倒的生活。在他的艺术生涯中，1888年是一个重要的转折点，从此他摆脱了印象主义的影响，而走上了他自己独特的艺术发展道路。促使他转变的重要因素之一是他对当时社会生活和艺术状况的强烈不满，这终于使他成为上流社会的叛逆者。高庚曾经沉痛地指出："在欧洲，为未来的这一代准备着一个可怕的时代：金钱统治的时代。一切都腐烂了，人和艺术都腐烂了。在这里，使人不断地感到心烦意乱。"但是，他的叛逆精神不是表现为对丑恶现实作积极的抗争，而是力图逃避现实，远离罪恶的西方文明社会，返回到原始的、自然的素朴生活状态中去。他远涉重洋，告别巴黎繁华的都市生活，前往大洋洲的塔希蒂岛，在那里进行创作。他满怀希望地写信给妻子说，他很快就将在一个小岛上愉快地、安静地生活，从事自己的艺术，远离家庭，远离欧洲人的这种为金钱的斗争，"在那里，在塔希蒂岛，我将能在寂静的可爱的热带夜晚，聆听我的心灵运动的柔和低微的音乐，与我周围的神秘的存在亲密和谐。我终于摆脱了金钱的烦恼，我将能够去爱，去歌唱，去死……"[①]。怀着这种返璞归真的强烈愿望，他当然不可能像印象派那样满足于描绘当前瞬间的表面生活现象，而力求去探索和表现人生的真谛和奥秘。如果说，印象派主要依赖感觉，强调如实地描绘所见到的自然，那么高庚则反其道而行之，重新把思想因素引进绘画，并更多地依靠想象，创造出富于理想的、具有象征意味的作品来。在题材上，高庚也和印象派不同，他作为海外的那些绘画充满热带的异国情调，散发着粗野而率真的原始气息，人又成为绘画的中心，那些尚未受

[①] 转引自里德：《现代艺术的哲学》，1967年英文版，第151页。

现代文明污染的似乎不开化的土人竟表现出这样丰满的人性。高庚在艺术上同样有不少创新,他用综合去代替印象派的分析,抛弃印象派所注重的光影效果,喜欢采用纯色,平涂勾边,透视的多样化,使作品富有装饰性并带有壁画那样的宏伟风格。在他那里,形和色达到了新的统一,艺术家可以发挥想象力而得到创造形的充分自由。人们把他的这种风格称为"釉彩派"或"综合法",或者叫作"象征主义"。西方现代绘画中的象征主义是以他为代表的,可是他的影响比这要深远得多,20世纪西方现代艺术家往往在精神上是与社会格格不入的无家可归的人,这种精神趋向是从高庚开始的。高庚在生命行将结束前曾对自己的艺术创作活动作了总结,他说,他想要争取的是想干什么就敢干什么的权利,尽管他的才能未能使他获得很大的成果,但机器毕竟是开动了,"今天那些正在享受自由的艺术家们,是应该感谢我的"。在某种意义上讲,高庚以自己的榜样指明了艺术家创作的自由,这对20世纪西方绘画的发展起了不可估量的影响。

  印象派之后的第三位、也是最重要的画家是凡·高,这位"疯狂的荷兰人"在现代艺术中举足轻重的历史地位恐怕是人所公认、毋庸多说的了。凡·高也是自学成才的艺术家,他虽然没有正式参加过印象派的活动,却分享了他们的贫困潦倒的生活。他和某些印象派圈子里的画家如图鲁兹-劳特累克、毕沙罗、德加、修拉等人都有交往,特别是和高庚曾经有过一段一起工作而又终于吵架分手的故事。印象主义对凡·高的绘画风格的变化和发展显然有深刻的影响,我们看他的早期作品,颜色偏于阴暗沉重,笔法朴拙;到了巴黎接触了印象主义之后,他的色彩变得明亮而强烈、鲜艳,笔触也流畅生动得多,这些都得益于印象派。但是,尽管他吸收和应用了某些印象主义的技法,他却始终保持和发展了他自己独一无二的艺术个性。凡·高从来不像印象派画家那样停留于客观地描绘所见到的现实,他在描绘景物的同时更着力于表现自己的情感,通过他所创造的现实来表现自我。他并不十分关心准确地反映现实,对照相式地提供有关自然的准确图像丝毫不感兴趣。在他那里,色彩和形式都被用来向人们传达他对所描绘的景物的情感,并希望别人能感受到他的这种情感,为了达到这一目的,他不惜采用各种手段去夸张地表现或甚至改变事物的形状。他在一封信里阐明了自己的创作方法,他说,"我并不着力谋求准确表现我眼前所见的事物,我是在相当随心所欲地运用着色彩,我是要更有力地表现自己"。譬如要为一位画家朋友画像,就要把对这个人所怀有的全部感情都贯注到画中去,可以随心所欲地使用颜色,加重他的头发的淡黄色,使之变成明亮的柠檬黄色,在他的头后面造成一个丰富而强烈的蓝色背景,从而这个光辉的金发头像就会给人造成神秘的印象,宛若挂在万里碧空上的一颗星。①凡·高的许多作品都借助于强烈的色彩和遒劲有力的笔触去抒发他的激情,表达他自己的主观精神状态。正如他自己所说,"有时情感竟如此强烈,以致在工作时没有意识到自己在工作"。他笔下的向日葵,仿佛是一片金黄色的小太阳,就像是他自己的生命在燃烧;蓝色和绿色错综交叉的鸢尾花,则充分表达了他内心里的烦躁与不安。他所描绘的春天里的桃树,繁花似锦,动人地展现出生活的欢乐,而苍劲的橄榄树则以它的弯曲的线条象征着生命的挣扎与抗争。凡·高的《星夜》显得这样幽深神秘,那漩涡般的旋转的天空似乎表示着艺术家内心的激动;《夜间咖啡馆》则"借助于红色和绿色去表现人类可怕的激情",在那样的地方,人可能毁灭他自己、发疯或犯罪。他的肖像画也带有极大的感情色彩,著名的《加谢医生的肖像》带着他所说的"我们时代的令人伤

---

① 参阅《凡·高给他兄弟的信,1886—1889年》,伦敦1929年版,第520封信。

心的表情",在某种意义上是画家的另一个自我的表现。他的那些自画像,则使我们看到了他的灵魂深处的痛苦和绝望。可以毫不夸大地说,凡·高的全部创作是他的人生悲剧的真实记录,也是他的矛盾复杂的心灵活动的形象化的展示。在西方艺术家中间,恐怕没有哪一个人的作品像凡·高那样富有浓厚的个人色彩。对凡·高来说,绘画已不再是一种职业或技艺,而是毕生的使命和生活的意义所在,他不仅是把时间和精力,而且把自己的全部生命都投入了艺术创作。尼采说,他爱读血写的书,如果真的有这样的作品的话,那么凡·高的画就是用他自己的鲜血绘成的画。我们从这位艺术家在短暂的一生中创作的众多作品中,到处可以看到他自己的影子,不论在风景画、静物画、世俗生活画或肖像画里都无所不在。他的绘画确实是高度个性化的,但同时又从一个侧面反映出时代的精神面貌,以及西方社会里现代人的境遇、思想感情和心理状态,从而具有普遍的意义。就这一点而论,凡·高真正实现了向现代绘画的过渡,是对印象派的名副其实的超越。印象派的著名人物毕沙罗后来在回忆他和凡·高初次见面的情况时说:"我知道他将会要么发疯,要么超越我们所有人。但我没有想到他竟然两方面都做到了。"这样一个推动了世界艺术前进的天才艺术家,生前却得不到社会的承认,在那个环境里不得不发疯以至自杀,这不仅是凡·高个人的悲剧,也是整个时代的悲剧。现代艺术的诞生也是曾经以其先驱者的血作为牺牲的。

看了印象派之后大师们的作品,我觉得对20世纪西方绘画的发展线索有了更深一层的理解。这些大师们是吮吸印象派的乳汁成长起来的,最后又完成了对印象主义的超越,指明了在新的基础上继续向前探索的各种可能性,以后陆续出现的许多西方现代艺术流派无非是这种趋势的合乎逻辑的发展而已。参观了多尔赛博物馆后,我对此更深信不疑了。

《吃土豆的人》的启示

——参观凡·高博物馆有感

在阿姆斯特丹访问荷兰皇家科学院的时候，承蒙院长维德教授陪同，我去参观他们的旧会议厅。古色古香的陈设，简朴而又庄严，一批曾经为荷兰科学赢得世界声誉的卓越人物的肖像画悬挂在会议厅两侧，用严峻的目光俯视着我们这些来自异乡的客人。维德教授对这个会议厅过去的光荣历史作了简单介绍，然后指着一面空空的墙壁向我说，这里原来悬挂着伦勃朗的《夜警》，后来经荷兰政府作出特别决定，这幅珍贵的绘画名作已经被移至国家艺术博物馆保存和展出了。他多少有点遗憾地说，这里的自然光线特别适合于《夜警》这幅画，大家久已公认把它挂在这里能取得最佳的艺术效果，移至博物馆展出后，专家们为了模拟这里的自然光线还煞费一番苦心呢。

伦勃朗，这位17世纪荷兰画派的巨匠，历来是艺术爱好者所景仰的人物。前几天，我去著名的莱顿大学汉学研究院访问之后，曾在莱顿市街头漫步，还特地去寻访伦勃朗故居，凭吊这位在西方绘画史上作出了重要贡献的艺术大师。应该说，伦勃朗的作品在国外一些著名的博物馆里并不少见，但既然到了荷兰，在这位画家出生、工作和生活的土地上欣赏他的作品也就具有特殊的意义了。因此，当接待我们的主人征询关于活动日程安排的意见时，我就表达了想参观一下伦勃朗和荷兰画派的作品的愿望，同时也提出希望能看看我所十分喜爱的凡·高的绘画。热心的主人表示一定要满足我的要求，他对我喜爱凡·高的作品尤其感到意外的高兴。他说，想不到来自中国的客人不仅对伦勃朗，而且也对凡·高感兴趣，可惜你们来早了几天，不可能去参观即将在荷兰举行的国际性大规模的凡·高画展，不过在阿姆斯特丹的凡·高博物馆里也有不少珍品，包括那幅著名的《吃土豆的人》。他还告诉我，在他的青年时代，凡·高的那幅画曾经对他产生过多么巨大的思想影响。

第二天，我们从海牙出发，沿着高速公路又驱车来到了阿姆斯特丹。原来排得满满的活动日程，经过主人努力压缩，终于挤出了一段时间供我们去国家艺术博物馆和凡·高博物馆作走马观花式的参观。可是，拥挤的市内交通偏偏又耽误了我们的宝贵时间，等我们赶到目的地，离博物馆闭馆时间已不足一小时，要想在这短促的时间内到两处参观显然是不可能了。于是，我就不得不面临二者择一的难题：

伦勃朗，还是凡·高？

《夜警》，还是《吃土豆的人》？

怎么办？既然二者不可得兼，就只得舍鱼而取熊掌了。我充分尊敬伦勃朗，也同样尊敬凡·爱克兄弟、哈尔斯、吕斯台尔等荷兰画派的古典大师们，但他们离我们的世纪已经如此遥远（这与其说是时间上的距离，倒不如说是思想感情上和心理上的距离），他们的作品里反映出来的现实（甚至纯粹的自然）、社会生活、人物性格、内心活动以及表现的感情，都已经令人有隔世之感了。或许可以说，他们所体现的那个时代精神早已演完了自己的戏，退下了世界历史舞台。而凡·高这个"疯狂的荷兰人"，虽然在他生时不能被人们所理解，却是资本主义发展中的一个新时代的预告者。我想，要了解什么是西方社会里的"现代人"，要了解他们的境况、思想、感情和心理，恐怕最好还是到凡·高的创作中去寻找启示。这样，我就作出了去凡·高博物馆的选择。

其实，凡·高博物馆就在国家艺术博物馆附近。不过国家艺术博物馆是一座华丽的大厦，而凡·高博物馆则是一座外表朴实无华的现代化建筑，相形之下甚至显得略微有些寒碜，但倒很符合这位穷画家的身份。据陪同的荷兰朋友告诉我，这座博物馆的建筑造价不高，同它收藏的凡·高绘画目前的市价相比，简直算不了什么（顺便提一下，这位自学成才的画家生前一共只售出一幅画，价格四百法郎，而目前在西方的艺术品拍卖市场上，一幅凡·高的作品价值竟高达数千万美元。可以断言，他一辈子也没有见到过这么多钱）。博物馆的凡·德·奥德先生出来热情地迎接我们，并且为我们引路和讲解。正由于这位内行的指点，才使我们能够尽量利用短促的时间充分领略凡·高艺术的那种非凡的美。

我们急着去欣赏的首先当然是陈列在底层左侧大厅里的《吃土豆的人》。尽管我早已从画册上熟悉了那幅画，但站在它面前，仍然不由自主地被它的那种震撼人们心灵的强大力量所压倒。一间简陋的农舍，在昏暗的灯光下，一个农民家庭的五个成员围着桌子在吃土豆。呈现在画面上的是一幅普普通通的农家生活的图景，并没有什么戏剧性的情节，却笼罩着一种不可名状的紧张气氛。这是一群为生存而苦苦地挣扎的可怜的小人物。生活的艰辛和过度的劳动，明显地在他们的肉体上和精神上都留下了深刻的印痕。那疲惫的神态，滞重的目光，迟钝到近于麻木的表情，关节突出的粗糙的手，以及粗犷而笨拙的形体，都充分说明那严酷的生活重担可以把人扭曲成什么模样。据凡·高自己在通信中说，他试图在这幅画中强调，在灯光下吃土豆的那些人，正是用挖掘土地的同样的手伸向餐盘的，因此这幅画是表现体力劳动，表现劳动者如何诚实地挣得他们的食物。我相信凡·高的这些话，画家的真诚是无可怀疑的，他曾经分享这些普通劳动者的贫困，和他们同生活、共命运，对他们抱着如此炽烈的爱和深厚的同情，这些都能从画面上感觉得到。不过，我玩味再三，总觉得这幅画里还有更深一层的东西，那么，这究竟是什么呢？

人们常说，艺术是生活的反映。这是一个素朴的真理，尽管多少年来一直有人提出异议，却很难把它推翻。据我看，问题倒在于艺术怎样去反映生活，去反映什么样的生活，通过反映生活又想去说明什么。按车尔尼雪夫斯基的著名的提法，美是生活，但严格地说，只有"应当如此的生活"才真正是美的。然而不幸的是，在艺术家眼里，"应当如此的生活"在现实中却又往往如此稀少。怎么办？是为了追求美而把生活理想化，还是忠于现实而不加掩饰地去揭示生活的本来面目？凡·高选择的显然是后一条路，这是一条荆棘丛生的艰难的路，但也是把他引向艺术巅峰的路。通过他的画笔，生活以其全部严酷性展示出来。请看那是什么样的生活呵。《吃土豆的人》指给我们看的恰恰不是"应当如此的生活"，而是它的反面——"不应当如此的生活"。我以为凡·高的这幅画所以发人深思，也就在于它告诉我们：人不应该这样生活。

人，这是多么高贵的称号！为了歌颂这个上帝按照自己的形象创造出来的万物之灵，人们曾经写过多少优美的诗篇，用过多少华丽的辞藻啊！千百年来向人作出了这么多的各式各样的许诺，从无忧无虑的幸福天堂、西方极乐世界直到理想的自由王国，可是到头来这么多人却依然生活在地狱里。克尔凯郭尔曾经讽刺哲学家说，他们建造了巨大的华丽宫殿，自己却满足于居住在附近简陋的窝棚里。这是多么荒谬、多么矛盾，然而应该为这无情的现实负责的又岂止是哲学家!《吃土豆的人》的伟大之处在于，它不仅使我们认识到人的真实处境，而且雄辩地证明，人即使生活在地狱里也仍然可以保持人的尊严，正是在这些被剥削和被损害的普通人身上闪耀着真正的人性的美。但同时凡·高又迫使我们去思考人的生活目的究竟是什么？人活着难道就是为了苦苦地维持这种动物式的生存么？不！人不能这样屈辱地生活，人要配称为人，其自身应该有更高的目的，应该有趋向于自我完善的更高的精神追求。凡·高画中的人物形象不能引起传统意义上的所谓美感，甚至使人感到有点丑，但他这样做绝不是要贬低人、丑化人，而是要提高人的地位，要求真正把人当作人来看待。我想，《吃土豆的人》这幅画的深刻的人道主义精神也许就在这里吧。

记得费尔巴哈有过一句名言："人就是他所吃的东西（Der Mensch ist, was er isst.）。"这句引起很多争议的话虽然包含部分的真理，却充分暴露了旧唯物主义的根本缺陷。如果它能够成立，那么按逻辑的推理，吃土豆的人就是土豆了。人固然首先必须满足自己的肉体需要，要有食物才能维持生存，然后才能去从事各种活动。但正如马克思所指出，在直接的肉体需要支配下的活动还不是真正的人的自由的活动，而人之所以区别于一般的动物，即在于他甚至不受肉体需要的支配也进行的那种改造客观世界的活动。因此，人不止是他所吃的东西；相反，人愈是超越他所吃的东西，他就愈是成为真正的人。在这里，问题不在于人吃的是什么，而在于资本主义社会里的异化劳动把人的自由活动贬低为单纯维持肉体生存的手段，从而使人丧失了自己。凡·高以他特有的艺术家的敏感觉察到近代西方社会里的人的异化状态，并加以充分的艺术的表现，这正是他的作品的伟大和深刻之处。只要人的这种异化状态一天不消灭，凡·高的画就依然保持着现实的意义。因此，尽管今天西方国家大多数人已不再以土豆充饥，在他们的餐桌上甚至不乏美味的食品，但《吃土豆的人》这幅画却并没有过时，而仍然激动着我们的心。

我觉得，看了《吃土豆的人》，再去欣赏凡·高其他的绘画，对这位艺术天才的理解就更加深了。按有些艺术史家的说法，凡·高在创作早期还没有形成自己的艺术风格，如果单纯用这种尺度去衡量，那么《吃土豆的人》就只能算是不成熟的作品了。想必安特卫普艺术学院的那些目光短浅的教师们也是这样看问题的，因此已经创作了这样卓越的杰作的凡·高就只能被编入初学班，而终于无缘进入学院的艺术殿堂。我以为，艺术技巧当然是重要的，但单纯掌握技巧，至多只能造就出够水平的画师，却成不了真正的艺术天才。对于一个伟大的画家来说，艺术技巧只不过是一种必要的手段，更本质的东西是要能够用自己的眼睛去观察世界，通过自己的思考去理解生活、去理解人，并且在认识和反映现实的同时善于深刻地剖析和表现艺术家的自我。也可以说，要做一个真正的艺术家，首先必须做一个具有自己独特个性的真正的人。如果说，凡·高在创作《吃土豆的人》时绘画技巧还没有完全成熟，那么他作为一个人来说则已经成熟了。在他决心献身于艺术之前，艰难坎坷的生活经历和个人的不幸早已把他磨炼得成熟了，无怪乎他在从事绘画的短短几年内就令人难以置信地创作出这许多确实称得上是不朽的杰作。当然，凡·高的早期作品和他后几年的作品相比，在艺术技巧和风格，特别是色彩的运用上是有很大变化的。但作为一个人，凡·高却始终是凡·高，在他的每一幅画中都能毫不费力地辨认出那个凡·高来。一个画家的个性在作品中表现得这样淋漓尽致、光彩夺目，这在西方艺术史上恐怕也是少见的吧。

奥德先生带我上楼浏览了博物馆内的陈列品，其中绝大部分是该馆珍藏的原作,也有少数质量颇高的复制品。展览厅宽敞明亮,周围的艺术品琳琅满目,可是置身于这充满着美的空间里,我却有一种说不出来的受压抑的感觉。传统的美学,特别是从托马斯·阿奎那开始,通常把美界说为一眼见到就使人愉快的东西。凡·高的作品则仿佛是对这种传统美学观念的挑战,他向我们提供另一种截然不同的美,那是一种看了使人直想流泪的美,令人难以忍受的美,叫人简直喘不过气来的美。凡·高曾经告诉他的弟弟,"无论在人物画或风景画中,我希望表现的不是感伤的忧郁,而是沉重的悲哀",他又把自己的画叫作"苦闷的呼喊"。他的作品当然不仅是个人情绪的表现,而且也表达了他对生活本质的看法。这种看法早在他成为画家之前就已经形成,他在青年时代传教时就曾强调指出,"我们的本性是悲哀的","悲哀要比欢乐更好"。有一本凡·高的传记引用凡·高自己的话,把他称为"人世间的陌生人"。这倒是很妥切的,可以说是一语道破了这位画家的悲哀的本质。这不是由于个人厄运所引起的一般的悲哀,而是处于更深层次上的悲哀,所谓"世纪的悲哀",资本主义社会里异化的人的悲哀。人生活在这个世界上,就像一个陌生人落入一个异己的环境,对他来说,一切都显得如此格格不入、冷漠、无情,甚至荒谬,他不能不感到孤独、苦闷、失望,这难道还不够悲哀吗?到这样的世界里去发掘美,把这样深沉的悲哀提炼成美,恐怕只有凡·高才做得到。我认为,凡·高艺术之所以具有如此巨大的感染力,之所以在现代西方世界使这么多人为之倾倒,其秘密即在于此。这也正是贯彻在凡·高全部创作中使凡·高之所以成为凡·高的决定性的东西。

因此,凡·高的作品大都具有一种特殊的悲剧性因素,只不过有时十分明显,有时比较隐蔽罢了。例如,博物馆里有一幅石版画就是以《悲哀》作为标题的。一个年轻的孕妇,侧身坐在地上,低垂着头，把脸深深地埋在胸前，手臂挡住了面容，使人看不到她的表情。但是，凡·高借助于简洁的线条，就把一个饱经风霜、备受侮辱的妇女形象生动地勾画出来了。通过这个形象，不仅可以看到生活对她的残酷，尤其使我感到震惊的是，凡·高在这个人物身上所表现的那种深刻的绝望。大家知道，这幅画的模特儿是一个名叫西恩的被人遗弃的怀孕的妓女，凡·高出于怜悯收容了她，尽力给予她以人的温暖，想重新让她过真正人的生活而终于失败。就我所见到过的同一类主题的作品而言，能够与之相比美的只有罗丹的《欧米哀尔》。不过我觉得罗丹比较偏重于刻画那种人间地狱的生活对一个人所造成的肉体上的摧残，而凡·高则更着重表现被蹂躏者所受到的心理上和精神上的摧残（这可能在某种程度上与雕塑和绘画的区别有关，姑且不论）。《欧米哀尔》和《悲哀》这两个作品都是对那野蛮残忍的反人道的资本主义社会的无声的抗议，但前者带有强烈的揭露性，而后者则更富于悲剧性，因而也就更深沉，特别是我们在这《悲哀》中看到了凡·高自己。人们常把色彩的运用看作凡·高艺术的本质，然而这幅石版画却证明，即使离开了色彩，凡·高仍然是那个凡·高。

　　《悲哀》是凡·高早期的作品，但和他在临终前两个月创作的另一幅油画《永恒将临》却惊人地相似。这是又一幕感人肺腑的内心悲剧。一个快要走到生命尽头的老人，孤独地坐在火炉旁，同样是低垂着头，双手紧捂着脸。他究竟为什么而伤悲？是为虚度了一生而悔恨，还是为即将跨入那未知的"永恒"而战栗？或者是二者兼而有之？不管怎样，从他身上看到的是一种绝望的痛苦，我总觉得这在某种程度上就是凡·高自身的写照。凡·高没有活得像这位老人那么久，他结束自己的生命时只有37岁，但我相信，他能作出这样的画，他本人也必定亲自体验过这种残酷的精神折磨。凡·高的一些自画像，包括在这个博物馆里陈列的几幅，也都可以作为他所经历的精神悲剧的佐证。不修边幅，满面须毛丛生，脸上流露出来的烦躁苦恼的表情，都充分地表现出这位生活中的失败者的内心世界，但最叫人受不了的是那因绝望而近于疯狂的眼神。人们往往把凡·高看作病态的人，在精神上有缺陷的人（事实上，他也确实进过精神病院，据近人研究，他患的可能是早发性痴呆症），可是却很少去考虑，真正有病的是这个不合理的社会，它的根本缺陷就表现在造成这么多人的不幸，甚至连刚刚懂事的儿童也难逃厄运。凡·高笔下的《学童》，脸上虽然稚气未消，却丝毫没有天真活泼的神情，他不知道什么是童年的欢乐，一副受人欺侮的样子，看了简直令人心酸。我们可以完全想象得到，在这样的环境下成长起来的人，将来会成为怎样的精神上的畸形儿。资本主义制度的罪恶不仅在于对人的剥削和压迫，而且还在于它扭曲了和压制了人的正常自由发展，使人越来越变得片面和畸形，导致了整个人类的沦丧和奴役。马克思说得好：资本主义"只有通过最大地损害个人的发展，才能在作为人类社会主义结构的序幕的历史时期，取得一般人的发展"①。用这个观点去看，凡·高所描绘的人物，包括他自己在内，都无非是在资本主义制度下其发展受到最大损害的那些个人的群像。可以说，他的作品向我们提供了关于资本主义制度的反人道性质的生动的证明。

面对凡·高的这些绘画，使我回想起30年前在莫斯科的普希金博物馆里第一次看到凡·高原作时的感受。那是一幅描绘监狱中犯人放风情景的油画：周围是砖砌的高墙，一群囚徒在看守的监视下围成圆圈沿着墙根走步，那沉重的步伐，沮丧的神态，死气沉沉的

---

① 《马克思恩格斯全集》，第47卷，第190页。

脸，好像是走向自己的坟墓，而囚犯之一就是凡·高自己。那幅画给我留下了永远难忘的印象，至今犹历历在目。但是，那时我还太年轻，还不能理解凡·高艺术的深刻的内涵，总以为这位画家过于悲观，把世界描绘得过于阴暗、过于残酷。现在我的看法和过去不一样了。哈姆雷特说，世界是一所大监狱，丹麦是其中最坏的一间囚室。如果我们承认丹麦王子有充分的理由这样说，而且说得深刻透辟，那么为什么凡·高就不能把世界看成一个大监狱呢？诚然，凡·高不是英雄，他和哈姆雷特一样，不能忍受这个牢笼，竭力想冲破它，却又缺乏刚强的意志和力量，终于在力量悬殊的斗争中遭到悲惨的毁灭。但真正可悲的却是那些生活在牢笼中而安然自得的庸人，是那些力求爬上看守的位置以鸣鞭为职业的小人。

在凡·高的许多作品里，人的命运往往是他感兴趣的主题，即使在没有人的形象出现的某些画里，也还是使人感觉到人的存在。作于1886年的一幅画，画的是一双破旧的皮靴，丑陋不堪、肮脏变形，磨损的鞋带耷拉在地上，仿佛是在哀叹自身的毫无价值。它不像卓别林《淘金记》中的那双著名的皮靴那样带有喜剧性，看了只能使人心情沉重，联想起这双旧皮靴的主人公的遭遇，联想起他穿着它走过了怎样艰难的人生道路。我们关心的与其说是这双皮靴，倒不如说是皮靴的主人。另一幅脍炙人口的名作《在阿尔的凡·高卧室》，在画面上也没有人物，空空的房间里摆着几件家具。凡·高的这幅画构思简单，取消了阴影和投影，用没有明暗浓淡的平涂的纯色去描绘事物，取得了类似日本版画那样的艺术效果。在这幅画里，色彩主宰了一切，各种色彩构成了奇特的和谐，而富于鲜明的表现力。这种对色彩的独创性运用，确实证明凡·高是擅长驾驭色彩的大师。他自己也认为这幅画是他的最好的作品之一。然而除了色彩之外，这里也还是有更多的东西。有一位评论家指出，在画中笼罩着一片寂静，而在这种寂静中洋溢着全然绝望的气氛。这是颇有见识的。凡·高固然不在卧室里，但这里又到处可以见到凡·高。对于凡·高来说，色彩是他的生命的表现，我们正是从色彩缤纷的画面中直接感受到他的心灵的搏动。因此，看了这幅画就使我们想起凡·高这个人，并且明白了这就是他的卧室、他的栖身之地。

谈到色彩，就不能不提起凡·高的那些美妙无比的风景画和静物画。尤其是他在巴黎和阿尔创作的几幅画，显然吸取了印象派的长处，把色彩和光运用处理得如此完美，简直达到了令人迷醉的地步。看看那上空有着云雀飞翔的麦田，鲜花盛开的桃树，田野里的一片丰收景象，或是那插在瓶里的向日葵，心中真有一种说不出来的复杂感情。想不到这个生活中从来没有阳光的人，竟在他的画里注入了这么多的阳光，把生活表现得这样美！像凡·高那样热爱生活、热爱美的人，绝不可能是一个颓废派或厌世主义者。也许正因为他过于热爱生活而又不得不生活在丑恶的现实里，所以才对世界抱有悲观的看法。这不是他的过错，而是他的不幸。当他受不了生活的压力而临近精神崩溃时，自然界在他眼里也变得如此森严、疏远、可怕。他在自杀前不久创作的《蓝天下的原野》和《谷田和渡鸟》，借助于强烈的色彩和狂放的笔触，充分展示出他的内心的激动和痛苦。天是那样出奇的蓝，狂风在谷田里掀起层层波浪，好像不平静的海洋，一群黑色的渡鸟象征着死亡将临的凶兆。我想，这就是凡·高为自己留下的墓碑吧。

我一边看画，一边想得很多很多。不知不觉已经过了闭馆的时间，奥德先生领我乘内部工作人员专用的电梯从旁门离开了凡·高博物馆。在归途中路过大门紧闭的国家艺术博物馆，不禁为失去访问的机会而惋惜，但同时又感到心满意足，因为我终于看到了《吃土豆的人》。

《天鹅湖》的悲剧结尾和莎乐美的爱

——看维也纳国家歌剧院演出有感

维也纳的国家歌剧院是奥地利的骄傲。在这个世界的音乐之城里，音乐家的纪念碑几乎比比皆是，而国家歌剧院无疑是其中最美、最宏伟的一座。有多少音乐家、指挥家、歌唱家、舞蹈家在这里成长，从这里出发去征服欧洲、征服世界，又有多少人渴望着能够有机会在这里演出，把这看作要努力争取的殊荣。有一位奥地利朋友对我说，访问维也纳而不去国家歌剧院，就等于没有到过这个城市一样。从他的话里，可以充分感觉到奥地利人对国家歌剧院的热爱和自豪。所幸的是，在我近年来两次访问维也纳时，感谢主人的盛情招待，都曾被邀请观看了国家歌剧院的演出，使我度过了两个美好的夜晚，留下了难忘的印象。

国家歌剧院坐落在维也纳最繁华的市中心。从著名的圣斯泰芳大教堂往南，是一个以出售各种高级商品著称的商业区，沿着一条步行街走到尽头，就到了国家歌剧院。这是一个巍峨华丽的建筑，落成于1869年，在第二次世界大战中部分毁于盟军的轰炸，战后完全按原貌修复。经过许多年来的风风雨雨，还能依稀看出当时奥匈帝国的非凡气派。无论是装饰着剧院正面大门的雕像，或是富有艺术趣味的宽广的大理石楼梯,绘有美妙壁画的富丽堂皇的回廊,以及布置得美轮美奂的演出大厅,都使每一个身历其境的人得到一种高尚的精神享受。但是,在这个崇高的艺术殿堂里,最美的当然是音乐,还有那音乐的伴侣——舞蹈。

《天鹅湖》能够成为悲剧吗?

我在维也纳国家歌剧院观看的第一场演出是《天鹅湖》。老实讲,《天鹅湖》虽然是一部令人百看不厌的名作,但我原先并没有对这次演出抱很高的期望。我总以为,在看过莫斯科大剧院和乌兰诺娃的表演后,恐怕很难再从这个芭蕾舞剧得到同样艺术上的满足了。当然,对于努列耶夫这位风靡西方世界的芭蕾舞大师,我是慕名已久的,可是我确实想不出他还能给《天鹅湖》增添什么新的光彩。自从柴可夫斯基的时代以来,经过这许多艺术家的辛勤劳动和艰苦探索,这一芭蕾舞艺术的瑰宝似乎已经达到了尽善尽美的境地,对这样公认的典范难道还能有所创新吗?我就是抱着这样的想法等待开幕的。

演出的结果却超出我的预料,推翻了我的这个想法。这倒不是由于这次演出在艺术上达到或超过了莫斯科大剧院的水平,而是由于努列耶夫在导演这部舞剧时对它所作的新解释。应该说,演出是成功的,歌剧院的乐团和指挥都是第一流的,扮演白天鹅和黑天鹅的青年舞蹈家施塔德勒的表演十分精彩,无怪乎人们誉之为一颗正在上升的新星。努列耶夫本人扮演的王子,动作优美、准确,无懈可击,在技艺上可以说已达炉火纯青的地步,虽然由于年龄的关系,已经可以看出他力不从心的最初迹象。整个高水平的演出确实使人陶醉,美的旋律,美的舞姿,一切都美,但真正激动人心的却是全剧的悲剧结尾。

《天鹅湖》的故事情节是大家都熟悉的，在这里不用多说。不过我们向来习惯于这样的结尾：王子在殊死的搏斗中最后战胜了恶魔，白天鹅摆脱了魔法而恢复人形，与王子成婚。所以人们在解释这部舞剧时常说，它的主题思想是：善战胜恶，爱情战胜死亡。讲得通俗一点，这样的结尾就是使人皆大欢喜的"大团圆"。努列耶夫则向我们提供了另一种可能性：王子在发觉自己受骗后，在绝望中发狂似的奔向湖畔，向白天鹅忏悔并取得了谅解。这时恶魔出现，迫使白天鹅离去，王子舍命追赶，恶魔施展魔法制造一条河流挡住王子的去路，王子面对激流，悲痛欲绝……这样的结局多少有点令人出乎意外，"大团圆"变成了悲剧。

国家歌剧院的这次演出雄辩地证明，把《天鹅湖》作为悲剧来演是可能的。同时它也给了我新的启发，就是对任何一个真正卓越的艺术作品，甚至久已闻名世界的伟大作品，也还是有可能作新的理解。无论是一座雕像、一幅画、一首诗，或是一部小说、一个戏剧，经过人们新的探索，总能不断地发掘出新的东西来。任何一个艺术作品，作为具体的社会存在，当然有它的客观内容和特定的意义，但这内容和意义并不是僵死的、凝固不变的，而总是可能随着人们认识的深化、实践的发展和再创造而愈益丰富，所谓不朽的艺术作品的万古长青的生命力的秘密也许就在这里吧！

我绝不想否定或贬低过去对《天鹅湖》结局的那种传统的处理，应该说那样的处理也同样很美。我只想指出，《天鹅湖》的结局并非只有一种可能性，除此以外，也还允许有其他的可能性，只要它符合艺术本身的规律就行。在这里需要思考的问题倒是：为什么《天鹅湖》能够成为悲剧？

《天鹅湖》是一个童话，在童话里，想象力可以充分地展开双翼自由翱翔。不仅儿童喜爱童话，而且成人也需要童话。童话使看来不可能的事成为可能，能够使人们内心深处的善良的愿望更容易实现。因此，《天鹅湖》里王子和白天鹅奥杰塔的美满幸福的结局是符合于童话的自然规律的。在这里，文艺理论中的所谓"诗的正义"以比较自然的方式得到体现。但是，童话却毕竟只是童话。人在生活中需要童话，向往童话中的生活，却不可能生活在童话中。童话之所以是童话，就是因为它总是和现实保持着这么大的距离，所以当人们回到现实中去的时候，童话也就破灭了。在现实生活中，往往不像童话里那样一切都按我们的愿望实现，"诗的正义"也往往是可望而不可即的一种幻想。有席勒的诗为证：

> "生活使多少善良的人凋谢了，
> 命运饶恕过多少卑劣的人！
> 伟大的帕特洛克拉死去了，
> 卑鄙的迭尔特却竟然生存！"①

幻想的破灭是痛苦的，但它的好处是叫人清醒，可以去勇敢地面对现实。如果加以成功的艺术处理，就更能取得震撼人们心灵的效果。所以悲剧永远有它存在的理由，只要产生它的土壤仍然存在，人的幻想和意愿同现实之间的矛盾无法消除，或者更科学地说，当历史必然的要求与这个要求实际上不可能实现之间的矛盾得不到解决时，悲剧总是要一次又一次地重演。努列耶夫当然还是把《天鹅湖》当作童话来对待的，他在这个舞剧中所表现的那种对美的执着的追求和忠贞不贰的忘我的爱，把人们带进了一个理想的梦

---

① 席勒：《胜利者的凯旋》。

幻世界，然后全剧的悲剧结尾又重新把人们带回到无情的现实，这就像是在一杯甜蜜的美酒里加上几滴生活的苦汁，令人回味无穷。梦醒了，幻想破灭了，我们失去了可爱的天鹅，英俊的王子失去了他的爱，但我们并没有失去一切，而是有了新的收获，因为我们更深刻地认识了生活。

我不知道努列耶夫对《天鹅湖》的这种解释是否有他个人的因素在起作用，只是觉得从艺术上说他这样处理是相当成功的。有些人不赞成悲剧，总以为悲剧叫人灰心丧气，起不到好效果。其实这种看法由来已久，可以追溯到两千多年前的柏拉图，这位祖师爷就是以此为理由主张把悲剧诗人逐出"理想国"的。可是历史并不能证明柏拉图的正确。说来也怪，希腊悲剧的繁荣时期正好也就是古希腊城邦国家国力空前强盛的时期。在当时实行奴隶主民主制的雅典，观剧是公民的一项义务，正是那些在露天剧场里向悲剧喝彩的自由民，在人数悬殊的战斗中打败了庞然大物波斯帝国的百万雄师。可见悲剧并没有败坏希腊人的士气，降低他们的战斗力。当然，我们也不能反过来说，正是靠悲剧的力量击败了武装到牙齿的强敌。悲剧并没有那么大的神通。不过我倒赞成尼采的意见，悲剧的作用绝不是否定生活，而是肯定生活；绝不是使人颓丧消沉，而是使人积极振奋；绝不是使人变得软弱，而是使人变得坚强。一个社会能够欣赏和接受悲剧，正是说明社会意识的清醒、成熟、健康和强大有力，如果连悲剧也使它无动于衷，那它就未免冷漠和麻木到可悲的地步了。

人们常说，人间的痛苦莫过于生离死别。这一类伤心事是生活中难以避免的，也不是单靠爱情所能战胜的。所谓爱情战胜死亡云云，只不过是人们制造出来的自我安慰而已。其实，重要的倒是，爱情也没有被生离死别所战胜，这就已经足够了。鲁迅说："悲剧将人生的有价值的东西毁灭给人看。"这话讲得很深刻，不过我还想补充一句，个人的失败和毁灭并没有降低或消灭这种植根于我们人性深处的价值，而是相反地使它显得更崇高、更伟大了。因此，我们在目睹了悲剧人物的不幸之后，并不被痛苦所压倒，而是更加珍视那遭受蹂躏的价值，决心为在生活中实现它而斗争。仅此一点，难道不足以说明《天鹅湖》的悲剧结尾的合理性吗？

什么是莎乐美的爱？

过了一年，我又重访维也纳国家歌剧院，这次看的是理查·施特劳斯的歌剧《莎乐美》。这也是他的最著名的歌剧代表作。

《莎乐美》的故事出自《圣经》的《马可福音》，原来的情节比较简单，经过英国作家奥斯卡·王尔德的改编，成为一部描写爱情的独幕剧，歌剧《莎乐美》就是根据王尔德的作品改编的。剧情大致如下：

犹太加利利的分封王希律娶了自己兄弟腓力的妻子希罗底为后，施洗约翰指责希律的婚姻不合法，违背道德。希律王恼羞成怒，把约翰囚禁于宫廷地牢中。希罗底是个阴险毒辣的女人，竭力怂恿希律杀掉约翰，但一直未能得逞，因为约翰在群众中颇有威望，被犹太老百姓目为先知。希律对这位以正直著称的圣者有所顾忌，不得不敬畏他，虽然把他监禁，但暗中还要保护他。有一天，希律举行盛大晚宴，庆祝自己的生日，文武官员和贵族们都应邀赴宴。希罗底和前夫所生的女儿莎乐美中途离开宴会来到庭院，听到地牢中传来的先知约翰的声音，便向负责看守的叙利亚人卫队长纳拉鲍斯要求见一下约翰，纳拉鲍斯正狂热地迷恋着莎乐美，因此就擅自违反希律的禁令把约翰带出地牢与莎乐美见面。莎乐美对约翰一见钟情,为他神魂颠倒,表示热烈的爱慕,遭到约翰严词拒绝后仍一往情深,纳拉鲍斯在绝望中愤而自杀,莎乐美竟无动于衷,不予置理。警卫将约翰送回狱中,希律和希罗底以及参加宴会的宾客都走出大厅,聚集在庭院里。这时又传来了约翰的声音,希罗底乘机再次鼓动希律杀约翰,仍遭拒绝。希律王酒兴大发,要莎乐美当众表演舞蹈,并向她起誓在跳舞后满足她的一个愿望。莎乐美的热情奔放而带有野性美的舞姿,使全场为之倾倒。然后她竟向希律提出了这样的要求:以施洗约翰的头颅作为报酬。希律大惊失色,恳求莎乐美改变主意,甚至答应把国土的一半给她。她却不为所动,坚持原来的要求。希律不能当众违反自己的誓言,出于无奈只得下令杀约翰。当行刑者托着盛有人头的银盘送给莎乐美时,她亲吻约翰的唇,说了这样一句话:"因为爱的秘密比死的秘密更伟大。"莎乐美自己也很快就领略了死的秘密,因为希律在盛怒之下处死了她。全剧就以这样的大悲剧告终。

在原先的圣经故事里并没有莎乐美的爱,约翰的死是由于希罗底教唆的结果。王尔德大胆地把一个暴君加坏女人一起作恶的故事改造成热烈歌颂爱情的诗篇,在当时保守的英国起了惊世骇俗的作用,剧本遭到禁演。施特劳斯是在著名的戏剧革新家马克斯·赖因哈特所办的柏林"小剧院"里,首次看到《莎乐美》的演出,便起了把它改编成歌剧的念头。他经过两年的劳动完成了这部歌剧,才使《莎乐美》广为流传。维也纳国家歌剧院素来以演出德奥学派的作品见长,那天晚上的演出也确实十分成功,扮演莎乐美的女歌唱家阿姆斯特隆表演尤为出色。不仅音乐、歌唱、舞蹈达到了很高的水平,而且连舞台设计和服装也都给予人们以美的享受。西方绘画中也有以莎乐美作为题材的,但都没有像这部歌剧那样给人留下如此深刻的印象。这或许是因为施特劳斯作为音乐中的后浪漫主义的代表,他的风格特别适宜于表现莎乐美那种强烈的感情吧。

有人认为,莎乐美的爱有悖常理,是变态的爱,因此不适宜于在艺术中表现。想必当时那些充当卫道者的英国绅士们也是这样考虑问题的。他们的神经过于脆弱,在道貌岸然的外表下藏着一颗冰冷的心。他们在感到无聊的时候也需要来一点儿感伤主义的爱情故事作为饭后消遣,但决不能忍受那种要以生命为代价的炽热的爱。至于说莎乐美的爱是否属于变态,那就要看你拿什么标准去衡量了。老实讲,究竟什么是"常态"的爱,恐怕谁也说不清。我没有考证过爱情的历史起源,但我猜想这必定是人类的一种相当古老的感情。翻开我们老祖宗的第一部诗歌总集《诗经》,就可以发现不少男女言情之作。"关关雎鸠,在河之洲。窈窕淑女,君子好逑。""静女其姝,俟我于城隅。爱而不见,搔首踟蹰。"这些不是歌颂爱情的诗吗?可是,人们对爱情的看法从来就不一致,尽管后来《诗经》被奉为儒家的经典,其中的某些自然率真的大胆的爱情表白却仍被有些人看作"淫奔之诗",主张予以删除。在这种"正人君子"眼里,大概爱情本身就是有失"常态"的行为,而逛窑子、娶姨太太倒反而是符合于人的"常态"的。如果用这种被扭曲了的人性作为衡量事物的标准,那么任何爱情就只能罪该万死了。当然,也有人并不是从封建卫道士的立场出发,他们只是感到莎乐美的爱和他们通常所习惯的不一样,所以就把这看作是反常的行为而予以否定。但是,难道只有符合一般人的平均数或是什么普遍适用的模式,才能算作"正常的"爱吗?奥林匹克运动会冠军比我们平常人跑得快、跳得高,难道他们不是"正常的"人吗?为什么我们不能以同样的眼光去看莎乐美呢?莎乐美比一般人爱得深、爱得强烈,这不是她的罪过,而是她的不幸。我的意思绝不是说,非要像莎乐美那样把所爱的人的脑袋砍下来才能说明爱的深度和强度。莎乐美的行为离不开特定的社会环境和历史条件,至于她是否应该这么做,完全是另一个问题。在这里,感情和道德陷于尖锐的矛盾冲突,从道德上来讲,莎乐美是应该受指责的,她离开康德伦理学的要求何止十万八千里,但是平心而论,她也不应为约翰的死负主要的罪责。甚至对这位圣者来说,与其长期被囚禁在暗无天日的地牢里,听任暴君和奸后的摆布,备受种种折磨和凌辱,最后瘐死狱中,倒还不如痛快地迎接一个壮烈的死,把该隐的印记永远留在暴君的身上。至于说到感情,那么就不能不承认它有自己的法则,莎乐美不仅没有违反,而且倒是完全遵循它的法则行事的。她不掩饰自己的真实感情,毫不虚伪,她大胆地去爱,勇敢地去追求,甚至不惜为了爱而毁灭自己,这是一般人所能做得到的么?也许,适当地约束感情是必要的,然而千百年来由于过度的压抑而造成的悲剧又有多少呢?莎乐美多少有点任性,但要知道她毕竟是一位犹太公主,处于她的地位而能够忠实于自己的感情,并且敢于用生命的冒险去证明自己的感情,承担一切可怕的后果,她在精神上比起她那荒淫暴戾的继父和母亲来真不知要高出多少倍。因此,莎乐美基本上符合于亚里士多德对悲剧人物的要求,王尔德和施特劳斯把她作为悲剧的主人公来加以艺术的表现是完全有理由的,她确实够得上悲剧的水平。

莎乐美的悲剧是所谓的性格悲剧。这是一位有自己的独立的坚强意志的女性,那种不顾一切的爱就出于她的个性,而在她的个性里也就埋藏着悲剧的种子,最终导致了大流血。我们从莎乐美那里知道,不仅恨可以杀人,而且爱也同样可以杀人。莎乐美的爱就牺牲了三条人命,不过这三个人的死情况又如此不同:卫队长纳拉鲍斯的死是由于得不到莎乐美的爱,施洗约翰的死是由于拒绝了莎乐美的爱,而莎乐美的死则是由于她要证明自己的爱。三个人虽然都蔑视死亡,但纳拉鲍斯内心里却是一个十足的懦夫,这种人确实不配得到莎乐美的爱,也不能博得观众的同情。约翰成功地抗拒了爱的诱惑,始终坚持了自己的原则,不失为大丈夫。而真正处于激烈的思想矛盾和精神痛苦之中、必须作出困难的决定的则是莎乐美,因为她所做的选择实在是太艰难而又可怕了,那就是要毁灭她所爱的人然后再毁灭自己。莎乐美经受了这一切,克服了畏惧,没有退缩,真是了不起的女性。正因为她有如此独特的个性,她才能成为黑格尔所说的"这一个",而对观众具有一种特殊的魅力。施特劳斯的歌剧把莎乐美的个性表现得淋漓尽致,并且在某些场合成功地运用了不协和音,取得了强烈的艺术效果。这在当时还是一种创新,无怪乎施特劳斯被视为现代音乐的前驱者之一。《莎乐美》在某些方面确实突破了以往传统西方歌剧的程式,称得上是歌剧艺术中的一朵奇葩。

关于爱与死的进一步思考

《天鹅湖》和《莎乐美》内容径庭,风格迥异,但都十分感人,其原因是它们以完美的艺术形式表现了人们普遍关心的两大问题:爱与死。在人的一生中,爱情和生命并不是至高无上的价值,这一点连资产阶级革命家也已经指出过,裴多菲的诗可作佐证。然而,应该承认,爱与死仍然是人生道路上最富有挑战性的问题。怎样去爱?怎样去死?对爱与死应该采取什么样的态度,每一个愿意自觉地思考生活意义的人,都不能回避这些问题。

有人说,爱与死是文学艺术的"永恒的主题"。我不知道究竟是否有所谓"永恒的主题"那样的东西,不过在文艺中这个主题确实出现相当早,而且历久不衰。西方文学的鼻祖荷马的史诗《伊里亚特》就是一个最早的范例,很好地反映了人类在开始取得自觉后对于爱与死的问题的最初的思考。随着人的自我认识的深化，哲学家们对这些问题作了更高层次的探讨，苏格拉底的申辩和临刑前的谈话，柏拉图的《会饮篇》中关于爱的著名篇章，表明了当时对爱与死的哲学思考所达到的深度。柏拉图在《斐多篇》里甚至替哲学家下了这样一个定义：哲学家就是懂得怎样去死这门最伟大而又最艰难的艺术的人。在这以后，关于爱与死的探讨一直在断断续续地进行，现代哲学家如麦克斯·舍勒和海德格尔也还是在讨论这些问题。可见，人类对于爱与死的思考至少已经有了两千多年的历史，而且这些问题又是亘古常新的，对于20世纪的人来说，爱罗斯（爱神）和塔纳托斯（死神）依然是一个谜。也许，像这样一些涉及人的感情和心灵的最深奥的问题永远不可能有最后的解答，然而人们还是会不断地进行思索，在不同的时代，从不同的立场和角度提出种种不同的看法。要真正了解人是什么，要研究人的哲学，就不能撇开爱与死那样的人生根本问题。遗憾的是，在我们的哲学和美学著作中，却几乎完全忽视了这些人人都要在人生道路上遇到的问题，这样就留下了理论上的空白地区，而听任各种非马克思主义学说在那里自由驰骋。这种状况绝不能认为是正常的。我以为，马克思主义如果想要真正进入人们心灵深处，成为生活的指导，那就不仅要解决社会发展问题，而且也要回答使人们感到困惑的切身的个人问题，包括对爱与死提出自己的看法。这是有待于我们作出巨大努力的一个新的宽广的领域。

为什么爱与死在人的生活中占据这么重要的位置？为什么它们总是显得亘古而常新？西方思想家们曾经发表各式各样的看法，例如弗洛伊德提供过一种解释，他认为这是出于人的两种本能，即所谓生存的本能和死亡的本能。生存的本能实质上就是弗洛伊德所一贯强调的性爱本能，通过生殖而起保存种族的作用；死亡本能则相反，它的作用在于毁灭自己和周围的事物，使生命变为死亡。但是，像弗洛伊德那样把爱与死归结为属于无意识状态的生物性本能，是不能解决问题的。人是一种动物，因此他自然具有生物性本能这一面。然而人之所以为人，又高于一般的动物，如果人在爱与死那样一些人生根本问题上不能超越生物性本能，那么人就降低到一般动物的水平了。莎乐美是一个有个性的活生生的人，而不是受本能驱使的雌性动物。弗洛伊德主义不能解释什么是人，也不能解释人的复杂的内心活动，因为真正的人的生活，正是从超越本能（而不是如某些人所想的恢复本能）的那个时候开始的。

再来看另一种解释，那是由克尔凯郭尔提出的。这位丹麦哲学家认为，爱与死之所以如此重要，是因为它们对个人来说是最真实的东西。爱与死对每一个个人都具有其特殊性和唯一性，只能由这个个人通过亲自的经验去体会，也只对他本人才有意义，其他任何人都无法替代。比如说爱情吧，一个人不管他读了多少有关爱情的书，具有多少关于爱情的知识，他仍然不能算是一个情人，除非他自己果真在谈恋爱，亲身领略了什么是爱情。死也是同样的道理。克尔凯郭尔说，虽然我知道人们关于死的问题一般所知道的知识，我知道如果吞服硫酸、投河或在充满煤气的空气中睡觉就会死亡；我知道拿破仑总是带着毒药，知道莎士比亚剧中的罗密欧服毒自尽；我知道斯多葛派把自杀看作勇敢行为，而另一些人则认为自杀是怯懦行为，以及如此等等。尽管如此，我还是不能认为我已经理解了死究竟意味着什么。对于我来说，当面临死亡的时候，死仍然是那样一种不确定的东西，始终是一个谜。因此，在爱之中和在死的面前，个人才真正意识到自己的存在。应该指出，克尔凯郭尔把个人夸大成为绝对，并把个人和集体对立起来，而且总的说来对人生持有一种悲观主义的看法，这些都是不足取的。但是，他突出地强调像爱与死那样一些个人问题的独特性及其对个人的意义，对我们还是有启发的。爱与死虽然对人们具有普遍性，可是对每个人来说却又紧密地和他的个别性相关联而显得如此独特。因此，在文艺创作中，有关爱与死的描写尤其要注意切忌千篇一律和公式化，而这正是我们某些作品中经常出现的弊病。

莎乐美说，爱的秘密比死的秘密更伟大。我想，通向这些伟大秘密的钥匙不在生物学和生理学，而在人学。古希腊德尔斐神庙里的著名题铭是："认识你自己"。两千多年来，人关于自己人身结构及其各种器官的知识无疑地已经取得了很大的进展，可是人对什么是人的认识却只能算是刚刚起步。人要认识自己，要对自身进行思考和探索，就不妨先从爱与死的问题开始吧！

一颗寂寞的心

——克列绘画展览观后

九月的伯尔尼是异常美丽的。如果你有机会在著名的贝勒维旅馆的露天咖啡座歇息,那么一幅如画的美景就展现在你面前。[①]从阳台往下看,清澈的阿尔河水在不断奔流,冲击着岸边的岩石,激起细细的浪花。在对面高高的河岸上,一幢幢漂亮的房屋隐现在层层丛林中。极目眺望,遥远的群山戴着终年积雪的白色冠冕隐约可见,衬托着晴朗的蓝天,蔚为壮观。如果你有兴趣上街走一走,那么离旅馆不远就有一个热闹的小广场,这里到处都有花店和花摊,出售各色各样的花卉。抬头望去,周围楼房的每个窗台上也都摆满红艳艳的鲜花,仿佛是在争妍斗艳,欢庆花的节日。由此往西是繁华的商业街,精美的橱窗设计,丰富多彩的商品陈列,真是琳琅满目,令人眼花缭乱。人们说瑞士是欧洲生活水准最高的地方,这条商业街就是一个缩影,世界上一切名牌奢侈品在这里应有尽有,可以充分满足西方社会的高消费欲求,当然其前提是你的口袋里要有足够的钱。假若你对资本主义的这种商品拜物教感到厌烦,那么我

[①] 贝勒维(Bellevue)按字面的意思就是"美景"。

劝你不妨去东面的旧城区观光，那里是个完全不同的世界。古老的钟楼，街中心的雕像和小喷泉，传统的手工业行会的色彩缤纷的旗帜和标志，狭窄的街道和两旁简朴而整洁的古旧的房屋，置身其间使人怀疑是不是回到了中世纪。如果你余兴未尽，继续往东走，越过阿尔河上的尼德格桥，就来到吸引许多游客的熊园，那里饲养熊已有不少年的历史，因为熊是这个城市的象征，伯尔尼这个地名即来源于熊。再向前走，爬上一个小山坡，便是著名的玫瑰园，从那儿居高临下俯视全城，整个伯尔尼历历在目，尽收眼底。我相信，面对这样的景色，多数人都会感叹说，这个城市多美啊！

但是，如果你热爱真正的美，那么建议你到伯尔尼美术博物馆去寻找。博物馆位于市区北部的一条偏僻的街道上，这里既没有现代化城市的繁华和喧闹，也没有令人发思古之幽情的那种中世纪情调，周围环境谈不上优美，却很宁静。从外表上看，博物馆的建筑也并无特色，只是一幢普普通通的楼房，可是这里却荟萃着一批具有世界水平的艺术品，特别是一些西方现代绘画的精品，足以使参观者得到难以忘怀的美的享受。

伯尔尼美术博物馆的规模当然不能和一些国际著名的大博物馆相比，但是它的收藏和陈列突出重点，因而在某些方面形成自己的优势。实际上，到这里来的参观者的首要目标是为了欣赏克列的绘画，因为这家博物馆从1952年起在保罗·克列基金会的协助下集中收藏了克列各个时期的大量作品，它所陈列的克列创作堪称世界第一。要想了解这位艺术天才的坎坷的创作道路及其对西方现代艺术的影响，最好的办法莫过于到这家博物馆的一系列克列展室中去亲眼看一下。我正是抱着这样的愿望，踏进了博物馆的大门。

克列基金会在博物馆内设有专门的图书资料室，收集了有关这位艺术家的生平和创作活动的许多文献资料和研究著作，供参观者随意使用和查阅。其中有些未公开出版过的材料,对深入理解克列其人及其创作是颇有帮助的。由于克列的名字对中国大多数读者来说还比较生疏,所以有必要先作一个简略的介绍。

1879年12月18日,克列生于伯尔尼附近的明兴布赫齐,这是瑞士的德语区,他的父亲是德国人,母亲则是瑞士人,但祖先来自法国贝桑松,并带有地中海地区北非的血统。因此,从克列的外貌和精神气质方面都可以看到阿拉伯因素的影响。他的父母都有较高的音乐素养,他从小受到家庭的熏陶,也很有音乐的天分,后来当他准备献身于艺术时,还曾犹豫究竟是当一个画家还是当一个小提琴家。事实上,在他成为杰出的画家后,他也没有放弃小提琴,在演奏小提琴方面表现出高度的才能,这种对音乐的敏感和节奏感也体现在他的绘画作品里。1898年,克列在19岁时前往德国慕尼黑学习,这对他的一生具有决定性意义。当时他热爱音乐、文学、诗歌和绘画,但最后还是选择了绘画,因为他觉得绘画比音乐和诗歌更能充分表现他自己的个性。他立下雄心壮志,写信给父母说:"我将把绘画向前推进。"在慕尼黑学习期间,他起初在欧文·克尼尔门下接受基本功训练,后来则进美术学院师从弗朗茨·斯托克。20世纪初的另两位先锋派画家康定斯基和贾伦斯基都曾参加斯托克教授的绘画班,不过当时克列似乎并不认识他们,直到1911年才和他们结交。1901年秋,克列去意大利游历,这对他在艺术上的成熟很有帮助。在半年内他去各地参观了许多艺术大师的杰作,除了列奥纳多、米开朗琪罗、平托里丘和波蒂切利的原作使他折服外,那坡利的水族馆内的汉斯·封·马莱斯的壁画和海洋生物也给他留下深刻的印象。次年5月他回到伯尔尼,对自己在艺术上的追求已经有了明确的认识,当时他写道:"必须从最小的东西开始,这是极其困难又是极其必要的。我要像一个新生儿那样,对欧洲一无所知,绝对地一无所知；不顾一切事实和风尚，几乎像原始人一样。然后我要做某种很平凡的事，就是靠自己去完成一个细小的形式的主题，即使没有任何技巧也能用我的铅笔把它把握住。"在他的日记里，他表达出追求自我的强烈愿望，要求发展自己的个性，使自己成其为保罗·克列。关于绘画，他也发表了自己的看法，认为自己的任务不是去再现对象的外貌，因为那已经有照片就行了，他说，"我想要深入到对象的最内在的意义中去。我想要达到内心深处"。克列的这些想法，实际上表达了20世纪现代西方艺术发展新趋向，不过他的成熟是个较缓慢的过程，他真正形成自己特有的风格并参加到新艺术运动中去，还是若干年以后的事。

1905年，克列第一次去巴黎，在卢浮宫、卢森堡博物馆等处观摩，戈雅、科罗、雷诺阿等人的作品使他很受感动。后来他更多地接触到一些现代画家的创作，凡·高、恩索尔、塞尚都对他发生影响。但直到1911年，他结识了康定斯基、贾伦斯基、马尔克等人之后，才真正意识到自己是和他们朝着同一个方向前进的，因此就参加了他们的"蓝色骑士"集团，成为这个标新立异的艺术团体的一员。同时，他也密切注视着当时出现的其他一些新的艺术流派，毕加索和勃拉克的立体主义、意大利的未来主义特别受到他的重视，并对他的创作产生一定的影响。从1913年起，他创作了一些重要的作品，标志着他在艺术上的逐渐成熟，特别是1914年他和友人麦克等首次去突尼斯旅行，虽然只有短短的17天，却给他留下很深的印象。北非风光使他重新发现了自我中的某种因素，他甚至怀疑这里是他的真正的祖国，感到自己是"南方升起的月亮"。阿拉伯之夜的光与色深深地印入了他的意识，他说："我已经被色彩所支配，我不需要再去追求它了。我知道，色彩将永远支配我。这是一个伟大的时刻：我和色彩已合而为一。我是一个画家了。"接着就爆发了第一次世界大战，他的亲密朋友麦克和马尔克先后死于战场，这两位艺术家的无谓牺牲使他深感悲痛，造成了心灵上难以愈合的创伤。但是，正是在战争期间，他终于完全成熟，真正成为保罗·克列。有一位评论家说，在战后克列就像"一株热带植物那样旺盛地成长"。从1921年到1931年，他应聘参加了著名的"包豪斯"，先后在魏玛和德骚工作。这是他的艺术生涯中成果最为丰富的10年，他从事绘画创作和教学，不仅在纽约、巴黎等地成功地举行了个人画展，而且出版了一系列重要的理论著作，如《教学素描簿》《论现代艺术》《图像思维》等等。1931年他离开"包豪斯"去杜塞尔多夫国立美术学院担任教授，但是不久政治风云突变，德国法西斯上台，他事先未得通知即被解聘，被迫离开德国，于1933年回到伯尔尼。在法西斯统治下的德国，克列的作品被禁，公共博物馆里收藏的他的100多幅作品被纳粹当局没收，他的17幅作品被陈列在纳粹举办的臭名昭著的慕尼黑"堕落艺术展览会"上供批判。他在伯尔尼度过的生命的最后几年是很不愉快的，他身患绝症，健康状况日益恶化，几次申请瑞士国籍均遭刁难和拒绝。他在困难的处境下仍努力创作，完成了一些重要的大幅作品，可是他生前在苏黎世举行的最后一次画展，却招致评论界的一些不公正的批评和误解。他终于在1940年6月29日默默地死去。只是在二次大战以后，人们才真正充分认识到克列的创作的意义和价值，承认他是20世纪西方艺术的最重要的人物之一。①

我怀着对这位画家的尊敬和同情走进了展室。克列的作品是

---

① 赫伯特·里德在《现代绘画史》中把克列和毕加索、康定斯基并列为对现代艺术的发展作出最大贡献的三位艺术家。参阅里德：《现代绘画史》，1985年英文版，第147页。

按创作年代的顺序陈列的，仿佛是在展示他所经过的痛苦的精神历程。这里收藏的现存最早的作品，是他三岁时和小学生时期所作的一些图画，这些充满童年稚气的习作和一般儿童画无多大区别，当然说明不了什么问题。作于1896年和1898年的两幅风景素描，是他正式学习绘画前的作品，证明这位年轻的艺术学徒在去慕尼黑之前已经初具基本功。他自己编为"作品第1号"的一系列蚀刻版画，完成于1902—1905年，是真正开始具有他个人特点的作品，它们带有喜剧的夸张，又有强烈的讽刺色彩，这和他当时喜爱俄国作家果戈理的作品有关。其中有一幅题为《两人相遇，彼此认为对方属于更高级别》的版画，描绘两个骨瘦如柴的男子，互相卑躬屈节地弯腰施礼，脸上一副谄媚的神态，看了令人忍俊不禁。另一幅《独翼英雄》，表现一个战神模样的"勇士"，右臂是雄鹰的翼，左膀则缠满着绑带，想装扮英雄，却又掩盖不住狼狈相，真是对当时十分嚣张的德国军国主义的莫大嘲弄。据说这幅版画是克列售出的第一批作品之一，售价为300马克，这在当时是不小的数目了。看来他很有讽刺的才能，起初他为了维持家庭生活，曾打算为慕尼黑的一家讽刺刊物作画，但他送去的作品未被编辑部采用，而他又不愿按别人的意图来进行创作，坚持要忠于自己的艺术良心，所以他宁愿在一个夜校里以授课为生。如果他真的成为替报刊工作的讽刺画家，那么当然我们也就看不到作为艺术家的保罗·克列了。不过细察起来，即使在他后来成熟时期的作品中，也常常可以发现某种喜剧性夸张和讽刺的因素。按丹麦哲学家克尔凯郭尔的说法，讽刺是对现实的否定，是绝对的否定性，克列的讽刺也源自他对社会现实所抱的否定态度。我们从他的日记和书信里可以清楚地看到他对当时社会的不满情绪的流露，然而他从来也不是对现实作出激烈反应、要求变革社会的革命者，而是把这种对现实的否定深深地埋在自己的内心里,听任它慢慢地成熟而渗透在他的创作中。在艺术上,克列也有类似的情况,他并不缺少艺术家的敏感,可是他不像有些艺术家(如毕加索)那样把自己的感受和热情迅速地转化为艺术形象,而是相反地似乎有意让它们在自己心中冷却下来,仿佛一时没有合适的技巧和手段把它们表现出来,然后经过一个时期的等待,它们就像种子那样发芽生长,终于破土而出,成为一株株艺术奇葩。这也许是克列艺术的特殊品性,有一位评论者据此认为,毕加索是现代艺术的一极,而克列则无疑地代表另一极。[①]在克列以后成熟时期的创作中,这一点尤为明显。

一般说来,在第一次世界大战以前,克列的作品还没有形成他个人的风格,他似乎是在不断地进行探索,试图寻找自己,同时又在努力从传统和当代艺术运动中吸取营养。作于1906年的两幅肖像画,基本上倾向于传统的写实主义风格,画的是他的父亲和妻子,从这些作品中可以感受到画家对亲人的温情。在这以后几年内的一系列素描和速写,描绘城市景色、车站、静物、躺椅上的年轻妇女、笼中鸟等等,画风在逐渐演变,由如实的描绘趋向于创造性的简化,构图越来越简单,线条越来越自由。1912年的一幅城镇街道的素描,只用寥寥的几笔,一些稀疏的线条,便把街道全景勾勒出来了。笔下的人物形象也开始出现变形,作于1913年的《人的软弱》和《头像》在这方面很有代表性,表现人的软弱的四个歪七扭八的人物形象就像是落在蜘蛛网上的可怜的昆虫一样。看来在这个时期内他已经学会把线条运用自如了,他要把自己内心里的感情用线条表现出来,他认为,只有这样他的个性"才能得到最充分的自由"。由于纯粹的线条并不存在于自然界,因此艺术家在运用线条去

[①] 参阅拉扎洛:《克列》,1967年英文版,第25、48页。

表现时具有更大的创造自由。当然，这绝不意味着他不重视色彩。相反，在那些年代里他一直在研究色彩的运用，在充分发挥色彩的表现力方面下功夫。他在日记中写道："比自然和研究自然更重要的是凝神专注于自己的颜料盒里的内容的能力。我应该能够在色彩的平面上进行自由的幻想。"他使用色彩有自己特殊的方法，常把油画颜料和水彩、胶和清漆混合在一起，有时甚至使用中国墨作画，因此有些作品很难说是油画还是水彩画。他对色彩的运用很有独到之处，有一位评论家认为克列是我们时代少见的善于运用色彩的大师[1]，这绝非夸大之词。我们在他那个时期的作品中也可以看到当时一些画派的影响，如作于1910年的《带罐的少女》完全是用表现主义的手法创作的，1913年的《采石场》和1914年的《小港》则带有塞尚的风格。1915年的《阿芙洛迭特[2]的解剖》是一幅重要的抽象派作品，标志着克列创作中的抽象主义因素开始出现。画面上找不到任何类似人的形象，主要由红、白、蓝、黄、紫、绿等各种颜色的条块组成。这不容置疑地是由于受了康定斯基的启发，不过除了个人的影响外，克列对抽象艺术的产生还作了更深一层的阐明，他在1915年初的日记中这样说："这个世界变得越是令人感到恐怖（正如它在近来这些日子里那样），那么艺术也就越是变得抽象；一个和平的世界则产生现实主义的艺术。"在这里他正是一语道破了导致抽象艺术出现的社会根源，抽象艺术并不是个别艺术家故意为了标新立异而做的别出心裁的游戏。不，它的产生不是偶然的，而是深刻的社会危机在人们的精神和心理上所造成的苦恼困惑、惶恐不安状态在艺术上的某种反映。克列自己的作品就是一个证明。

---

[1] 参阅拉扎洛：《克列》，第102页。
[2] 阿芙洛迭特是希腊神话中爱与美的女神，相当于罗马的维纳斯女神。

不过克列并没有在抽象主义的道路上走得太远①，除了极少数可以称作纯抽象的绘画外，他的大部分作品虽然含有抽象的因素，却仍有大量来自现实世界的事物形象出现，尽管这些事物形象是经过剧烈变形后在奇特的组合中被提供给人们的，有的则成为他个人使用的符号而在绘画中起着特殊的作用。1915年的一幅水彩画《尼圣山》，山峰像一座蓝色的金字塔耸立着，前面堆砌着各种颜色的方块，上面高悬着月亮和一颗硕大的星。1918年的几幅画如《埃及小景》《动物园》《在一颗黑星下》，基本上也是由各种色块组成，不过形状更加多样化，色彩更加凝重丰富，而且在画面上出现了人和动物，特别是一颗巨大的黑星占着突出的位置，似乎象征着什么。更令人感兴趣的是1920年的《带有针叶树的梦中风景》，它说明战后克列在艺术上更加成熟了。在红色的画面上有农舍、谷仓、树木、起伏的山峦、圆圆的太阳，一切显得那么亲切，同时又那么遥远，就像是梦中的景色一样。这幅画基本上摆脱了抽象主义，又回到了现实，不过这不是对现实的摹写，而是艺术家在内心深处经过长期酝酿成熟而创造出来的新的现实。克列有一句名言："艺术不是去再现可见的东西，而是去提供可见的东西。"如果用这一观点去看他的作品，或许能加深对它们的理解。

1921年参加了"包豪斯"以后，克列的创作活动进入了全盛时期。大家知道，"包豪斯"的宗旨之一是去重新发现艺术的各个部门之间的和谐，首先是要消除严格的艺术活动和手工艺、美艺术和

---

① 克列和康定斯基之间存在着友谊和合作的关系，但他们在艺术上走的不是一条路。有的评论家如彼埃尔·伏波尔特甚至认为，这两位画家基本上是正好相反的，因为他们对世界的看法根本不同。在他看来，康定斯基的作品是处于时间之外的，与我们所居住的世界毫无关系，其作品看成一个世界，在那个世界中人是不存在的；相反，克列却始终和现实世界保持某种联系，小心地不漏掉他的眼睛所看到的任何东西。

应用艺术之间的传统的区别。它在艺术创作方面进行过一些很有意义、有时是颇有成果的试验，这些都对克列的艺术风格的演变发展产生了影响。他在这个时期的大量作品的显著特点之一，是画面上充满着活力的运动。他把运动放在十分重要的位置，他所以赞赏德劳奈和意大利未来派的作品，正是为了其中的运动；而所以对立体派不满，则是为了它的静止性。我们看他画的随着风奏琴翩翩起舞的舞女，玩杂技的演员，跳舞的小孩，飞禽走兽和鱼类，生长茂盛的植物，随风飘扬的帐幕，等等，无不充满生机和运动。甚至似乎是表现静止的风景画，也给人以运动感。1923年所作的《北海》，远处是低垂的云层，右边是碧蓝的大海，近处则是笔直的大道直接通向远方。画面上虽然没有任何活动的东西，一切都处于静止状态，可是给人的感觉却像是乘车在高速公路上急驰。作于1924年的《托尔米那附近风光》，也是一幅以大海为背景的风景画，同样也看不到什么有生命的东西，然而组成画面的各种颜色和各种形状的色块却形成一种奇妙的色彩运动，这些色块仿佛是在互相挤压、吞并、融合、排斥，就像是有生命的一样。克列不仅在自己的艺术实践中注重运动，而且在理论上加以探讨和论证。他反对莱辛在著名的《拉奥孔》一书中所提出的空间艺术和时间艺术之间的区别，认为这完全是腐儒之见，因为在他看来，生成过程的根永远在于运动，时间与空间并非截然对立，"因为空间也是一个时间的概念"。他说，当一个点开始运动而成为一条线，就需要时间；同样地，当一条线运动而产生一个面，当面借助于运动而变空间，也都需要时间。因此他认为，任何人要真正理解一幅绘画就需要花时间，需要有一把椅子，"以免疲劳的双腿扰乱他的心"。总之，在绘画中，时间和运动无所不在，这是普遍的规律。"造型艺术是靠运动产生的，它本身就是被固定和被把握了的运动，并且是通过运动（眼肌运动）被人感知的。"所以观赏克列的作品需要用新的视角,就是不能用传统的静止的观点,而要用运动的观点去看。克列曾经用通俗的语言举例说明一幅绘画的创作过程,他建议观众陪同他到乡村去作一次短途的徒步旅行,就能看出自然现象是怎样由各种绘画的图解因素及其组合所表现出来的:先从某一点出发,然后就形成一条线,我们在途中停留一两次,这条线就中断,然后又连接。我们乘船渡河,这是一个波动起伏的运动。路过一片耕地,它是满布线条的一块平面。山谷中的雾,则是一种空间性的要素。我们遇到人群,可以看到种种不同的运动,有人赶着马车回家(车轮的运动),有人带着卷发的孩子(螺旋状运动),等等。后来天气变得闷热、阴霾(空间因素),地平线上出现闪电(Z字形线),但在上空仍有星星闪耀(分散的点)。当这一天终结,我们到达旅舍,在入睡前白天旅途中获得的丰富印象又一一浮现在我们的记忆里。各式各样不同的线条,各种颜色的斑点,各种条纹的平面,起伏的运动,断续的运动,以及相反的运动,等等,各种事物互相交织和组合在一起。所有这一切在艺术家的脑海里酝酿成熟而重新表现出来,由于这形式的交响乐的丰富性,它所产生的变化的可能性以及表现的可能性也就增加到无限。克列说:"创作的冲动突然苏醒,就像火焰一样,通过手而传到画布上,在那里它像电火花开通电路那样进一步扩展,直到它返回到它的源泉:眼和心灵。"[①]

从上面所述可以看出,克列十分强调艺术家在创作过程中的主观作用,但是他并不否认艺术的源泉来自外部世界,这是他和某些现代西方艺术家不同的地方。他在"包豪斯"工作时期写过一篇题为《研究自然的途径》的文章,表明了他的这种立场。他说:"对

[①] 克列的第一篇美学论文《创作的表白》(Schöpferische Konfession)。

艺术家来说，与自然进行对话始终是一个必需条件。艺术家是一个人，他自己是自然，是自然的一部分，处于自然的空间内。"这是一个普遍的永恒不变的真理，随着时间而发生变化的只是研究自然的方法而已，而研究自然则是艺术创作的必需条件。但是，在他看来，过去的艺术在对自然的关系方面主要只是勤勉而精细地研究了事物的外观，艺术家和他的对象之间只是建立了通过空气层的视觉的物理关系。这种方法的优点是向我们提供了关于事物表面现象的卓越的图画，而其缺点则是忽视了思考的艺术、揭露非视觉的印象和形象的艺术。因此他认为，一方面不能低估对现象的认识所取得的进展；另一方面又必须从现象更深入一步。今天的艺术家已不再是"官方的摄影师"，他不能停留于现象，而应该深入到对象的内部，把外部的视觉和内部的思考综合在一起。他越是在对自然的观察和思考方面取得进展，他在组织各种抽象的形式组合方面也就越是自由，就能超越图式化和任意性而建立一个新的自然秩序，即艺术作品的自然秩序。不过，按照克列的意见，在艺术世界里重新诞生的自然必然会发生变形，而不是自然的简单的再现。1928年他在耶拿所作的一次讲演（后来于1945年公开出版时题为《论现代艺术》）里，详细地阐明了他的观点。他以树作为比喻，把艺术家比作树干，艺术家生活在多样化的世界里，把各种现象和经验整理成序，这种在自然界和生活中的取向就可以比作树根的许多分叉。树液从树根向上吸收到树干，通过艺术家直达他的眼睛，在这强有力的激流的压力和刺激下，艺术家就把他所看到的东西转化为艺术作品，他的作品就像这棵树的树冠，它在时间和空间中伸展并且是可见的。没有人会要求一棵树的树冠生长得恰好和它的根一样，在上面和下面之间不可能有彼此间精确的镜子式的映象，在不同的因素下起作用的不同的功能必然会产生完全不同的东西，这是显而易见的。可是人们不准艺术家离开自然界这个范本,虽然他的艺术要求他这样做,而一旦他这样做了,他就被指责为无能或有意的歪曲。但实际上艺术家就像一棵树那样只是把来自树根深处的力量收集起来,并把它们转化成树冠而已。艺术家本人并不是树冠的美,只不过树冠的美是通过他表现出来罢了。

克列的艺术理论以及他根据自己的理论而进行的创作活动,对现代西方艺术的发展产生了深远的影响。他的理论著作曾启迪了整整一代艺术家,按里德的说法,"它构成了艺术新时代的美学原理,在这方面克列所占的地位可与牛顿在物理学领域中的地位相比。假如克列只提出了这些原理,别的什么也没有做,他也仍将是现代运动中最重要的人物"[①]。某些著名艺术家的看法似乎也印证了里德的以上评价,例如有人问毕加索对克列如何看,他简单地回答说,这是"巴斯噶–拿破仑"。谁都知道,巴斯噶和拿破仑在各自领域内的历史分量,毕加索把克列和这些巨人相比,足见克列在他心目中的地位。在我们今天看来,这些评价可能偏高,但克列的艺术理论中确有可取的积极的东西。比如说,在关于艺术的源泉这个关键问题上,他坚持认为现实是艺术的唯一的源泉,多样化的自然界和丰富多彩的人们的生活为艺术家提供的纷繁的现象和经验,乃是艺术创作的真正来源。他主张,艺术家必须扎根于现实的土壤,从中吸取丰富的营养,然后才能进行创作,艺术家的作用只是把来自现实的素材加工转换成艺术作品而已。这些观点虽然不是什么创新,可是在现代西方艺术家中间能坚持这些正确的主张是难能可贵的。克列还有一个卓越的思想也是应该肯定的,他指出,艺术家必须深入到生命力的源泉(他称之为"一切时间和空间的发电厂")中去,

---

① 里德:《现代绘画史》,第186页。

这样他才能获得进行创造所必需的能力和自由,再加上合适的技术手段,方可创造出有生命力的艺术作品来。特别是,他清楚地意识到这靠艺术家个人的努力是不够的,因为艺术家的力量的最终源泉来自社会,而这正是现代西方艺术家们所缺少的。他坦率地承认,"我们仍然缺少最终的力量,因为我们没有人民的支持"。现代西方艺术家脱离人民,缺乏同为之而工作并一起生活的人民结为一体的意识,这是他们的悲剧。应该说,克列已经看到问题的症结之所在,只是他并没有找到解决问题的正确途径,他寻找人民的支持,但他不了解人民,人民也不了解他的艺术,他始终在孤寂中默默地创作,由于他缺少那"最终的力量",这就限制了他的艺术天才的充分发挥。有的评论家喜欢把他和毕加索作比较(如前引《克列》一书的作者拉扎洛),如果一定要作比较的话,那么我认为正是在这方面克列要比毕加索略逊一筹,因此在他的绘画中看不到像《盖尔尼卡》所具有的那种气势磅礴、震撼人心的力量。

在克列的艺术理论中可能引起异议的是他关于创作过程和艺术中的变形问题的见解。他虽然承认现实是艺术创作的源泉,但是艺术家在进行创作时却并不是直接从现实出发,创作的目的也不是去反映或再现那个直接的现实,而是把从现实中汲取的经验和印象贮存在记忆里,在那里酝酿成熟。一旦艺术家受到灵感驱使,在创作冲动的刺激下,这些不自觉地潜藏在记忆中的印象又突然重新浮现,化为图画的各种要素:点、线、面、色彩,构成新的组合,借助于艺术手段而创造出艺术作品来。在他看来,艺术创作的基本过程是在低于意识的水平进行的,自觉地有意识地抱特定目的去进行创作倒往往是不成功的。就这点而论,他的艺术创作论带有非理性的色彩,因此,有的评论者认为他接近于超现实主义派。不过,克列并不像某些非理性主义者那样走极端,他不认为艺术作品可以自动地从无意识中产生。按里德的解释，克列所说的艺术创作的领域相当于弗洛伊德精神分析学中的"前意识"（preconsciousness），这个层次的精神活动既不同于意识（自觉的有目的的活动），也不同于无意识（原始本能、被压抑的欲望）。克列正是从"前意识"这个储藏着大量过去的感觉、体验、情感、思考的记忆仓库里取材，充分施展自己自由的想象，而创作出一幅又一幅诡奇而又瑰丽的绘画。里德又指出，克列并不愿意把这个前意识的世界转化为意识，而是宁愿停留在那里，忘掉意识的世界。他要逃避到过去记忆的世界中去，因为那是一个幻想和神话的世界。所以里德认为，克列的艺术是一种形而上的艺术。[①]里德的看法是很有见地的，它确实在一定程度上阐明了克列的绘画艺术的特质。就拿克列在20年代末至30年代初的一些作品来说吧。《南方植物的共鸣》（1927）和《颜色板》（1930）都是由不同颜色的方块组成，只是二者的色调迥然相异。《景泰蓝》（1928）、《相面术的起源》（1929）、《肥沃田野上的纪念碑》（1929）、《杂技演员》（1930）、《翱翔》（1930）则基本上是由不同方向的直线以及由直线构成的面所组成。更有趣的是这样一些画如《混合气候》（1929）、《装饰叶》（1929）、《孪生的地方》（1929），它们由曲线构成各种奇特的不规则的图形，配以令人意想不到的色彩，往往产生强烈的审美效应。这些作品似乎是在为克列的艺术理论提供例证，使我们得以体会到他的艺术的形而上的意味，同时也可看到他所创造的艺术作品和作为创作源泉的现实之间有着多么大的距离。

这就涉及艺术中的变形问题了。在克列看来，虽然艺术扎根于现实，可是树根不同于树冠，因此源于现实的艺术发生变形是必

[①] 参阅里德：《艺术的意义》，1949年英文版，第169—170页。

然的、不可避免的。无可讳言,变形是艺术理论中的一个复杂的问题,也是相当普遍的现象。我们从原始艺术(如岩画、雕像、面具等等)中就已经可以看到变形的最初的表现,在法老时期的古埃及艺术中某些变形甚至成为创作规则而被固定下来,到了近代和现代,艺术中的变形现象就越来越多了。因此,问题并不在于是否应该承认这种艺术现象,而是应该对它作出合理的解释。克列为艺术中的变形作辩护,这没有什么不对,只是他过分夸大了这种艺术现象并作了不正确的解释,从而为形形色色的主观主义敞开了大门。问题的关键仍在于他不理解艺术与现实之间的能动的反映的关系,他由于把这种反映的关系仅仅简单地了解为"精确的镜子式的映象"而予以否定,实际上是因为反对机械的反映论而走向了另一种片面性,即从根本上否认艺术应该是现实的反映。尽管艺术源于现实,可是在他看来艺术的任务却不是以某种方式去反映那个现实,而是艺术家凭自己主观的经验和印象去重新创造出一个截然不同的新的现实。他所说的"艺术不是去再现可见的东西,而是去提供可见的东西",其真意也就在这里。对他来说,艺术家在进行创作时不需要考虑忠于现实的问题,也不受现实的客观规律的制约,完全可以在艺术所允许的范围内充分发挥自己的自由幻想和创造能力,所以有人把克列的耶拿讲演称为"艺术家的权利宣言"。不管克列的本意如何,这实际上是为艺术家凭主观意图随心所欲地改编现实提供了理论上的根据。还应该指出,克列为艺术中的变形辩护而提出的另一个理由也是相当片面的。他认为,现实中的自然形式并不具有"现实主义者"赋予它们的那种决定性的重要意义,因为这些完成了的形式并不代表自然的创造过程的本质。他强调世界随着时光的流逝而不断变动,创造的过程并未在我们今天完成,过去、现在和未来的世界都不一样,今天看到的和另一天看到的可能十分不同,因此艺术家不应拘泥于现成的自然形式，而应更自由地去选择自己的创造活动所探索到的途径。克列看到了世界的发展，却过分夸大事物的流动性，忽视了自然形式的相对稳定性及其在艺术中的反映，这也为现代西方艺术中对现实世界的种种主观的歪曲制造了借口。

从上面所述可以看出，虽然克列肯定了艺术和现实之间的密切关系，但他的艺术理论与现实主义的创作方法是相距甚远的。可是有一位评论家施密特却认为，克列是"20世纪最现实主义的画家"，把他称为"我们时代最伟大的现实主义者"。施密特是克列绘画艺术的著名的研究者和阐释者，他的某些评论也不乏精辟的见解，然而他的这个看法是难以令人信服的，除非我们像法国的加罗迪那样对现实主义这个概念作宽泛无边的解释。①当然，正如有的评论家所指出，我们不能单纯地从克列的艺术理论的观点去评判他的作品。不过我走遍了几个展室，也实在找不到一幅可以真正称得上是现实主义的克列绘画。克列的作品丰富多样，风格殊异，很难严格地把它们归入某一艺术派别。作于1930年的《花瓶模型》十分接近于主体主义，而同一年的《歌唱家大厅》则完全属于另一种风格，有人说那轻松明快的画面就像莫扎特的一曲咏叹调。1932年的几幅画相互间也有很大差别。《多音曲》和《野蛮人首领》用不同的色块和色点组成几何形的画面，《礁湖城》则把各种颜色的横条叠砌在一起，这些画都带有很大的抽象性。另一些画则迥然不同，如《花园大门》这幅画，在以浅灰为底色的斑驳的画面上，错乱地分布着一些动植物的形象和令人莫解的符号，其中有隐约可见的浅灰和浅黄色的树

---

① 加罗迪在《论无边的现实主义》一书中主张"开放"和"扩大"现实主义的定义，使之包容从卡夫卡到毕加索的各种文艺派别。这样无限地扩大现实主义的范围，变得无所不包，实际上使这个概念丧失了任何意义。他的这种理论主张貌似胸襟宽广，实则眼界十分狭隘，即把现实主义看作唯一值得承认的审美价值。

木,黑色的蛇,红色的鸟,棕色和紫色的线条构成的多种符号,在上方还有一个黑色的惊叹号,仿佛更为这幅作品增添了几分神秘和紧张。他的另一名作《Ad Parnassum》①以各种色彩的小块和线条组成了一幅绝妙的风景画,使人得到似乎置身于寂静的神话般的幻梦中那样的感觉。但给我以更深印象的是《幼树》这幅画,它比较接近于现实,在粉红的底色上挺立着一株茂盛的小树,那纤细而刚直的枝干上没有一片树叶,却结满了凸现的花蕾,展现出旺盛的生命力和无限的生机。从这些画里我们可以发现一种特殊的美的意境,这正是画家呕心沥血所精心营造的。我们在现实中找不到这种美,它是作为艺术家的克列的心灵的创造。他的作品虽然不是现实主义的,却仍然应该在世界艺术宝库中享有一席位置。

克列的晚期作品似乎更侧重于表现艺术家本人的内心世界,看了使人心情感到十分沉重。正当他在艺术上趋于成熟并且最富有创造力的时候,德国法西斯却迫使他离开他长期生活和工作的第二故乡,他失去了一切财产和学院里的教职,不得不回到已经显得陌生的伯尔尼。他知道在德国已不再有他的位置,在日记里写道:"失去了德国,我将怎么生活?"他在这个时期的作品都在不同程度上带有这种心灵创伤的烙印。作于1934年的《破碎的面具》充分表现出他的内心的痛苦,这幅水彩画和他以前的作品显然不同,在以灰黑和暗红为主要色调的画面上,遗弃着一个残损的面具,它仿佛因恐惧而在哭泣,在呼号。面对这样的作品,人们会得出这样的结论:不,这不是一个破碎的面具,而是画家自己的一颗破碎的心。同年的《秋风下的狄安娜》,画的是一个在萧瑟的秋风下衣衫凌乱、显得有点狼狈的人物形象,这在某种程度上似乎是反映画家自己在突

---

① 《前往帕那苏斯山》,编者注。

如其来的时代风暴中感到手足无措的那种处境。一般说来，克列在这个时期的作品偏于采用阴暗的色调，适合于表达他当时忧郁和苦闷的心情，偶尔也有例外，如1935年的《终于找到了出路》。这幅画以几根简单的线条构成的框架作为背景，好像是象征着禁闭人的牢笼，然后用寥寥数笔勾画出三个人形，其中之一正在奋力奔跑，另两个已经在前面站停，张开双臂在欢呼胜利。我不知道这一作品是否与克列本人摆脱纳粹迫害的经历有关，不过画中所表现出来的那种终于获得自由的欢愉之情是很有感染力的。关于他的其他许多作品就很难这样说了，特别是他患病以后，死亡的阴影一直笼罩着他，在他的画里往往可以看到一种悲剧性的不祥的预感。正如施密特所指出，那些晚期作品中不包含任何新春的花蕾，它们是一个自知即将死亡的生命的终结。[①]克列的画风似乎又回到在青年时代曾经影响过他的表现主义倾向，不过他现在的表现主义风格要更深沉得多，用色更强烈，在画面上还经常出现浓而粗的黑色线条和符号。但即使在病中，他也仍然创作了一些绝美的绘画，令人为之倾倒。作于1937年的《尼罗河传说》可以说是他对很久以前的埃及之行的美好的回忆，浅蓝色的河，绿色的田野，棕色的船、鱼、水、花草，加上一些象征性的符号，构成了他记忆中的阿拉伯世界的一幅风情画。1938年的《Insula Dulcamara》[②]是他晚年的名作，这是对1913年以来经常在他脑海里出现的一个神话中的小岛的抽象描绘，在色彩的运用上颇具特色，画面上粉红、浅绿、浅蓝各种颜色配合得十分和谐，中间夹杂若干樱桃似的鲜红的圆点，黑色的线条透迤在这些艳丽的色彩中，形成强烈的效果，堪称一绝。他的另一些作

---

① 这是施密特在参加克列葬礼时的讲话中说的。
②《杜尔卡马拉岛》，编者注。

品则向我们展示了一种独特的悲剧性的美，如《墓地》（1939）和《死与火》（1940）都是以死亡为主题的。前者画面上展现一片浅色的墓地，还有棕色的树、黑色的十字架和棺材，那浓厚的悲剧性气氛感人至深，似乎这片墓地就是为画家自己准备的。后者的意味则更为深长，画家用粗黑的线条和阴暗的色彩表达他对死与火的理解，我觉得他用这种抽象的艺术语言向人们倾诉的不仅是个人的悲惨结局，更是人类在当时业已爆发的第二次世界大战的战火下的悲剧命运。在他生命的最后一年所创作的这幅油画，仿佛是他为全人类留下的启示录。

看了克列画展，我的心情久久不能平静。我不敢说我真正看懂了他的画，但是从他的画里，我看到了他对生活的讽刺和幽默，他的孤独和忧伤，他的悲哀和痛苦，他的幻梦和追求，唯一没有看到的是希望。这也许是西方社会里一个天才艺术家的命运吧。人们常说，重要的在于理解，然而要真正理解像克列那样的艺术家又谈何容易啊！这使我想起了伯尔尼的施洛斯哈尔德公墓里克列墓碑上镌刻着的摘自他的日记的一段话："在这个世界上我是不能被人理解的，因为我和已死者在一起像和未生者在一起同样自在，或许我比普通人更接近于创造的心，但却仍然离它太远、太远。"他这样热爱世界，热爱人生，却又感到这样孤独、寂寞，表现在他的画里的就是这么一颗寂寞的心。

20世纪艺术之谜的初步探索
——参观毕加索博物馆后的思考

有人说，如果没有毕加索，就很难想象20世纪西方艺术会是什么样。这句话并不夸大。人们对这位著名的西班牙画家可能有各种不同的评价，但谁也不能否认他对现代西方艺术所起的极其重要而深远的影响。不管你喜欢还是不喜欢，撇开了毕加索就无法真正地理解现代西方艺术的发展，这就奠定了他作为本世纪最重要的艺术大师的历史地位。

毕加索同时又是20世纪现代西方艺术的一个伟大的谜，他的众多的作品以及他的长期创作活动给人们留下了一连串的问号。几十年来，艺术理论家和评论家研究解释毕加索的著作和文章可称得上汗牛充栋，他们苦苦地解剖、分析、探索甚至猜测，有的对他赞扬备至，誉之为旷世天才；有的则对他横加指责，斥之为天才的"误用"[1]。可是，毕加索艺术创作的千变万化的多样性，总是使他们感到困惑莫解、伤透脑筋。在艺术史上，恐怕没有哪一位伟大艺术家像毕加索那样变化无穷，叫人难以捉摸，无论从内容到形式、风格

---

[1] 里德：《现代艺术的哲学》，纽约1955年版，第167页。

到技巧都在不断地变换,他不仅在不同时期,而且在同一时期内创作出迥然相异的艺术作品。正如一位研究现代艺术的英国著名艺术理论家赫伯特·里德所指出,毕加索似乎不惜一切代价要避免固守一种风格,他能够像图鲁兹-劳特累克那样具有人情味和讥刺刻薄,能够像安格儿那样严谨,能够像米开朗琪罗那样坚强有力,也能够像格罗兹那样感伤;他还能够完全采用抽象的方式,并且除了对形式的单纯肉体反应外不要任何其他价值,然而毕加索本人却又宣布他自己从来不变。①

　　这个谜底究竟在哪里?我带着这个问题去参观了巴塞罗那和巴黎两地的毕加索博物馆。据我所知,这是世界上收藏毕加索作品最丰富的两个艺术宝库。

一

　　在毕加索的艺术创作生涯中,巴塞罗那和巴黎是对他来说具有特别重要意义的两座城市。因此,在那里建立专门的毕加索博物馆是有充分理由的。

　　毕加索于1881年生于西班牙南部的马拉加,据他的传记作者之一法勃尔的说法,"这是一次难产,当时接生婆没有去注意他,以为他已经死了,但他叔父萨尔瓦多医生正在吸香烟,便朝他脸上喷了一口烟,才使他哭出声。毕加索就是这样活了下来"②。当时谁也没有料到,这个侥幸成活的婴儿日后竟会成长为左右20世纪艺术发展方向的关键人物。不过马拉加似乎并没有对这位未来的艺术大师留

---

① 参阅里德:《艺术的意义》,巴尔的摩1966年版,第155页。
② 法勃尔:《毕加索非凡的一生》。

下多大影响。毕加索10岁时随全家北迁，在科伦那住了4年，他的艺术天才正是在那里初次显露出来。他的父亲是一位画师，也是他的启蒙老师。按照法勃尔的叙述，有一天毕加索的父亲终于意识到，他的儿子懂得比他还要多，已经无法再教他了，于是就把自己的画笔连同全部画具都交给儿子，从此搁笔不再作画。但是，毕加索真正在艺术上的成长还是在巴塞罗那。1895年，他的父亲去巴塞罗那艺术学校任教，14岁的毕加索也顺利地通过考试进入该校学习，这种正规的艺术训练给他打下了非常扎实的基本功。在这个时期内，他极其勤奋刻苦，用法勃尔的话来说，他"成年累月地强迫自己紧张地，几乎是狂热地进行工作，后来他毕生都是这样度过的"。在巴塞罗那的几年，毕加索在艺术上逐渐成熟，开始崭露头角，要振翅高飞了。他的一批成功的早期作品就是在那个时期内完成的，其中有的作品在马德里和马拉加等地的美术展览会上得到高度评价并获奖。1900年，他在巴塞罗那的"四猫"咖啡馆兼餐厅举行个人画展取得成功，评论家科多拉在《先锋报》发表了一篇热烈赞扬毕加索作品的长文，这是这位年轻画家的艺术天才首次得到评论界的重视和承认。所以说，作为一个艺术家的毕加索是在巴塞罗那诞生的，正是从这里出发，他走上了征服世界的艺术道路。也就在那一年，19岁的毕加索和他的好友卡萨格马斯一起初次访问巴黎。当时巴黎是欧洲乃至整个西方世界的艺术中心，在这样一个艺术环境里，他身上的旺盛的创造力像喷泉那样迸发出来，而且持久不衰，使他迅速地攀登艺术高峰。在本世纪最初几年内，他轮流地在巴塞罗那和巴黎两地居住和从事创作活动，接着就在法国定居，度过了他的大半生。他到巴黎不久，很快就成为蒙玛尔特的文化人圈子里的活跃分子，加入当时法国年轻一代最优秀的文学艺术精英集团中去，成为像阿波利奈尔、马克斯·雅各、保罗·艾吕雅和凡·唐根等日后成名的卓越人物的同道。正是在巴黎，毕加索赢得了世界性的声誉，他的绝大多数重要作品也是在法国创作的。有人甚至认为应该把他归入法国艺术家的行列，不过许多了解毕加索的人不同意这样的看法。例如苏联作家爱伦堡指出，毕加索"当然是一个西班牙人——这有他的外貌和性格、严峻的现实主义、高度的热情以及深刻而危险的讽刺为证"[①]。另一个研究者乌德则认为，毕加索一直保持了自己的民族特性，与其说接近法兰西精神，倒不如说接近日耳曼精神，因为在乌德看来，西班牙和日耳曼在精神上有共同的倾向，即"表现出对无限、对超越的东西的渴望"[②]。但是，无论如何，毕加索的创作活动和20世纪法国的文化环境和精神氛围有着密不可分的联系，巴黎总是他的第二故乡。

我去参观巴塞罗那和巴黎的毕加索博物馆，就是试图循着他的艺术足迹对他的创作道路作一个初步的探索。我不认为自己有能力去解开这个20世纪艺术之谜，只是想对这位艺术大师的复杂而深奥莫测的艺术个性增加一点了解。

巴塞罗那这个濒临地中海的城市是加泰罗尼亚的首府，它有着不同于西班牙其他地区的独特的文化传统，并以此作为它的骄傲。初到这个城市，会对它的欢快而活跃的生活节奏和古老而凝重的历史文化遗产之间的强烈对比感到惊奇。一方面是通往港口的人行大道两旁五彩缤纷的热闹的市场、露天咖啡馆和餐厅，另一方面则是令人回忆起遥远的过去的古罗马时期的遗址、阴森森的大教堂和哥特区。好像是为了表明现代性和历史传统的这种奇妙的结合，毕加索博物馆也设在离哥特区不远的一所旧宅里。我靠了地图和路标的

---

① 爱伦堡：《人、岁月、生活》第1部，第294页。
② 乌德：《毕加索和法兰西传统》。

指引，穿过一条狭小的街道，找到了这个遐迩闻名的博物馆。一座普普通通的楼房，消失的岁月在石砌的灰墙上留下了时间的印痕，简单朴素，毫无装饰，除了大门旁钉着刻有这位艺术大师闪闪发光的名字的牌子以外，它似乎和周围的古老建筑没有什么两样。我没有料到，像毕加索那样一位在艺术上以不断的大胆创新而惊世骇俗的先锋派人物的作品，居然会在这样的场所展出。离开馆时间虽然还有半小时，门外却已排起长队，我在巴塞罗那停留期间，这是我看到的唯一需要提前排队的地方。进了大门，沿着一道石梯进入各个展览室，才发现这个建筑内部的装修和设备完全是现代化的。这里陈列着毕加索各个时期的各式各样的作品，但最重要的是他的早期作品和所谓蓝色时期和玫瑰色时期的作品，尤其是他在蓝色时期前的早期作品，别处并不多见，这儿的收藏是世界上首屈一指的。此外，展品中的陶器部分也非常丰富，毕加索在60岁高龄时才开始学习制陶，这是他晚年的爱好。他制作的陶器，从形状到彩绘，都别具一格，奇特、粗犷、古朴，充分说明他的惊人的想象力并没有因年老而衰退。参观巴塞罗那的毕加索博物馆固然是一种难得的艺术享受，可是总觉得还不够满足，感到他在盛年期对20世纪艺术所完成的革命性转折还没有得到充分的反映。

这种不满足感终于在巴黎得到补偿。好像是无独有偶，巴黎的毕加索博物馆也设置在一个经过现代化内部改造的古老的邸宅里。这个建筑从外表来看不像巴黎其他著名古建筑那样堂皇，倒也有点名气。它建于1656年，属于当时因征收盐税而致富的阿贝·德·封泰纳所有，所以又名"盐屋"。选定这个馆址，据说是因为毕加索自己非常喜欢在这种具有历史意味的环境下生活和从事创作。我在一个雨天来到这里，却照样看到慕名而来的人群。人们确实可以大开眼界，观赏到毕加索的一些重要的代表作。三层建筑物里的二十个展室,布满着绘画、雕塑、美术拼贴、版画、陶器以及用各种材料制成的艺术品,其中有的是占满整面墙壁的大型作品。有人告诉我,这个博物馆之所以能够搜集这许多名贵的杰作,除了靠国家收藏和个人捐赠以外,主要还是靠法国的一项特别制定的法律,规定允许用珍贵的艺术品来顶替缴纳高额的遗产税。看来这项明智的法律起了良好的作用,应该说,用这种法律措施把供私人赏玩的艺术珍品变为公共的精神财富是值得称道的。谁说资本主义国家里没有一点可供我们借鉴的东西呢?

参观两个毕加索博物馆回来后,近来又有机会去马德里看到毕加索的不少作品,引起了我的一番思考。

二

看了毕加索几十年创作活动的结晶,成千的作品,从何谈起?这真是一个问题。

博物馆里的陈列既是按年代顺序,又是按艺术上的分期来编排的,比如说,从某年到某年属于蓝色时期,从某年到某年属于立体派时期,从某年到某年又转为古典派时期,等等。为了展出的方便,这似乎是唯一切实可行的办法。但许多研究者费尽心机试图根据毕加索许多作品之间的差别(从极大的差别直到很细微的差别)来划分时期[①],却遇到了料想不到的种种困难。问题在于,任何一个时期都并不是封闭的、专门限于某一种风格的,在每个时期内几乎都能看到风格上的变化。里德曾经指出,如果把毕加索的一千幅作

---

① 例如巴尔在《毕加索艺术五十年》(纽约1946年版)中曾做过这种不大成功的尝试。

品按风格的变化加以排列,从早年美术学院时期严格写实主义的习作一直到后来的纯粹几何形式的构图,是有艺术上的发展线索可寻的。在这个序列中任何两幅依次相继的绘画,看来都没有什么突然的急剧变化。但是,看一下作品的创作年代就会令人失望地发现,这个艺术风格发展变化的序列和作品编年顺序完全不相符合。[①]因此,人们所习惯的那种毕加索作品分期法并不是严格科学的,只能作为研究的参考。实际上,重要的是作品本身,而不是贴在它身上的什么派或什么"主义"的标签。

据我看,要了解毕加索,恐怕还得从他的早期作品着手,正是在这些作品中开始显示出他作为一个人和作为一个艺术家的独特个性。毕加索自己说过这样的话:"我是不发展的,我就是我。"早年就已结识毕加索的爱伦堡也在他的回忆录中说,他还没有见过一个像毕加索那样转变得如此迅速、同时又那么坚定而忠于自己的人,所以当他们分别多年后重新见面时发现,尽管全世界已发生了巨大的变化,而毕加索却依然同45年以前一模一样。有的评论家也认为,毕加索在艺术风格上的不断变化,归根结底只是他的特殊个性所采用的各式各样的面具罢了。因此,通过早期创作活动去认识毕加索,或许是探索这个20世纪艺术之谜的正确途径。

在巴塞罗那,我所见到的毕加索最早的作品是他10岁时在马拉加所画的一幅素描,画的是他后来一生中一直十分喜爱的斗牛和鸽子。这当然是儿童的习作,不必认真看待。其他展出的早期作品主要是他于1895年去巴塞罗那后创作的,其中有大量用木炭、铅笔、蜡笔、水彩和钢笔画的人物素描和写生,线条简洁、生动、正确、有力,说明这位年轻的美术学院学生对人体的结构和比例已经

[①] 参阅里德:《现代绘画史》,伦敦1985年版,第148—149页。

有了充分的知识，并表现出相当扎实的功力，这对他这样的年龄来说是很不容易的。但是，更值得注意的是他的一些最早的肖像画和油画。他完全用写实主义的方法去描绘人和自然，同时在他的绘画中又能看到丰富的感情流露。他给母亲画的几幅肖像灌注着一种亲子之爱，使人感到温暖、亲切。几幅父亲的肖像则给人以另一种印象，严肃、深沉而又带着几分忧郁，特别是这些作于1896年的父亲肖像画中，我们已可见到他在几年后开始的所谓蓝色时期和玫瑰色时期所喜用的色调。几幅风景油画，描绘的是阳光明媚的美丽的巴塞罗那海滩和有着悠久历史的古建筑，这些作品在光和色的运用上显然受到印象派的技法的影响。有一幅画描绘一位赤脚的小姑娘，可怜而又楚楚动人，充分表达了画家对这个贫苦不幸的弱者的同情。这个时期最重要的作品大概是标题为《科学与仁爱》的大幅油画，也正是这幅作品在马德里美展上为年轻的画家赢得了最初的声誉。毕加索为这幅画显然花费了不少心血，我们从他为准备创作而画的一系列草图就可以看出他的构思的过程。一个身患重病的中年妇女仰卧在病床上，左手放在胸前，年老的医生坐在病床右侧专心致志地一面看表，一面把着病人的右手为她诊脉。一位护士抱着孩子站在病床左侧，那个还不太懂事的孩子的幼小的心灵似乎已经模糊地感到要发生什么可怕的事，他惊恐地看着母亲，同时用小手紧紧地抓着护士的胸襟。母亲凝视着自己的孩子，却没有力气去拥抱他了，从她的充满着爱的目光里我们可以看到一个人对生的渴望和对死的恐惧。这幅画从整个构图到细节描写都是典型的现实主义风格，同时又表现出作者对人生中的悲剧的特殊的敏感。青年毕加索的艺术个性中的这一方面在他以后的作品中又有进一步的发展，这就是著名的蓝色时期和粉红色时期。

从展出的毕加索早期作品可以看到，在上个世纪最后两三年内,他的画风发生了变化。笔触变得更为简练、豪放、粗犷,色调低沉,画面上出现大量的黑色。他用泼辣的手法勾勒出来的人物形象,更偏重于表达神态,而不再注意细节的真实。1899年为他的朋友卡萨格马斯画的一幅肖像油画,给人以这样一种忧伤抑郁的感觉,仿佛预示着那位朋友即将遭遇的悲剧命运,并且也反映出画家自己在世纪末的心理状态。与他上一年创作的另一幅油画《在灯下》相比,格调显然更为深沉凝重。同时,我们又可以从他的某些作品里看到他的个性的另一方面:对生活的幽默感和讽刺的态度。他为"四猫"咖啡馆设计的菜单封面,以及他初到巴黎后所创作的描绘蒙玛尔特的咖啡馆和淫荡的夜生活场面的作品,使人想起图鲁兹-劳特累克。看来劳特累克对巴黎资产阶级社会生活的骄奢淫逸和空虚无聊所作的深刻揭露和嘲讽,对这位年轻的西班牙画家发生过不小的影响。但是,毕加索在本世纪初的一些作品也有自己的艺术特色,像1901年的《等待(玛尔果)》和《侏儒舞女》这两幅油画,笔法狂放不羁,色彩热烈奔放,无怪乎有的论者认为那些绘画是"野兽主义的先声",也有人认为更与德国表现主义相近。[①]不过,那时的毕加索在艺术上还没有充分成熟,还在努力形成他自己的风格,然而他对待现实生活的倾向性则已经形成了,正如希尔顿所指出:"如果说在这个阶段上毕加索的风格的基准线还没有确定,那么在他的艺术背后的并经常由他的艺术显示出来的他个人的社会立场则是十分明确的。他是明显地、带挑战性地反对资产阶级的。"[②]

紧接着的就是所谓蓝色时期,一般认为蓝色时期起自1901年秋至1904年末为止。这是毕加索创作活动中具有关键性意义的一个

---

① 参阅希尔顿:《毕加索》,伦敦1985年版,第18页。

② 希尔顿:《毕加索》,第15页。

时期,正是在这时期内,毕加索才开始真正成为一个名副其实的大艺术家,成为后来举世闻名的那个毕加索。蓝色时期的特征是深刻地表现了他个人内心的悲哀,以及描绘了那些被生活的宴席所抛弃了的人们的不幸处境,揭露了现实生活的悲剧性的一面。经过几年的探索,他发现了适合于自己的艺术形式,并且把蓝色作为基调,因为蓝色被认为是最富于精神性的色调,往往使人联想起悲伤的事情。蓝色时期的开始和毕加索个人经历的不幸有密切的关系,在1901年,同他一起前往巴黎的密友卡萨格马斯因恋爱而自杀,这一事件对他来说是一个莫大的精神打击,使他的心灵受到难以愈合的创伤,并使他的生活蒙上了阴影。在该时期的三年多内,毕加索往返于巴黎和巴塞罗那两地,过着艰苦的生活。彼埃尔·达克斯在毕加索传记中说道:"他在这两个城市里像奴隶那样地工作。这个时期他的生活极其贫困,每个冬天都寒冷挨冻。"不过达克斯又指出,蓝色时期不能仅仅用画家的个人原因来解释,他说:"毕加索之所以投身于这蓝色的地狱,和自我怜悯、逃避生活和宗教信仰毫无关系;相反地,这是一个人投身于人道主义,他注视着自己的同胞,在他研究了悲惨景况后把他们表现给我们看。因为这位20岁的青年走得比他的油画更远,如果说他是这样富于人道精神,那么这是因为他成功地保持了他的清醒的头脑,保持了他作为一个画家的独立精神。"[1]

我们先来看毕加索有关卡萨格马斯之死的几幅作品,它们是他在这悲剧性事件刚发生不久的时候创作的,正是蓝色时期的开始。其中有的一直由他私人收藏,过去没有公开展出过。有的画草草地画成,人们怀疑是直接以死者作为模特儿。卡萨格马斯的遗体浸沉在阴惨惨的青色里,在他的太阳穴上还带着枪伤。在另一幅画

---

[1] 以上转引自克拉维尔:《毕加索》,巴塞罗那1985年版,第30—31页。

上这位自杀的青年画家安静地躺在打开的棺材里,周围站着垂首默哀的送丧者,这幅画也就被命名为《送丧者》。还有一幅大型作品《招魂》也是紧接在这事件后完成的,画面上由蓝色和玫瑰色占主导地位。在画的下半部,死去的卡萨格马斯躺在地上,旁边是哀悼的人们;在画的上半部,死者的灵魂跨上飞奔的白马直上青天,边上有几个妓女站在一旁。应该承认,这几幅画在艺术上还没有达到毕加索后来所表现的高度成熟的水平,从风格方面可以看出他受埃尔·格列柯和中世纪雕像的影响,但却出于真情实感,所以感人至深。这些画告诉我们:卡萨格马斯曾面临痛苦的抉择,他终于选择了死,现在他的灵魂获得了自由;活着的人们却为了他的死而陷于深沉的痛苦,然而与其说他们是为他而悲伤,倒不如说是在哀悼他们自己。这使我不禁想起画家凡·高的话:去死是困难的,但活着却更难。

　　毕加索就是在这样的心情下开始了他的蓝色时期的创作活动。他在这个时期内的作品,几乎都是单色调的,而且绝大多数是人物画。可是他所描绘的是些什么样的人啊,那是一些被生活无情地抛弃的人,是在生活中备受折磨而精疲力尽的人,是内心里充满矛盾和痛苦的人。贫困、匮乏、不幸、孤独、没有欢乐、没有希望,毕加索笔下的人的处境就是如此。弹吉他的瞎乞丐,和修女并肩站立的妓女(标题为《两姊妹》,这真是莫大的讽刺!),面对空盘食不果腹的男女,从别人手里接受一碗施舍汤的小女孩,脸色惨白、心灰意冷的酒徒,这些生活在蓝色地狱里的可怜虫,构成这个五光十色的资本主义社会的底层。画家的社会意识是很明显的,他对这些被损害和受侮辱的人寄予无限的同情,同时又在他(她)们身上深刻地表现了尚未熄灭的人性。在画家眼里,人们所居住的这个世界显得如此残酷可怕、冷漠无情、扼杀人性,甚至他在这一时期内极少创作的无人物的风景画，也给人以同样的印象。一幅题为《巴塞罗那的屋顶景色》的油画，把这个活跃的城市描绘得这样阴森、荒凉、空旷、死寂，活像一座无生命的坟墓。当然，毕加索描绘人的处境最为成功的作品是创作于1903年的两幅油画：《悲剧》和《人生》，它们也可以说是他在蓝色时期的最重要的代表作。《悲剧》以蓝色的大海为背景，一家三口默立在海滩上，衣衫褴褛的父亲满脸愁容，低垂着头，双臂交叉在胸前，生活的重担似乎已经把他压得喘不过气；母亲身穿丧服似的长衣裙与丈夫相对而立，同样低着头，好像在默默地分担生活的苦难；紧靠着父亲的男孩也显然过早地领略了生活的艰辛，从他哭丧的脸上找不到像他那样年龄的儿童所应有的天真。我们虽然不知道这不幸的家庭为什么聚集在海边，为什么而悲伤，但从画面上的人物形象就能感到他们的悲哀像大海一样深沉。这真是一幕真正的人间悲剧。至于《人生》那幅画，它含意更深，是毕加索对卡萨格马斯之死进行反思的结果。毕加索自己说过："这幅画的标题不是我定的……我当然不打算去画象征；我只是去画在我眼前浮现的形象：到这些形象中去寻找某种隐藏着的意义，那是别人的事。"[①]但实际上这一作品却确实带有很大的象征性，而且从他为此而作的几幅草图可以看出，他有关这幅画的想法前后曾发生较大的变化。有人认为，《人生》实质上是一幅象征主义的生命循环画中的一个场面，所谓生命循环画是以人的一生（诞生、青年、成人、死亡、再生）为主题的大型绘画或壁画，在上世纪末至本世纪初这种体裁相当流行，最著名的如高庚的《我们从何处来？我们是什么人？我们往何处去？》。和高庚的画一样，毕加索的这幅作品也含有深邃的哲理。画的左侧站着一对赤裸的青年

---

① 希尔顿：《毕加索》，第32页。

男女，女的怀着身孕，悲哀地依偎着她的恋人，那个青年男子想必就是艺术家卡萨格马斯，他微举左手，一副无可奈何的神态。画的右侧站着一个身穿长袍的木雕似的妇女，怀中抱着一个婴儿。这个抱着婴儿的妇女形象，也出现在毕加索有关卡萨格马斯的其他作品中，在《送丧者》和《招魂》里都能看到，大概具有某种象征的意义。在青年男女和妇女之间，作为背景置放着两幅画，上面一幅画描绘的是一对坐着的男女，伤心地拥抱在一起；下面一幅画则描绘一个人绝望地把自己的头深深地埋在双膝间。据我看，重要的不在于去寻找这幅画中隐藏着的意义，而在于去体会毕加索通过卡萨格马斯的个人悲剧对人生真谛的探求。尽管这位年轻的艺术天才对生活所固有的悲剧性早已有了深刻的认识，对人们所遭受的痛苦和不幸极其敏感，但他并没有对生活采取颓废、厌世的态度，而是把他对世界的悲观主义看法和内心的忧郁转化为一种高度的人道精神。毕加索的蓝色时期的作品之所以具有强烈的感染力，其原因就在于此。有些评论家总是喜欢强调他这个时期作品中表现出来的悲观、消沉以至绝望的情绪，这种看法如果不是肤浅的，至少是不全面的。实际上，他是热爱生活的。我在巴塞罗那见到他的一幅小画，在湛蓝的画面上只有一只酒杯，里面插着一枝正在怒放的红花，那红花就像是用画家的鲜血染成的。这种简直是神奇的美的意境难道是一个对生活感到绝望的人能够创造出来的吗？不，年轻的毕加索绝没有厌弃生活，他也绝不是多愁善感、无病呻吟。相反地，他太依恋生活了。他对人们的爱太强烈了，因而当他看到周围他所爱的人不得不在地狱般的环境里生活时，他就感到不能忍受。我想，这才是理解他的蓝色时期作品的一个关键。

一般认为，毕加索创作活动中的蓝色时期是以《人生》这幅作品为终结的，紧接着的是所谓玫瑰色（或粉红色）时期，即1905—

1906年。但有的研究者认为，真正称得上玫瑰色时期的时间很短，从1904年末到1905年夏大概只有6—9个月。[①]不管怎样，他的画风开始发生值得注意的变化，当然这一变化不是急剧的，而是逐渐进行的。这首先表现在色调上，玫瑰色在画面上成为主导代替了原先的蓝色，似乎多少给人以一点温暖之感，使前一时期笼罩着他的创作的那种忧郁和哀伤的气氛淡化了。其次在描绘的对象上，马戏团杂技演员的形象和生活场面大量出现，似乎吸引了他的主要注意力（因此也有人把这时期称为马戏团时期）。然而更重要的还是整个风格上开始出现的变化，正如一位研究者马梯尼所指出，毕加索在这时期内力图"清除掉他的一切具有象征意义的语言，而走向一种形式上的透明的古典主义，以优美的轮廓去形成线条。以前构图是作为表现痛苦激情的工具来使用的，现在则趋向追求和谐的、优美的节奏，并巧妙地陪衬着谨慎小心的用色；这位艺术家已成功地使他的狂暴的感情暂时冷却下来，并在描绘马戏团、杂技演员、变戏法的艺人、马术师、踩绳索的艺人等等的生活中，去发现宁静和无忧无虑的欢乐的旋律"[②]。

玫瑰色时期的开始与毕加索个人生活中的两件事有关，这对他的艺术风格的变化起了一定的影响。第一件事是他与费南德·奥莉维相恋，开始同居，他们的爱情一直持续了六年。第二是他在巴黎定居，建立了自己的画室，他的作品开始得到人们的赏识，经济上有了比较稳定的收入，在这方面，他和格特鲁德·斯泰恩姊弟两人的结识和友谊帮了他不少忙。但是，所有这些都只是外部原因，更基本的原因还在于毕加索艺术个性本身的内在需要。比较幸福和稳

---

① 参阅希尔顿：《毕加索》，第46页。
② 引自克拉维尔：《毕加索》，第34—35页。

定的个人生活，当然影响了他的创作，正如彼埃尔·达克斯所指出，"毕加索的新生活与他的绘画的变化之间的一致并不是任意的。在毕加索那里，他的艺术的表现总是和他的生活环境有关，正如他自己所说的那样，这是'一个人保存他自己的日记的一种方式'"①。不过很难说毕加索对周围世界的看法有了什么根本的改变。作于1904年的《沉思》，尽管画面上充溢着玫瑰色，但那位右手托着下巴坐着沉思的青年却表现得那么忧郁、苦恼。作于1905年的《母亲和孩子》，病容满面的母亲以相同的姿势坐着发愁，靠在她怀里的那个瘦弱的男孩，也只能给人以愁苦和不幸的感觉。这些人物形象和蓝色时期十分相似，还是我们所习见的埃尔·格列柯式的拉长了的人体。个别的作品，例如《穿衬衫的女人》，则不仅在所描绘的人的形体上，而且在用色上都和前一时期没有多大差别。玫瑰色时期的作品的婉丽色彩，不知怎么总使人感到虚假不实，仿佛是要给这个过于丑恶的世界抹上一层薄薄的胭脂，使它变得可以为人们所忍受。这个时期内毕加索对马戏团里江湖卖艺人生活的浓厚兴趣，似乎也可以从另一方面说明他对现实社会生活的态度。他只有在那些为上流社会所不齿的流浪艺人的生活中，才能找到淳朴的美和未被扭曲的人性。马戏团好像是和现实世界正好相对立的另一个幻想世界，毕加索在现实世界中得不到的满足，只能到另一个世界中去寻求。根据格特鲁德·斯泰恩和罗兰·潘罗斯的回忆，毕加索及其同道每星期都在密德拉诺马戏院聚会，同那些江湖卖艺人交朋友，甚至同马戏团中受过训练的动物也混得很熟，并以自己同杂技演员、丑角、马术骑手等等的亲密关系而洋洋自得。②其实，描绘马戏团生

---

① 引自克拉维尔：《毕加索》，第35页。
② 参阅希尔顿：《毕加索》，第50页。

活根本不是什么猎奇。在毕加索之前，不少法国著名画家如德加、修拉和图鲁兹-劳特累克曾多次以此为题材。但是，毕加索确实在这类题材的绘画中注入了前所未有的新东西，使之具有纪念碑式的庄严性和不朽意义。在人们一般认为是轻松、诙谐、滑稽的东西中，他发现了人的尊严和崇高，发掘出一向被忽视的真、善、美。

且看一幅题为《带猴子的杂技演员之家》的绘画（1905年），一对年轻的杂技演员夫妇并排坐着，母亲怀里抱着一个男婴，一只猴子蹲坐在一旁地上。那个男婴实际上是全画的中心，父母爱抚的目光集中在他身上，连那只懂事的猴子也友好地注视着它的小主人。这幅画的构图显然是参照传统的所谓"圣家族"（Holy Family）的画法，尤其是男婴的姿势使人不由地想起文艺复兴时期的绘画，只是父母穿上了马戏班的服装而已。像这样一幅表现深刻人性的作品，竟借助于丑角的衣帽和猴子，不能不说是个新创造。另一幅名作《站在球上的年轻杂技演员》（1905年），在一个开阔的荒漠的背景下，一个苗条的小姑娘正站在球上练功，近处是一个背对观众侧身坐在方墩上的壮实的青年在注视着她，似乎是她的教练。他那强健的身材和发达的筋肉，与埃尔·格列柯式的人物形象迥然不同，又回到文艺复兴时期的那种古典式的强有力的男性美。不过，玫瑰色时期最重要的作品还是美国国家美术馆收藏的《萨尔丁朋克一家》（1905年），它甚至被人称为"19世纪的最后一幅画"。它描绘的是一个马戏班在旅途中休息的情景，画面上共有六个人物。某些评论家认为，这幅作品与晚期象征派艺术有密切关系，它所描绘的实际上是以毕加索为中心的文人小集团。毕加索自己就是画中左侧的那个身穿花方格紧身服的小丑，在他旁边的那个胖丑角是诗人阿波利奈尔，另一个杂技演员是诗人萨尔蒙或雅各，右侧坐着的那位妇女则是毕加索的情人奥莉维。看来毕加索似乎想把艺术家在资本主义社会中的处境比作漂泊不定的流浪卖艺人的生活，这也从一个侧面说明他在玫瑰色时期内以马戏团生活为题材的那些作品的思想背景。

可以说，毕加索青年时代的创作活动到玫瑰色时期达到了一个高峰，以后他似乎突然朝着另一个方向攀登，造成了不仅他个人的艺术风格上，而且甚至整个现代西方艺术发展中的巨大转折。人们谈论毕加索，往往说的是以后的那个毕加索，至于青年毕加索则常常没有得到足够的重视，仿佛他那一时期的创作只是一个艺术学徒为日后成为世界艺术大师作准备。但是，看了他的许多青年时代的作品，我才领悟到，原来这里才是毕加索的艺术个性的真正诞生地和秘密。如果没有青年毕加索，也就不可能有后来作为世界艺术大师的毕加索。离开了他早期的创作，他后来在艺术上的创造都将成为无源之水而无法理解。不管他以后的艺术风格如何变化万千，万变不离其宗，毕加索总还是我们在他青年时代创作中看到的那个毕加索。他无限地热爱生活，热爱大自然和艺术，富于人道精神，对人民的苦难和不幸充满同情，同时又保持清醒的头脑去观察周围世界，而更重要的是，他有一颗热烈而真挚的艺术家的心。

三

毕加索在玫瑰色时期以后的艺术风格的急剧变化应该怎样去理解呢？或者更进一步，应该怎么去估价呢？

最重要的变化是立体主义的创立。实际上，毕加索作为一个艺术家的世界声誉是和立体主义的出现分不开的，他正是作为立体主义的首创者之一而载入史册。由于立体主义被认为是西方艺术自从文艺复兴以来所发生的最激烈的变革，毕加索也就被人们看作造成现代艺术中的重大转折的关键人物。

毕加索走向立体主义是经过一个准备阶段的。在玫瑰色时期结束后的一段时间里，我们可以看到他的画风正在酝酿着新的突破。他广泛地吸取各家艺术之长，从古典的传统到当代的创新，从古埃及艺术到马蒂斯，无不引起他的兴趣。尤其是1906年他在比利牛斯山区戈索尔村暂住，这个地处穷乡僻壤的小村的古老而原始的生活方式和荒野的自然景色，给他留下了深刻的印象。有的评论家甚至说，戈索尔村对毕加索所起的影响，正如塔希提岛对高庚的影响一样。这种说法虽然是过于夸大的，不过毕加索从戈索尔回到巴黎后，他的画风发生了明显的变化，这从他的《自画像》和《格特鲁德·斯泰恩肖像》这两个作品中可以看得很清楚。1906年底所作的《两个裸女》，更显示出他开始和塞尚相靠近。但是，朝着新方向的真正的突破是完成于1907年的《阿维农少女》，这幅画可以说是立体主义的序幕。

　　《阿维农少女》花费了毕加索的许多心血，他不仅为它做了大量准备工作，画了不少草图，而且正式创作时间也拖了大约半年之久，在绘制过程中不断改变构思，进行重大修改。这幅画原先是描绘巴塞罗那的阿维诺街上的一家妓院，《阿维农少女》的名称是毕加索的朋友、诗人安德烈·萨尔蒙定的，后来就以此闻名于世。据阿尔伯托·马尔蒂尼的说法，这幅画原来的主题是同一个水手和一个医科大学生在一起吃喝的一群妓女，那个大学生还面对着一个骷髅进行沉思。所以最初的构思显然还带着象征主义的诗意，具有暗示情欲、死亡、解脱的含义。然而在创作过程中，主题起了极大的变化而失去了一切象征性的含义，而且由于画家把兴趣完全放在描绘的对象上而毁了主题，这幅画作为一个被创造出来的现实，成为不依赖于事物外观、不依赖于纯粹视觉的东西。①事情确实如此,在最后完成的这幅画上已看不出有任何重大意义的主题思想了,水手、大学生连同骷髅都被取消,剩下的是五个裸体的妇女形象。她们的形体仿佛是由几何图形构成,僵直的线条,各个部分不合比例,面目丑陋,甚至狰狞可怕。有的人脸的颜色也很奇特,涂上蓝色、绿色、灰色,就像戴着面具一样。人物形象虽然还保留与人体相似之处,但已大大地变形了。这幅画在风格上也不是统一的,左面的三个女人的脸形无疑地受伊贝利亚(即古西班牙)雕刻的影响。毕加索曾在卢浮宫博物馆认真地研究过伊贝利亚雕刻,并在创作《阿维农少女》时自己拥有两件伊贝利亚雕刻作品。②右面的两个女人则明显地不同,她们的脸部酷似非洲黑人雕刻。为什么同一幅画中有这种风格上的差异?这个问题曾引起研究者们的热烈讨论,有人甚至断言毕加索在创作这幅画时还对非洲黑人雕刻一无所知,从而根本否认黑人雕刻对这一作品的影响。③但是,现在借助于X光透视已经查明,起初右面的两个人物是和左面三个属于同一风格的,而后来又重新画过,覆盖了原先画的那两个人,因此可以推测,右面两个人是毕加索于1907年秋看到黑人雕刻受启发后改画的。④按里德的看法,随着《阿维农少女》这幅画出现的立体主义,乃是非洲艺术中的概念化因素(毕加索本人称之为"理性的"因素)同塞尚的绘

---

① 参阅克拉维尔:《毕加索》,第45页。
② 关于这一点,可参阅斯威尼:《毕加索和伊贝利亚雕刻》与戈尔丁:《论〈阿维农少女〉》二文。
③ 参阅库列科娃:《哲学与现代派艺术》,文化艺术出版社,第37页。
④ 毕加索承认右面两个人是后来画的,但未说明画于何时。关于黑人雕刻对此画的影响,可参阅希尔顿:《毕加索》,第82—83页;里德:《现代绘画史》,第67—68页。

画原理的融合。①平心而论，毕加索确实从各种不同艺术中吸取了丰富的营养，然而一经他接受和消化就变成了他自己的东西，完全为他的艺术创作服务。总的说来，《阿维农少女》不是对过去艺术的继承，而是同以往一切传统的绘画模式彻底决裂，它的重要性也正在这里。达克斯评论说，这幅画和古典的透视画法中的空间与时间的确定性完全相决裂，它重新肯定了被文艺复兴所忽视了的问题，直接与一些古典大师们如维拉斯开斯和卡拉乔相对立。②在毕加索之前，某些西方画家也曾试图摆脱以往的传统画法而另辟蹊径，但是谁也没有像他那样大胆地公开叛离传统，破坏当时人们公认的审美准则。无怪乎《阿维农少女》引起了人们激烈反对和争议。据诗人萨尔蒙说，当时看到这幅画的人并不太多，但他们都感到不满和失望。只有一位画家乔治·勃拉克从这幅画得到了深刻启发，他本倾向于野兽派，与马蒂斯、德兰、弗拉明克等人相接近，经阿波利奈尔介绍他结识毕加索后，他就开始改变画风，和毕加索一起成为立体主义的积极倡导者。

严格说来，《阿维农少女》还不能算是立体主义的作品，但它包含着几何学化的因素，是迈向立体主义的极其重要的一步。一般认为，立体主义正式诞生于1908年秋，当时勃拉克把他的几幅风景画送给"秋季沙龙"，希望能在那里展出，却遭到评审委员会的拒绝，据说作为评审委员之一的马蒂斯曾批评这些画中的"小立方体"（petits cubes），而评论家路易·伏克赛莱就由此而创造出"立体主义"这个贬称。虽然这个名称并不确切，一直遭到人们反对，但后来也就普遍通行了。毕加索自己也不顾《阿维农少女》所遭到

---

① 参阅里德：《现代绘画史》，第68页。
② 参阅克拉维尔：《毕加索》，第46页。

的批评，朝着自己所开辟的立体主义方向继续前进，在纯形式的方面进行一系列试验。他得到的结果可以说和勃拉克不谋而合，就是把现实世界的一切物体和现象都归结为几何图形，并借助于这些图形的组合和安排而创造出新的现实。他在平面上表现出立体感，追求雕塑性的效果，为了增强表现力而简化形状，破坏比例，使描绘的对象偏离原状而在很大程度上发生变形。起初，毕加索的立体主义作品无论描绘的是风景或人物，如作于1909年的著名代表作《水库》《两个头像》和《女人和梨》，他所描绘的对象还没有完全脱离现实事物，但随后的发展是现实的变形愈演愈烈，以致所描绘的事物达到难以辨认的地步。关于立体主义的这种演变过程，研究者们用不同的方法去划分阶段，比较流行的是把毕加索从1909至1912年的作品称为"分析的立体主义"，把1912至1914年的作品叫作"综合的立体主义"，也有人另行划分出所谓"塞尚时期"和"美术拼贴时期"等等。但学者们对这种阶段的划分意见很不一致，例如里德指出，所谓"分析的"阶段的提法早已被毕加索和勃拉克所否认，而且实际上也不可能在前后两个阶段之间找到什么美学上的区别。①有人则认为，毕加索后期立体主义的作品中的"分析的"成分比他的前期立体主义作品更多。一般说来，他的前期立体主义绘画的特点还是以他独特的方法去客观地描绘现实，因此客体本身仍起重要作用，"客体被分析和解释，但仍然保留着自己的客观现实性"；后期立体主义作品则更多地依赖于主题在他的思想、心理和回忆中所唤起的那些关系，因此显得更加自由，真正地把握了形式的现实性，因为"问题的实质在于形式属于思想领域，而不属于直接

---

① 参阅里德：《现代绘画史》，第75、78页。

感受领域这一事实"①。不过，关于立体主义时期内毕加索艺术风格的演变是一个专门的问题，最好留给专家们去研究和讨论。这里我们感兴趣的是，他的立体主义创作究竟对现代西方艺术的发展产生了什么影响？

毕加索的密友、法国诗人阿波利奈尔一贯地为立体主义作热情的辩护和宣传，他认为，以毕加索为首的立体派创造了一种完全新的艺术，"它对绘画将会起的作用，正如迄今所看到的音乐对诗歌所起的作用一样"②。在他看来，立体派画家"是历来最勇敢的人，他们提出了美本身的问题，他们想把那样一种美具象化，那种美是与人给予人的快感无关的。这一点，自从最早的历史时期起，就没有一个欧洲艺术家敢这么做……这是描绘一种新的整体的艺术，这整体的各种成分不是借自可见的现实，而是完全由艺术家所创造，并由他赋予它以强有力的现实"③。因此，立体主义与以往绘画的根本区别在于它不是模仿的艺术，它的基本准则也完全不同，以往的西方艺术都以古希腊艺术为楷模，"希腊艺术具有一种纯粹是属于人的美的概念。它把人作为完善的标准。新画家的艺术则把无限的宇宙作为理想"。其他一些西方艺术理论家也有类似的看法，例如格莱兹和梅津杰在他们对立体主义进行理论论证的著作《论立体主义》一书中说，艺术中唯一可能的迷误，就是模仿，而立体主义则真正摆脱了模仿的窠臼，从此绘画不再用线条和色彩去模仿物体，艺术家的任务就在于"用艺术手段去表现我们本能的可塑意识"，因此主要

---

① 格莱：《立体主义美学理论》，巴尔的摩1953年版，第54页。
② 科兹洛夫：《立体主义与未来主义》，纽约1973年版，第7页。
③ 阿波利奈尔：《美学沉思录》，转引自谢耐：《近代艺术历程》，纽约1941年版，第457—458页。

的东西应当到艺术家的个性里去寻找。[1]雷纳尔则指出，正是由于立体主义的出现，艺术才"不再是为了模仿自然，不再是为了布置自然，而是为了进行创造，也就是从事带有人的印记的创作"[2]。不管这些意见正确与否，它们确实抓住了立体主义的实质，那就是使艺术彻底地消除了模仿的性质，把注意力由外部客观世界的描绘转向艺术家的创造性主体。关于这一点，艺术评论家库伯写道："勃拉克和毕加索创立立体主义的基本目的，不是仅仅去提供有关人物和对象的尽可能多的重要信息，而是尽可能完全地以一种自足、非模仿的艺术形式去重新创造看得见的现实。"[3]另一位现代艺术家伯杰分析了立体主义的艺术特性，认为立体主义的模式是图形，而图形"是看不见的过程、力量、结构的一种看得见的、符号式的表现"，一个图形不必避开事物外貌的某些方面，但那些方面只能象征性地被当作符号，而不是模仿或再创造。"图形的模式和镜子的模式的区别就在于，它所关心的是本身并非自明（self-evident）的东西。"[4]以往的艺术总是或多或少地以客观现实作为范本，所谓镜子的模式正是以对可见事物的一定程度的模仿为前提的。立体主义则完全打破了过去的艺术传统模式，把看不见的、本身并非自明的那个世界，用非模仿的艺术形式使之成为新的看得见的现实。这就使传统的艺术创作原则、审美观念以至审美标准都发生了根本的变化，其影响所及，绝不仅限于创立一个独特的艺术流派，而是整个地扭转了现代西方艺术发展的方向，为20世纪形形色色的现代艺术流派的出现开辟了道路。

---

[1] 参阅格莱兹、梅津杰：《论立体主义》，巴黎1912年版，第8-9页，第31页。
[2] 雷纳尔：《1906年以来的法国绘画》，巴黎1927年版，第26页。
[3] 希尔顿：《毕加索》，第109页。
[4] 科兹洛夫：《立体主义与未来主义》，第6页。

奇怪的是，毕加索自己对立体主义的估价倒并不认为它有什么了不起的创新的意义。他说："立体主义和其他画派并没有区别。它们都同样具有相同的原则和因素。立体主义很长时间未被人们所理解，这个事实并不意味着它没有价值。我不能阅读德文，用德文写的书本对我来说只是白纸黑字，但这个事实并不意味着德文就不存在；我也不能因而去责备书本的作者，倒不如说我应该责备自己……立体主义既不是新艺术的种子，也不是正在孕育着的新艺术，而是原始的图画形式的一个方面，那些形式一旦得到实现，它们就具有独立存在的权利。"[1]为什么毕加索强调立体主义并非新事物？这倒不是出于他的谦逊，而是由于他对艺术的本质有自己的看法。他一直坚持自然和艺术是两种截然不同的现象，因此在他看来，任何真正的艺术都不应该是自然的模仿，艺术和自然之间的区别是本质的，而艺术内部的区别则只是表现的方法和方式不同而已。还有一点似乎很令人费解，毕加索和一些立体派同道时常强调他们的运动具有现实主义的目标或现实主义的出发点[2]，而他们的作品与通常的现实主义又相距何止千万里。毕加索终其一生对抽象派艺术一直抱不赞成态度，这是没有疑问的，但怎样去解释他自己所肯定和确认的现实主义意图呢？1971年，他和现代艺术博物馆的负责人罗宾谈话时说："在那时，每个人都谈论在立体主义中究竟有多少现实性。但他们并不真正地理解。这并不是一种你可以把它抓在你手里的现实性。它更像一种香水——在你的前后、两边。香气到处弥漫，但你却不知道它来自何方。"[3]由此可以看出，毕加索所主

---

[1] 转引自克拉维尔：《毕加索》，第49—50页。
[2] 阿波利奈尔首先声称，法国著名现实主义画家库尔贝是立体主义之父，格莱兹和梅津杰在《论立体主义》一书中亦持此说。
[3] 转引自科兹洛夫：《立体主义与未来主义》，第51页。

张的并不是人们通常所理解的那种现实主义,而是一种非镜子模式的现实主义。在他看来,这种超出对自然的模仿之上的现实主义,无疑是更高、更有价值的现实主义。人们尽可以对毕加索的作品有不同的看法和评价,但总不得不承认需要用一种新的观点去理解它们,而不能用我们所习以为常的老一套观念去作为衡量的标准。

　　过去有人批评毕加索的立体主义作品单纯追求形式的创新,脱离生活,缺乏思想内容,崇尚非理性主义和无意识。据我看,所有这些批评都是似是而非的,都出于对毕加索缺乏真正的理解。毕加索确实非常注重形式,可是他的画绝不是空无内容的纯形式,在他那里,形式始终只是表现一定内容、观念的手段,虽然形式也具有相对独立的存在。他说:"每当我想说什么的时候,我就用我觉得应该用的那种方式去把它说出来。不同的主题不可避免地需要用不同的表现方法。这并不意味着艺术本身的演化或进步,而是意味着一个人想去表现的观念以及表现那个观念所用的手段。"①从这些话里是得不出他只重形式、不顾内容的结论来的,归根到底,立体主义也只是一种表现方法,重要的还是它所表现的那个观念。至于说他推崇非理性,也很难令人信服。他虽然强调艺术创作中的直觉的作用(试问又有哪一位伟大的艺术家能不依赖于自己的直觉呢?),但决不把它绝对化、神秘化。毕加索明确地指出,人们试图用数学、几何、三角、化学、精神分析学等等去解释立体主义,所有这些都是胡说,造成了很坏的结果。"对于我们来说,立体主义只不过是用来表现我们的肉眼和我们的心灵所感受到的东西的一种方法,尽量去利用图形和色彩本身所包含的一切可能性。我们在此找到了意想不到的乐趣和新发现的源泉。"他又说:"我永远是为我的时代而

---

①　转引自科兹洛夫:《立体主义与未来主义》,第33页。

画……我表现我所看到的东西，常常是以不同的方式去表现。"①这里我们看到的正是艺术家的清醒的理性态度，冷静而犀利的目光而绝不是鼓吹非理性。

"我表现我所看到的东西"，这句话为我们理解毕加索的立体主义时期的绘画提供了线索。我相信他这样说是真诚的，有些人看了他的画觉得简直不能忍受，因为这和他们看到的世界相差实在太远了，甚至有的艺术评论家也认为他是故作惊人之笔，是为了哗众取宠。我以为这都是出于对毕加索的艺术个性的不理解，问题是作为一个真正的艺术家，他有没有权利用自己的眼睛去看世界，用自己的方式去表现自己所看到的东西。一般人总有一种素朴的想法，似乎所有人对世界的感觉都应该完全一样，千篇一律，其实不然。艺术家尤其不同于一般人，他应该具有更发达的审美的眼睛、更富于音乐感的耳朵，这种差别不是生理上的，而是他作为一个艺术家所应有的特质。因此，艺术家眼里的世界并不等同于一般人所看到的世界，而且在这方面各个艺术家也互不相同，这与各自的艺术个性有关。举一个简单的例子，格特鲁德·斯泰恩曾向马蒂斯和毕加索提出同样的问题：你作为画家进行创作时和作为普通人吃东西时所看到的西红柿是否一样？马蒂斯回答说不一样，在前一种情况下用"审美的眼睛"去看，在后一种情况下用"普通人的眼睛"去看；而毕加索则回答说一样，可是他又补充说，我画的西红柿本身就包括"吃"在内。②所以，艺术家看到的西红柿可能不同于一般人，而马蒂斯看到的西红柿则又不同于毕加索所看到的，杰出的艺术家往往以敏锐的眼睛看到我们一般人所没有看到的或被忽视了的东西，

---

① 引自克拉维尔：《毕加索》，第50页。
② 参阅海隆：《变化中的艺术形式》，纽约1960年版，第96页。

并且以他们独特的方式表现给我们看。艺术世界为什么呈现得如此绚烂多彩，人们在发明了照相术之后为什么还需要绘画，从这里可以求得基本的解答。

毕加索有句名言："我不是去探寻，我是去发现。"他最不能容忍别人说他在艺术上的创新是什么"探索"（就像我们今天把某些电影称为"探索性电影"一样），他说："在人们指责我所犯的各种罪过之中，最荒唐的指责莫过于说我在自己的作品中是以探索精神为主要目的。当我绘画时，我的目的是去表现我所发现的东西，而不是去表现我要寻找的东西。"①毕加索向人们公开他的发现，供大家分享，至于他的发现是否被人所理解或喜爱，那完全是另一回事。

毕加索的立体主义作品内容复杂深奥，不是一眼就可以看清楚的，其中除了精细的观察、透辟入微的解剖之外，还有喜剧性的夸张、诙谐以至怪诞的成分，但最主要的是它们揭示了世界和人生的荒谬可笑的一面，因而带有一种深沉的悲剧性。超现实主义作家勃勒东在谈到毕加索对他的影响时说："当我们还是儿童的时候，我们都曾有过一些玩具，这些玩具今天都会使我们恼怒而伤心流泪。也许，有一天我们将会看到我们一生中的玩具，就像我们童年时有过的玩具那样。是毕加索给予我这样的想法，毕加索是为成年人制作悲剧性玩具的人。"需要玩具的不仅仅是儿童，成年人有时也需要玩具，不过要求与儿童不同而已。如果成年人因看到毕加索为他们特意制作的玩具而伤心流泪，那他也算是遇到知音了。

在毕加索的漫长的艺术生涯中，立体主义也只是一个短暂的插曲。在这之后，他又不断地创新，朝着不同的方向前进，一会儿重新发扬古典主义，一会儿又倾向于超现实主义。不过，对于理解毕

---

① 引自科兹洛夫：《立体主义与未来主义》，第11页。

加索的艺术来说，立体主义时期的作品仍然具有特别重要的意义，它们标志着他的前期创作活动的革命性转折，意味着他的艺术个性的成熟。毕加索在谈到他自己的立体主义作品时说："有一些画家把太阳转化为一个黄色的点，但是还有另一些画家借助于他们的艺术和智慧，把一个黄色的点转化为太阳。"①他以后的许多杰作成功的奥秘，也就在于此。

---

① 引自里德：《艺术的意义》，第156页。

附录一

汝信美学作品年表

1963年
出版《西方美学史论丛》,上海人民出版社。

1983年
出版《西方美学史论丛续编》,上海人民出版社。

1985年
发表《论尼采悲剧理论的起源——关于〈悲剧的诞生〉一书的研究札记之一》,《外国美学》第1辑。

1986年
发表《〈当代西方电影美学思想〉序》,《当代西方电影美学思想》,中国社会科学出版社。

1987年
出版《西方的哲学和美学》,山西人民出版社。

1988年

发表《尼采的美学与文艺思想》,《红旗》1988年第3期。

1990年

发表《西欧美学》,《美学百科全书》,社会科学文献出版社。

1992年

出版《美的找寻》,中国社会科学出版社。

1997年

出版《论西方美学与艺术》,广西师范大学出版社。

2001年

发表《陶冶情操 完善品格——〈全彩艺术史系列〉序》,《中国新闻出版报》2001年3月5日。

2002年

发表《新世纪与中国美学:21世纪中国美学的使命》,《学术月刊》2002年第5期。

2005年

发表《向往艺术——〈艺术学:问题域和焦点的扫描〉序》,《中国社会科学院报》2005年11月3日。

2008年

出版《美的找寻:国外美学散记》,中央编译出版社、中国社会科学出版社。

发表《德意志观念论美学对俄国的影响》,《西方美学史》第三卷，中国社会科学出版社。

发表《富有创新精神的美学论著——评〈转型期的中国美学〉》，《人民日报》2008年1月3日。

2009年

发表《适者生存　美者优存——评〈新人间美学〉》，《求是》2009年第3期。

2010年

发表《〈中国美学史话〉序》，《中国美学史话》，山西人民出版社。

2011年

发表《近代西方美学转型的启迪》，《光明日报》2011年1月25日。

发表《〈当代中国美学研究（1949—2009）〉序》，《当代中国美学研究（1949—2009）》，中国社会科学出版社。

2013年

发表《从科学发展观的高度看美育》，《高校理论战线》2013年第3期。

发表《中国现代"人生艺术化"探究——评〈人生艺术化与当代生活〉》，《光明日报》2013年10月27日。

2015年

发表《〈美学何为〉序》，《云梦学刊》2015年第1期。

2018年

发表《"人生论美学"与时俱进》，《中国社会科学报》2018年2月8日。

中国现代美学大家文库

《美在境界——王国维美学文选》

《美育与人生——蔡元培美学文选》

《美是情趣与意象的契合——朱光潜美学文选》

《美从何处寻——宗白华美学文选》

《美即典型——蔡仪美学文选》

《从美感两重性到情本体——李泽厚美学文录》

《从美的理念到美的实践——汝信美学文选》

《美在创造中——蒋孔阳美学文选》

《实践本体论美学思想——刘纲纪美学文选》

《体验人生价值美——胡经之美学文选》

《美是和谐——周来祥美学文选》

《美的哲学——叶秀山美学文选》

《审美是自由的生存方式——杨春时美学文选》

《实践存在论美学——朱立元美学文选》

《生态美学——曾繁仁美学文选》